今日から
モノ知り
シリーズ

トコトンやさしい

パワー半導体デバイスの本

身の回りの電子機器、スマートフォン、パソコン、テレビ、自動車、電車、産業用機器、風力発電など、あらゆる装置の電源に活用されているパワー半導体デバイス。その種類と基本特性、基本構造などを、どのようなメカニズムで動作（基本動作）しているのかを中心に丁寧に紹介する。

松田　順一

B&Tブックス
日刊工業新聞社

はじめに

電気機器を作動させるには、その機器に適合した電源を使う必要があります。例えば、私たちの身近にあるスマートフォンは内部の集積回路を駆動するための直流（ＤＣ）電源を、またＴＶは家庭に供給されている交流（ＡＣ）電源をＤＣ電源に変えて、さらに各種の電圧を供給するＤＣ電源を必要とします。冷蔵庫やエアコンはコンプレッサーを駆動するためのＡＣ電源を必要とします。

これらの電源回路は、パワー半導体デバイスと受動部品（コイルと容量）から構成されます。実際には、パワー半導体デバイスをスイッチング（オン・オフ）動作させて、受動部品にエネルギーを蓄積したり放出したりして所望の電源を作ります。この時、電源の用途に応じて、パワー半導体デバイスには、低～高耐圧で小～大電流のいろいろな条件でのスイッチングが要求されます。どのような条件であっても、パワー半導体デバイスでのエネルギー消費（損失）を低く抑える必要があり、政府主導のグリーンイノベーション（または脱炭素社会の実現）の観点からもパワー半導体デバイスは注目を浴びています。

パワー半導体デバイスには、大きく分けると、制御端子がなく電流を一方向に流す（整流作用）パワーダイオードと、制御端子で電流をスイッチングできるパワートランジスタ及びパワーサイリスタがあります。これらのデバイスの半導体材料として一般にケイ素（シリコンSiとも言われます）が用いられていますが、高耐圧で大電流になると、Siではスイッチング時とオン時の損失が大きくなります。そこで、これらの損失を低減するため、次世代パワー半導体デバイス材料として、ワイドギャップ半導体である炭化ケイ素（SiC）、窒化ガリウム（GaN）、酸化ガリウム（Ga_2O_3）等が検討されています。SiCとGaNはすでに市場投入されていますが、Ga_2O_3に関しては、近い将来の市場投入が期待されています。

本書では、パワー半導体デバイスに興味はあるが、よくわからないという初心者の方を対象に、パワー半導体デバイスとは何か（どのようなメカニズムで動作する？特性は？）を理解しやすいように図を多用して説明してあります。まず、パワー半導体デバイス全般の基本事項（特性）を説明し（第1～2章）、パワーダイオード（第3～5章）、パワートランジスタ（第6～8章）の各特性について順次説明します。

終わりに、本書発刊にあたり元群馬大学客員教授の落合政司先生が著者を日刊工業新聞社へ紹介して下さり、執筆の運びとなりました。落合政司先生に深く感謝申し上げます。また、同社の鈴木徹氏には、発刊に関し、編集等で大変お世話になりました。厚く御礼申し上げます。

トコトンやさしい

パワー半導体デバイスの本

目次

第1章 パワー半導体デバイスとは？

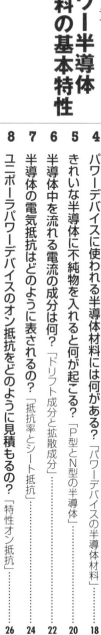

第2章 パワー半導体材料の基本特性

第3章 整流動作の基本となるPN接合ダイオード

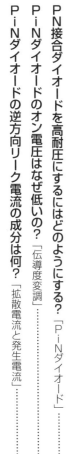

第6章 低電圧スイッチングに使うパワーMOSFET

第7章 高電圧スイッチングに使うIGBT

第8章 高速スイッチングに使うGaN HEMT

【コラム】

第1章

パワー半導体デバイスとは？

1 パワー半導体デバイスはどこに使われる?

パワーデバイスの用途

パワー半導体デバイスは、スマートフォン、ゲーム機、パソコン、テレビ、ディジタルカメラなどの小電力電子機器、エアコン、洗濯機、掃除機、冷蔵庫、電子レンジなどの中電力電気機器、電車、産業機器、風力発電などの大電力電気機器のスイッチング電源に使われています(**上図**)。

これらの電源の基本機能には、①AC-DC変換(コンバータ)、②DC-DC変換(コンバータ)、③DC-AC変換(インバータ)の3つがあります。①～③を合わせると④AC-AC変換(インバータ)になります。ここで、AC(Alternating Current)は交流で、DC(Direct Current)は直流を表します(**下図**)。

AC-DC変換は、例えば家庭用に供給されているAC電源を電子／電気機器で使えるようにDC電源に変えます。入力のAC電源をパワーダイオードにより整流(1方向のみに流れる電流)にします。この整流を出力側の容量に供給して電圧を平滑化(一定になるように)してDC電源にします。

DC-DC変換は、AC-DC変換で得たDC電源を、電子／電気機器の内部で使う各種DC電源に変換します(機器によって複数のDC電源が必要です)。この変換には、降圧(入力電圧より出力電圧が低い)、昇圧(入力電圧より出力電圧が高い)、昇降圧(入力電圧より出力電圧が高いかまたは低い)があり、非絶縁型と絶縁型があります。ここでは、パワートランジスタをスイッチングデバイスとして用い、コイルへのエネルギー蓄積と放出を繰り返し、出力側にそのエネルギーを送って出力電圧を一定に保ちます。

DC-AC変換は、AC-DC変換で得たDC電源をDC-DC変換で所望のDC電源にした後、再度AC電源に変換するのに使われます。これは、例えばモータ駆動電源として使われます。これをAC-AC変換とした場合、出力側のAC電源の周波数と電圧は入力側のAC電源のものと異なります。

要点BOX

- ●パワーデバイスをスイッチング電源に使用
- ●電源変換には、AC-DC、DC-DC、DC-AC、AC-ACがある

パワーデバイスの用途[1]

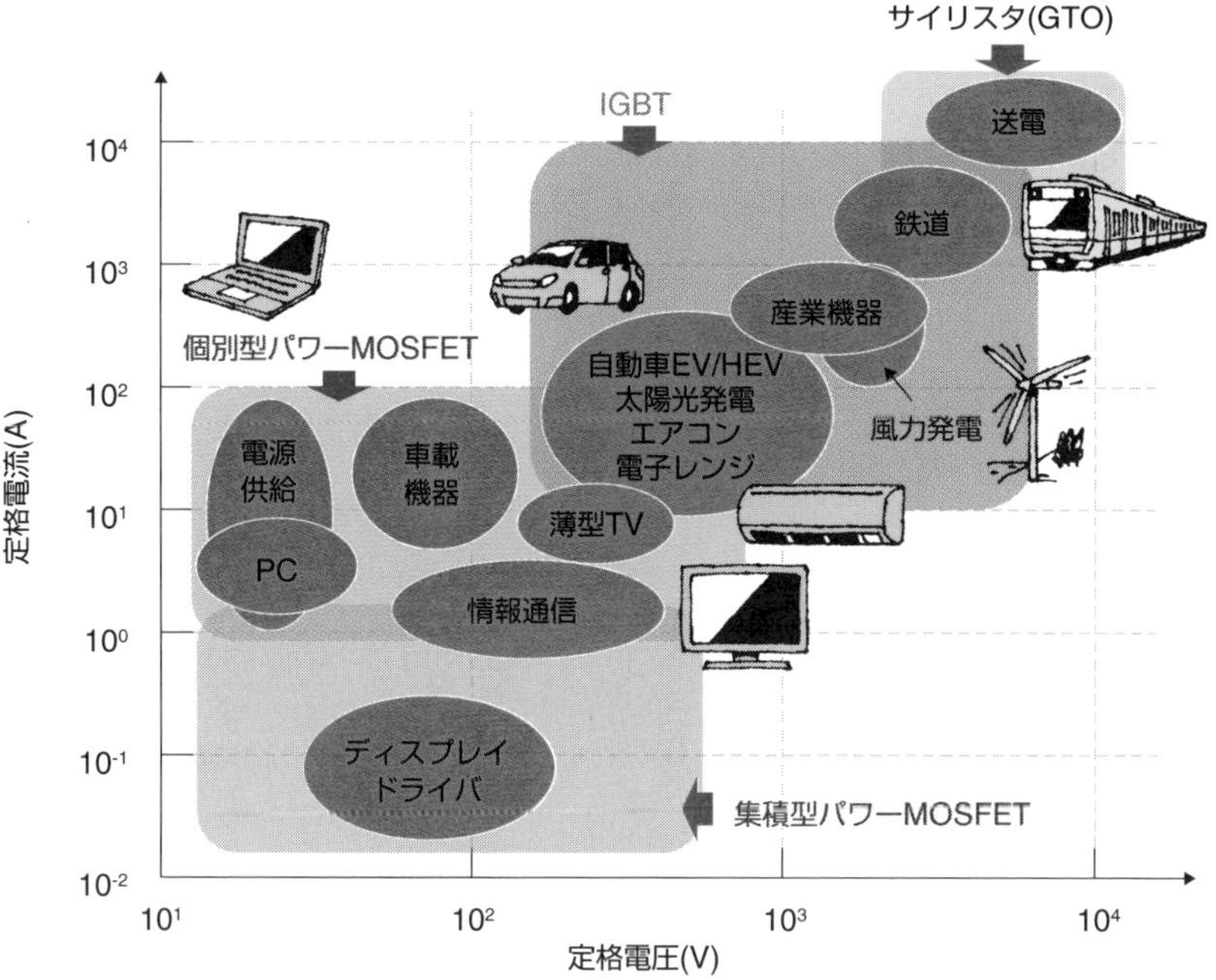

1）浅田邦博監修、「はかる×わかる半導体　パワーエレクトロニクス編 」（日経BPコンサルティング、2019）を参考に作成

①AC-DC変換（コンバータ）

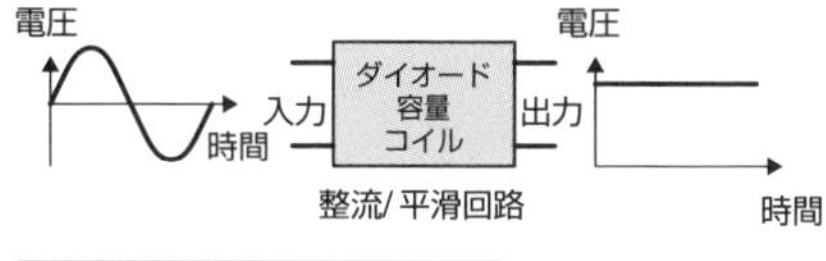

②DC-DC 変換（コンバータ）

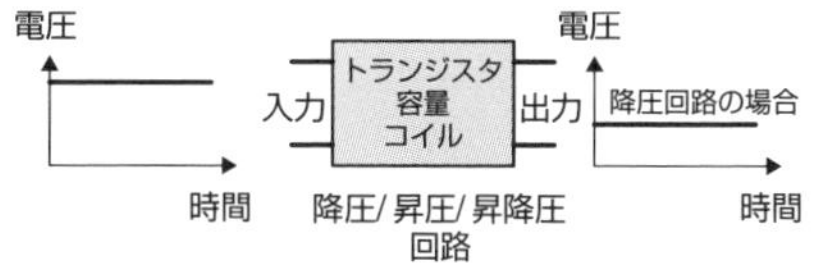

③DC-AC 変換（インバータ）

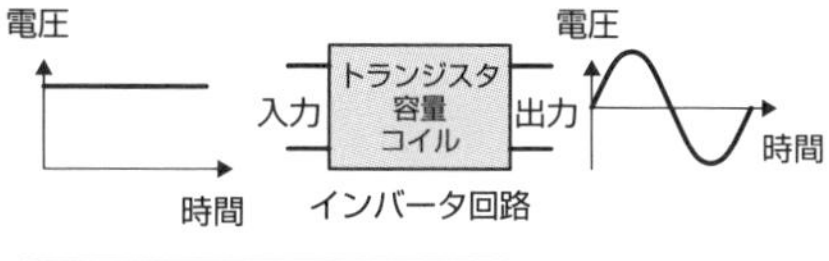

④AC-AC 変換（インバータ）

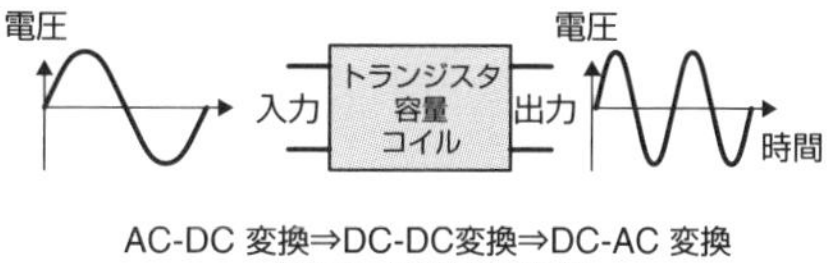

AC-DC 変換⇒DC-DC変換⇒DC-AC 変換
（電圧と周波数の変換）

用語解説

MOSFET：Metal Oxide Semiconductor Filed Effect Transistor（金属酸化膜半導体電界効果トランジスタ）
IGBT：Insulated Gate Bipolar Transistor（絶縁ゲート型バイポーラトランジスタ）
GTO：Gate Turn-Off Thyristor（ゲートターンオフサイリスタ）
定格電流：デバイスを安全に使用するための最大電流
定格電圧：デバイスを安全に使用するための最大電圧

2 パワー半導体デバイスにはどんな種類がある?

パワーデバイスの種類

パワー半導体デバイスを大分類すると、整流動作をする**パワーダイオード**、入力信号によりスイッチング動作をする**パワートランジスタ**と**パワーサイリスタ**があります。パワーサイリスタは、パワートランジスタに比べて大電力を扱えます。

パワーダイオードには、①半導体のＰ型とＮ型を接合したＰＮ接合ダイオード、②それを高電圧まで耐えられるようにしたＰｉＮダイオード、③金属とＮ型半導体の接合からなるショットキーバリアダイオードがあります。①と②は**電子と正孔が流れるバイポーラデバイス**ですが、③は**電子のみが流れるユニポーラデバイス**です。ターンオフ時に、バイポーラデバイスでは、電子と正孔をデバイスから全て除去しなければならず、時間(逆回復時間)が掛かりますが、ユニポーラデバイスでは、電子のみの除去なので逆回復時間はほとんどありません。

パワートランジスタには、ユニポーラデバイスの④パワーMOSFETと⑤GaN HEMT、バイポーラデバイスの⑥ＩＧＢＴと⑦パワーバイポーラトランジスタがあります。④、⑤及び⑥は入力(ゲート)に電圧を印加することで動作(電圧駆動)しますが、⑦は入力(ベース)に電流を流すことで動作(電流駆動)します。電流駆動では入力部の消費電力が電圧駆動のものに対して大きくなるため、⑦は⑥に置き換わってきています。⑥と⑦は逆回復過程により低速動作になりますが、④と⑤には、逆回復過程はなく、高速動作が可能です。⑤は④より高速になります。

パワーサイリスタには、電流駆動の⑧サイリスタと⑨ＧＴＯがあります。⑧と⑨の逆回復過程は⑥と⑦のものより長くなっており、⑧と⑨は超低速動作になります。⑧はいったんオンすると入力(ゲート)電流でオフにできず、出力(アノード)に逆電圧を掛けることでオフにできます。⑨は入力(ゲート)電流でオフにできます。

要点BOX

- パワーデバイスには、パワーダイオード、パワートランジスタ、パワーサイリスタがある
- ユニポーラ型は高速、バイポーラ型は低速

パワーデバイスの種類[1]

○デバイスあり

	デバイス大分類	各デバイス	駆動方式	キャリア（極性）	半導体材料 Si	SiC	GaN	機能	備考
パワーデバイス	パワーダイオード	①PN接合ダイオード	なし	電子と正孔（バイポーラ）	○			低電圧整流	短逆回復時間
		②PiNダイオード	なし		○	○		中ー高電圧整流	長逆回復時間
		③ショットキーバリアダイオード	なし	電子（ユニポーラ）	○	○	○	低ー中電圧整流	逆回復時間ほぼなし
	パワートランジスタ	④パワーMOSFET	電圧駆動	電子（ユニポーラ）	○	○		低ー中電圧スイッチング	高速動作
		⑤GaN HEMT					○	中電圧スイッチング	超高速動作
		⑥IGBT		電子と正孔（バイポーラ）	○	○		中ー高電圧スイッチング	低速動作
		⑦パワーバイポーラトランジスタ	電流駆動		○	○		中ー高電圧スイッチング	低速動作
	パワーサイリスタ	⑧サイリスタ	電流駆動	電子と正孔（バイポーラ）	○			超高電圧スイッチング	超低速動作
		⑨GTO			○	○		超高電圧スイッチング	超低速動作

Si：シリコン（ケイ素）
SiC：炭化ケイ素
GaN：窒化ガリウム
●電荷の流れが電流です。
●半導体では、電荷を運ぶ粒子（キャリア）に負電荷の電子と正電荷の正孔があります。
●P型半導体には正孔が多数あります。
●N型半導体には電子が多数あります。
●ユニポーラ: キャリア極性が1つ（電子）
●バイポーラ: キャリア極性が2つ（電子と正孔）
HEMT: High Electron Mobility Transistor（高電子移動度トランジスタ）

パワーデバイスの動作範囲[1]

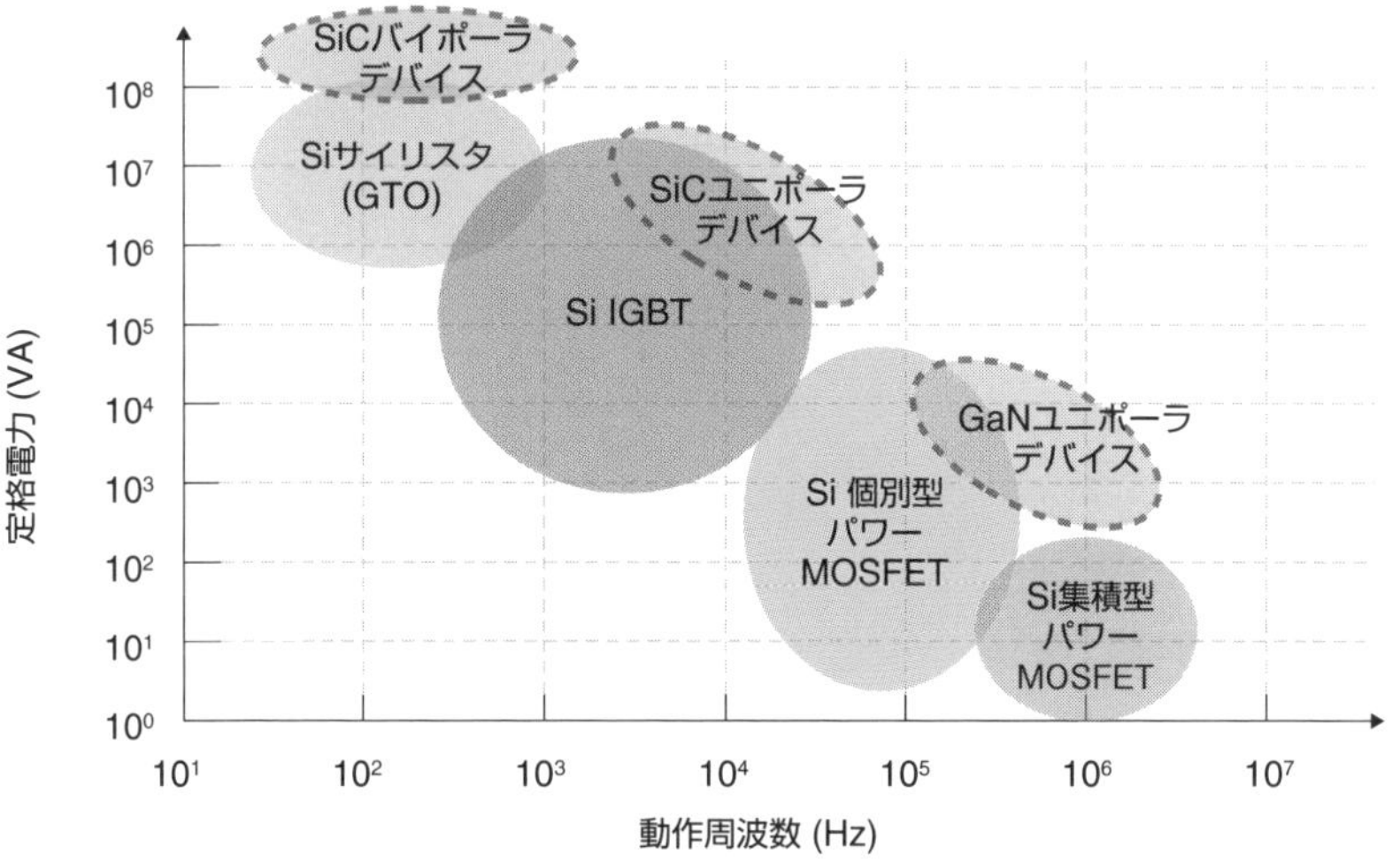

定格電力：デバイスを安全に使用するための最大電力

1）浅田邦博監修、「はかる×わかる半導体　パワーエレクトロニクス編 」（日経BPコンサルティング、2019）を参考に作成

Column

成長するパワーデバイスの市場

パワーデバイスは、スイッチング電源回路の素子として各種電気機器に搭載されます。現状では、パワーデバイスの半導体材料として主にSiを用いていますが、より高耐圧かつ低消費電力を実現するため、ワイドギャップ半導体であるSiCやGaNが使われ出しており、今後、これらの使用割合が多くなっていきます。特に、SiCデバイスの低価格化が進んでおり、この伸びが大きいと予測されます。また、ワイドギャップ半導体のGa_2O_3は安価に製造できることで注目されており、近い将来、これも市場投入される見込みです。

Siデバイスは安価である特長を活かして、自動車、産業機器、一般家電分野（冷蔵庫、エアコン、電子レンジ等）等の分野で広く用いられています。今後、ワイドギャップ半導体への置き換えが進む中で、既存のＩＧＢＴやＰｉＮダイオード等の特性を改善し、特に一般家電分野で延命が図られると考えられます。

SiCデバイスは、高耐圧かつ大電流に適しているため、ＩＧＢＴの置き換えとして拡大していきます。特に、自動車（ＥＶ）、電車、データセンターのサーバー電源、産業機器、太陽光発電等の分野で置き換えが進むものと期待されています。

GaNデバイス（横型）はSiCデバイスに比べると小電力を扱いますが、高速スイッチングが可能なので、受動部品（コイルや容量）を小型化できる利点があります。したがって、情報通信機器（ＡＣアダプタ、急速充電器、携帯電話基地局用等）の分野で採用が進むと期待されています。現在、開発中の縦型GaNが市場投入されると、高耐圧かつ大電流を扱えるので、ＥＶのインバータ等での採用が期待されています。

Ga_2O_3デバイスは、高耐圧かつ大電流を扱え、SiCデバイスより安価という利点があります。したがって、一般家電、産業機器分野等での用途拡大が期待されています。

第2章

パワー半導体材料の基本特性

3 半導体は絶縁体や金属とで何が異なる？

各材料の電子のエネルギーバンド

絶縁体は電気を通しませんが、金属は電気をよく通します。半導体はその中間的なものになります。この電気の通し具合は、材料内部の何に起因するでしょうか。

電子が自由空間（真空中）を移動する場合、電子エネルギーは連続になります。しかしながら、電子が絶縁体や半導体内部に閉じ込められると、並んだ原子の周期的電位により、電子エネルギーの存在できない範囲（禁止帯または禁制帯）ができ、電子エネルギーは不連続になります。禁止帯より低い側（価電子帯）では、電子は充満した状態で許容されます。高い側（伝導帯）では、電子は空の状態で許容されます。

価電子帯にある電子は、**禁止帯のエネルギー幅（エネルギーギャップまたはエネルギーバンドギャップ）**より大きな熱エネルギーまたは光エネルギーにより、価電子帯に電子の抜け殻（正電荷の正孔）を残して、伝導帯に遷移（励起）できます。伝導帯に入った負電荷の電子の運動は自由です。価電子帯の正孔は、正孔の箇所に電子が順次入り込むことにより、実効的に移動できます。これらの電子や正孔（キャリア：電荷を運ぶ粒子）が電流に寄与します。

半導体は、室温程度の熱エネルギーでも価電子帯から伝導帯への電子の遷移がある程度可能となるレベルの小さなエネルギーギャップを持つ材料です。温度を上げると伝導帯の電子数と価電子帯の正孔数は増大するので、より電気を通しやすくなります。

絶縁体は、半導体のエネルギーギャップより大きなエネルギーギャップを持つ材料です。絶縁体では、室温よりかなり高い温度の熱エネルギーでも、価電子帯の電子は伝導帯にほとんど遷移できません。つまり、高温でも電気を非常に通しにくい材料です。

金属は、価電子帯と伝導帯が重なり、禁止帯のない材料です。電子が常に自由空間にいるのと同様の状態にあるので、電気を通しやすくなります。

要点BOX

●エネルギーギャップの小さい材料が半導体、大きいものが絶縁体、ないものが金属

●伝導帯の電子と価電子帯の正孔が電流に寄与

絶縁体、半導体、金属内の電子エネルギー帯(注)

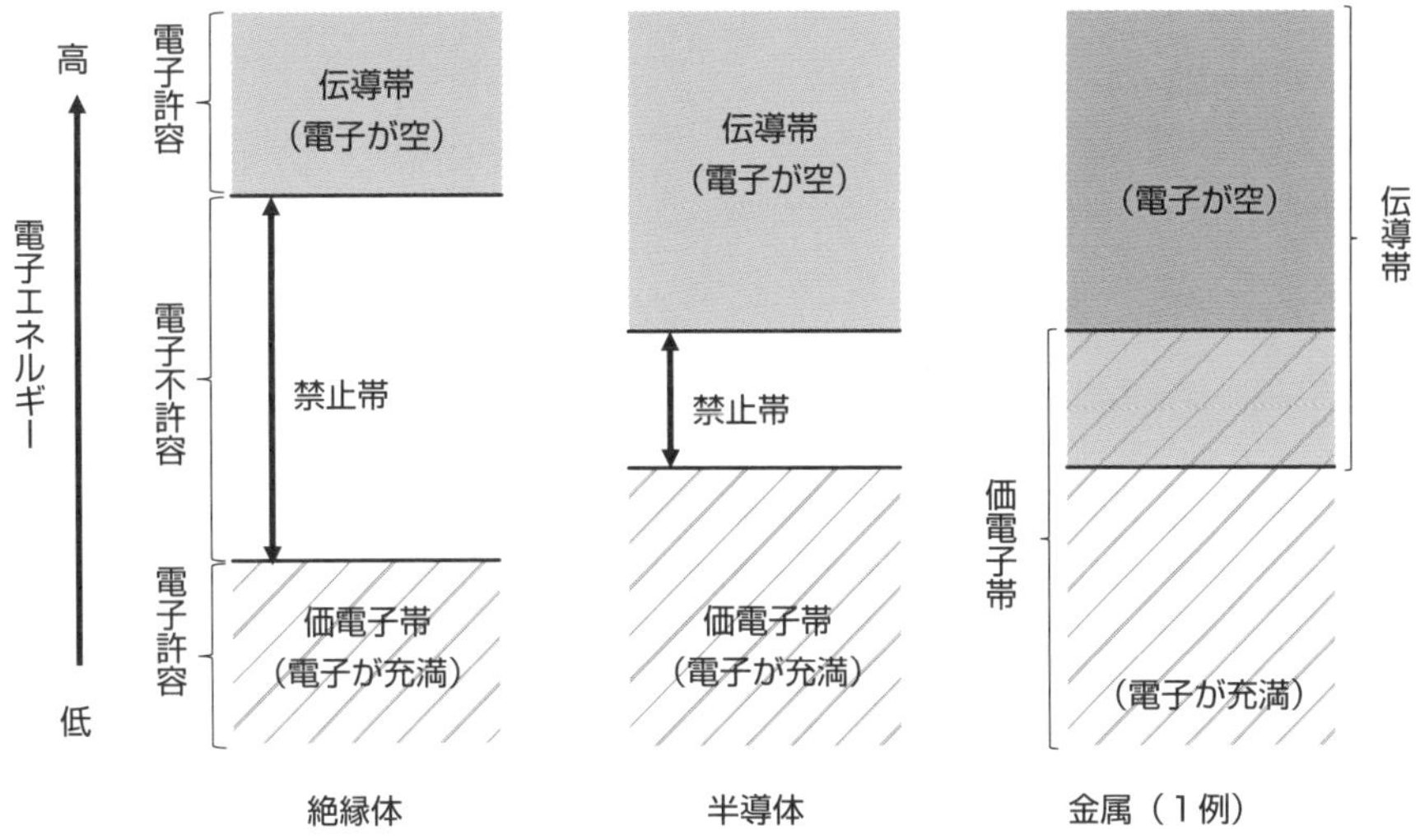

（注）エネルギー帯をエネルギーバンドとも言います。

伝導帯と価電子帯のキャリア（真性半導体の場合）

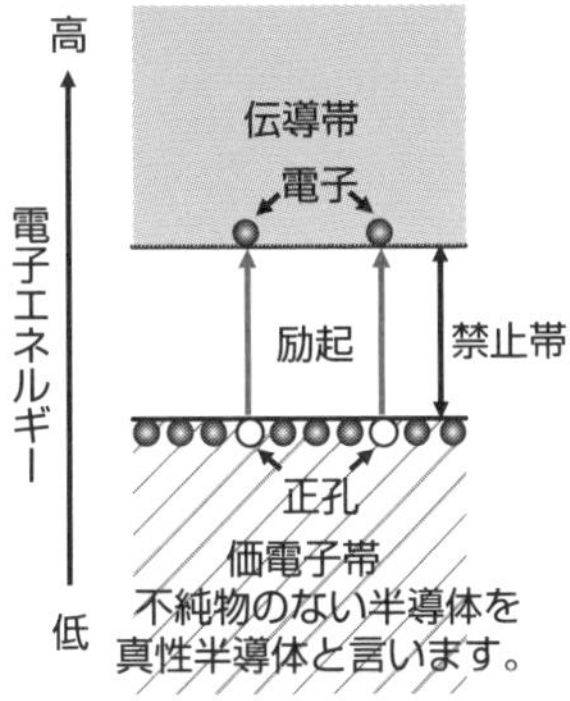

熱平衡状態の場合
（電圧が掛かっていない状態）

電圧印加時の伝導帯中の電子移動

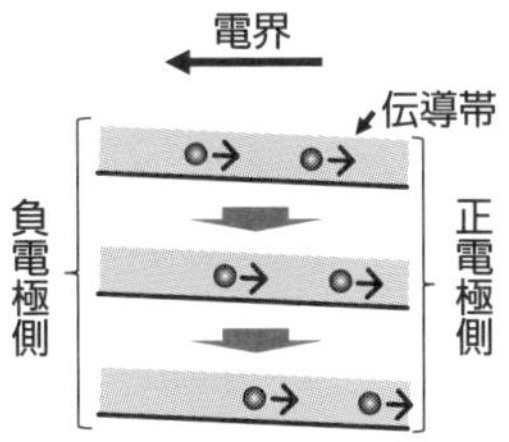

負電荷の電子は電界により正電極側へ移動して正電極から負電極に電流が流れます。

電圧印加時の価電子帯中の正孔移動

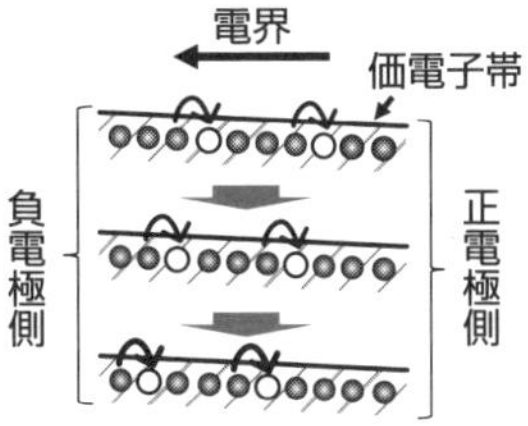

正電荷の正孔は電界により負電極側へ移動して正電極から負電極に電流が流れます。

用語解説

伝導帯：電子エネルギーの存在する範囲（電子が空であり、電子が自由に動けるエネルギー範囲）
禁止帯：電子エネルギーの存在しない範囲
価電子帯:電子エネルギーの存在する範囲（電子が充満しており、電子が自由に動けないエネルギー範囲）

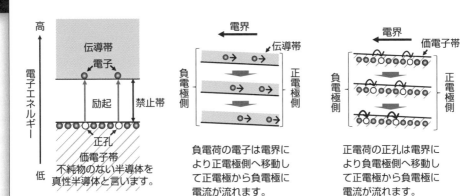

4 パワーデバイスに使われる半導体材料には何がある？

パワーデバイスとして、最も一般的に量産されている半導体材料は**シリコン（Si）**で、研究開発段階から実用段階に入り量産され始めた半導体材料は**炭化ケイ素（SiC）**と**窒化ガリウム（GaN）**です。これらの材料では何が異なるでしょうか。

パワーデバイスへの印加電圧を増大させると、高電界で加速された高エネルギー電子が原子に衝突し、価電子帯の電子を伝導帯に上げます（電子正孔対の発生）。その電子がまた加速され、高エネルギー電子が次々と電子正孔対を発生させると、破壊に至ります（**アバランシェ破壊**）。また、温度を上昇させていくと、価電子帯の電子の伝導帯への遷移により、電子と正孔の数密度（真性キャリア密度、ここで数密度を単に密度とも言います）が増大し、**特性悪化**を引き起こします（例えばリーク電流の増大）。

低いアバランシェ**破壊電圧（耐圧）**や**温度上昇による特性悪化は、大きなエネルギーギャップで改善されます。**大きなエネルギーギャップは、高電界による電子正孔対の発生を抑制し、温度上昇による真性キャリア密度の増大を抑制するからです。また、エネルギーギャップの大きい材料と小さい材料のデバイスで耐圧を同じにすると、前者の方が電界の大きく掛かるデバイス領域（抵抗領域）をより短くできるため、**デバイスオン時の抵抗（オン抵抗）を低減できます。**Siのエネルギーギャップより3倍以上大きいエネルギーギャップを持つ4H-SiCやGaN（ワイドバンドギャップ半導体またはワイドギャップ半導体）は、Siより高耐圧、高温での特性悪化の抑制、オン抵抗の低減をもたらします。

ここで、SiCには、いろいろな結晶構造がありますが、その中で4H-SiCがパワーデバイスに使われています。４Hは、Siと炭素（C）からなる六角形の結晶（六方晶）の異なる４つのタイプの積層が繰り返し配列されていることを意味します。

要点BOX

- パワー半導体はSi、4H-SiC、GaN
- ワイドギャップ半導体では、Siより高耐圧、高温での特性悪化抑制、低オン抵抗が可能

半導体材料のエネルギーギャップ比較

項目	半導体材料		
	Si	4H-SiC	GaN
エネルギーギャップE_G(eV)	1.11	3.26	3.44

（注）eV（電子ボルトまたはエレクトロンボルト）はエネルギーの単位です。1eVは、真空中で1個の電子が1Vの電位差を移動するときに得るエネルギーのことです。1eV＝1.6×10^{-19} J (ジュール)

〔出典:B.Jayant Baliga, "Gallium Nitride and Silicon Carbide Power Devices," World Scientific, Massachusetts,2017.〕

エネルギーギャップの温度依存性

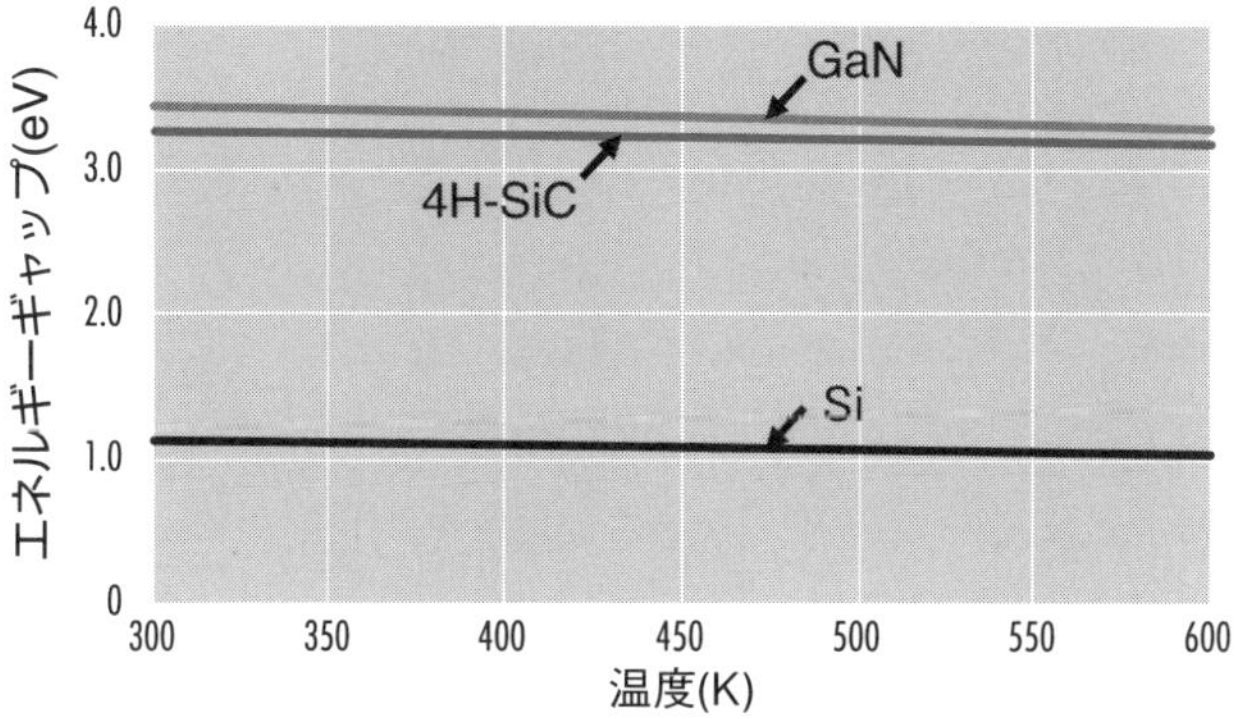

Si、4H-SiC、GaNでは、温度上昇に伴うエネルギーギャップの低下は少なく、高温でも室温に近いエネルギーギャップを維持できます。

（注）温度は絶対温度で単位はK（ケルビン）です。300 K ≒27 ℃（室温）

〔出典:B.Jayant Baliga, "Gallium Nitride and Silicon Carbide Power Devices," World Scientific, Massachusetts,2017.〕

真性キャリア密度の温度依存性

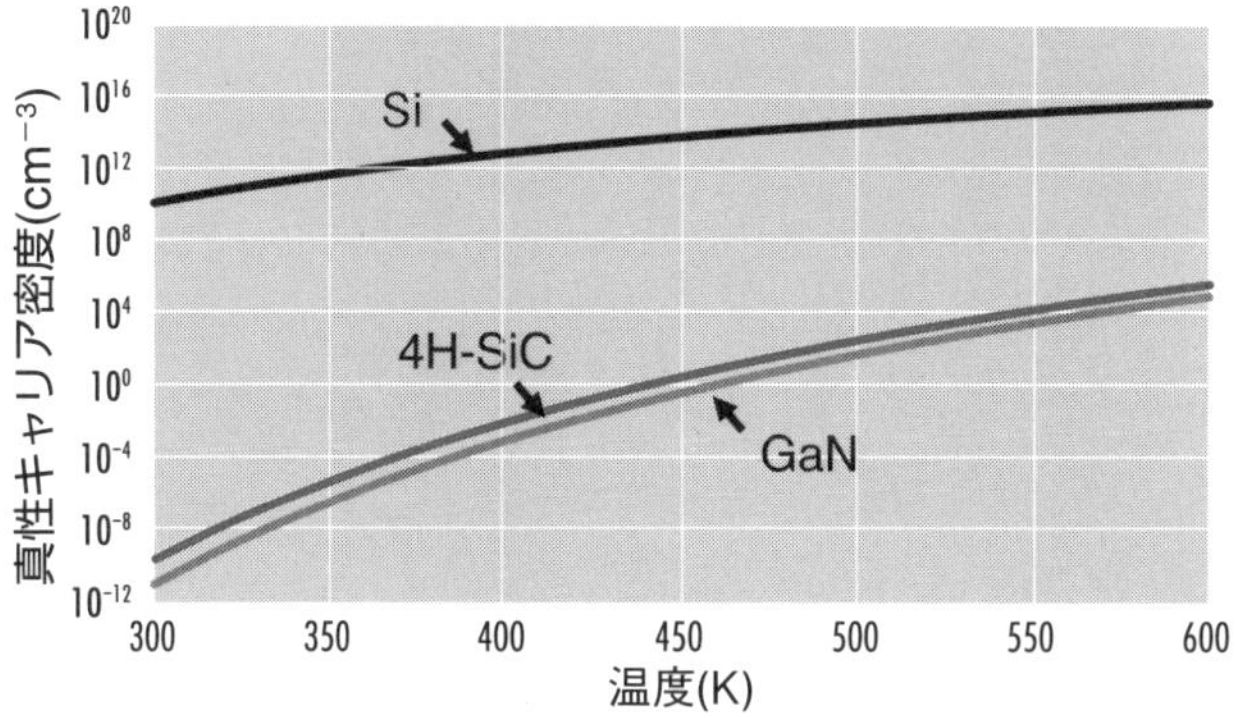

温度上昇に伴い真性キャリア密度は上昇しますが、4H-SiCやGaNの真性キャリア密度はSiのものより充分低くなっています。

（参考）Si原子の数密度は5×10^{22}cm^{-3}程度です。

〔出典:B.Jayant Baliga, "Gallium Nitride and Silicon Carbide Power Devices," World Scientific, Massachusetts,2017.〕

5 きれいな半導体に不純物を入れると何が起こる？

P型とN型の半導体

Si半導体（結晶）の簡単な原子模型を考えてみます。Si結晶では、Si原子の周りにある電子の最外殻の電子数（価電子数）は4個であり、これが8個になるように周りのSi原子の電子を共有して結合します（**共有結合**）。

Si結晶に、価電子数が5個である不純物のリン（P）を添加（ドープまたはドーピング）すると、Pのイオン化により、Pの周りに1個の余分な電子が発生します。これがSi結晶内を動き回り、電気的に中性な**N型半導体**ができます。このPを**ドナー**と言います。

Si結晶に、価電子数が3個である不純物のホウ素（B）を添加すると、Bのイオン化により、Bの周りに1個の余分な正孔が発生します。これがSi結晶内を動き回り、電気的に中性な**P型半導体**ができます。このBを**アクセプタ**と言います。

この様子を電子（または正孔）エネルギーで見てみます。不純物添加のない真性半導体では、伝導帯にある電子数と価電子帯にある正孔数は等しく、電子の存在確率は禁止帯のほぼ中央で1／2になります。このエネルギー準位（レベル）を**真性フェルミ準位E_iと言います**。

真性半導体にPを添加すると、伝導帯のすぐ下の禁止帯中にあるPのエネルギー準位E_dの電子は、室温では、ほぼ全て伝導帯に遷移します。この場合、伝導帯にある電子数が増大するので、電子の存在確率が1／2となるエネルギー準位を表すフェルミ準位E_fはE_iより上にあります。電子がキャリアとなり、抵抗は真性半導体より低下します（**下図**）。

真性半導体にBを添加すると、価電子帯のすぐ上の禁止帯中にあるBのエネルギー準位E_aの正孔は、室温では、ほぼ全て価電子帯に遷移します（または価電子帯の電子がE_aに捕獲されます）。この場合、E_fはE_iより下にあります。正孔がキャリアとなり、抵抗が真性半導体より低下します。

要点BOX

- ●真性半導体へのドナー添加がN型半導体、アクセプタ添加がP型半導体になる
- ●N型では電子、P型では正孔がキャリア

共有結合

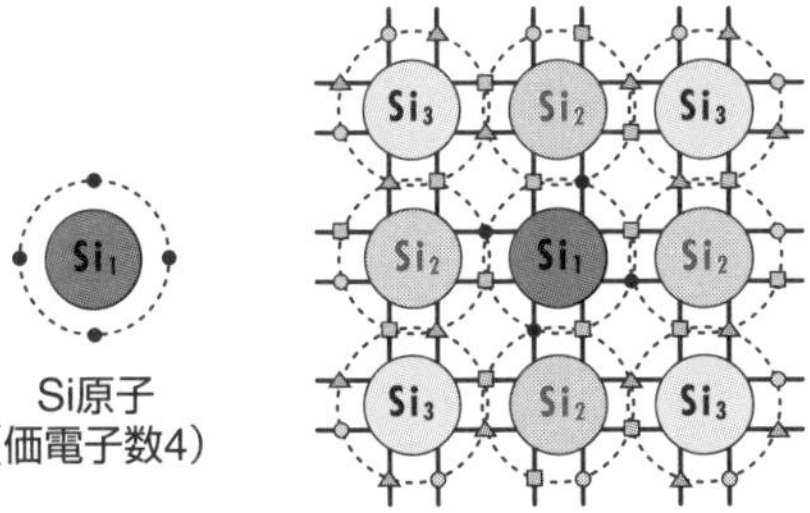

Si原子
(価電子数4)

共有結合により各Siの価電子数8

- ● Si_1の価電子
- ■ Si_2の価電子
- ▲ Si_3の価電子
- ● Si_2やSi_3に隣接するSi原子の価電子

(注)Siの共有結合では、隣り合うSi原子が価電子を出し合って結合します。

Siの真性、N型、P型半導体の原子配列

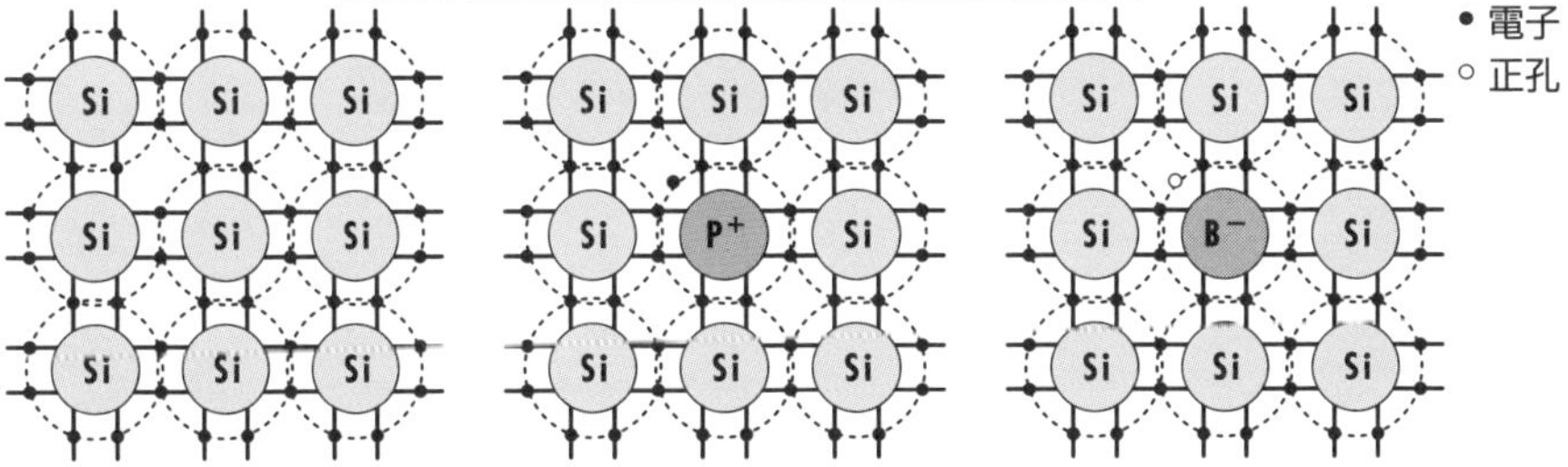

真性半導体（Si）　　N型半導体（Si）リン(P)ドナードープ　　P型半導体（Si）ホウ素(B)アクセプタドープ

(注)Si原子は $5\times10^{22}cm^{-3}$程度あり、例えばパワーMOSFETのP-ベース領域(P型領域)のB濃度を$1\times10^{17}cm^{-3}$程度とすると、BはSi原子50万個ごとに1個程度あります。なお、Si原子間距離は、0.3 nm(ナノメータ) 程度です。(ナノは10^{-9}を意味します。)パワーMOSFETの構造に関しては、36項を参照して下さい。

真性、N型、P型半導体のエネルギー準位

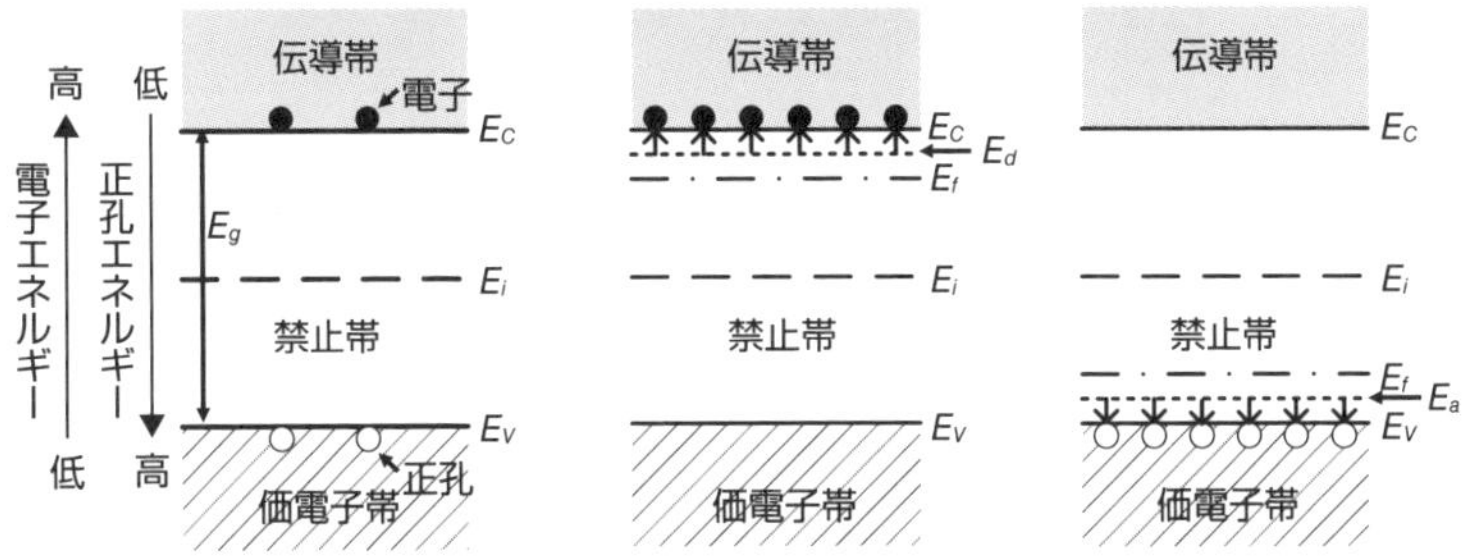

真性半導体（不純物ドープなし）　　N型半導体（N型不純物ドープあり）　　P型半導体（P型不純物ドープあり）

(注)各エネルギーの横軸は半導体材料の内部方向になります。実デバイスではこの方向のサイズが一般にμm(マイクロメータ)オーダーなので、伝導帯の電子数や価電子帯の正孔数は多くなります。例えば、パワーMOSFETのP-ベース領域(P型領域)のB濃度を$1\times10^{17}cm^{-3}$程度とすると、Bの個数は 一辺の長さ1μmの立方体中に10万個程度あります。(マイクロは10^{-6}を意味します。)

E_c：伝導帯端のエネルギー準位
E_v：価電子帯端のエネルギー準位
E_i：真性フェルミ準位
E_g：エネルギーギャップ
E_f：フェルミ準位
E_d：イオン化したドナーのエネルギー準位
E_a：イオン化したアクセプタのエネルギー準位

(注) フェルミ準位とは、熱平衡状態において、電子の存在確率が1/2 になるエネルギー準位です。

6 半導体中を流れる電流の成分は何？

ドリフト成分と拡散成分

半導体中を流れる電流の成分には、電界による**ドリフト成分**と、キャリアの密度勾配による**拡散成分**があります。これらの成分を合計したものが、全体の電流になります。

まず、N型半導体でドリフト成分を考えます。N型半導体に電圧が印加され、内部に電界が発生すると、電子は原子との衝突で散乱しながら電界とは逆方向に移動します。この移動が多数の電子で平均化され、全体として一定の速度で電子は移動します。この速度は、低電界では電界に比例しますが、高電界（10^4V／㎝以上）では飽和してきます。（Siの場合の電子の飽和速度は1×10^7cm/s 程度です。）ここで、この比例定数を電子移動度と言います。電子移動度は不純物ドーピング濃度の上昇に伴い低下します。これは、イオン化した不純物による電子の散乱が増えることに起因します。また、温度上昇に伴い、原子による電子の散乱が増えるため、この場合も、電子移動度は低下します。

P型半導体では、電圧印加時に正孔によるドリフト成分が発生します。正孔は電子とは逆方向（電界方向）に移動します。正孔移動度は電子移動度に比べると、Siの場合、約1／3に低下します（4H-SiCやGaNの場合も同様に低下します）。移動度が高いと低抵抗になるので、ユニポーラのパワーデバイスとしてN型半導体を選択することになります。

次に、拡散成分を考えます。半導体内部に電子の密度勾配があり、電界がない場合、電子は密度の高い側から低い側へ流れます。この流れは、電子の密度勾配に比例し、この比例定数を拡散係数と言います。半導体内部に正孔の密度勾配があり、電界がない場合も、高密度側の正孔が低密度側へ流れます。この流れは、電子の場合と同様に、正孔の密度勾配に比例します。比例定数は正孔拡散係数です。拡散成分はバイポーラのパワーデバイスで重要です。

要点BOX

- ●電流にはドリフト成分と拡散成分がある
- ●ユニポーラパワーデバイスにはキャリア移動度の高いN型半導体が使われる

ドリフトによる電子の移動

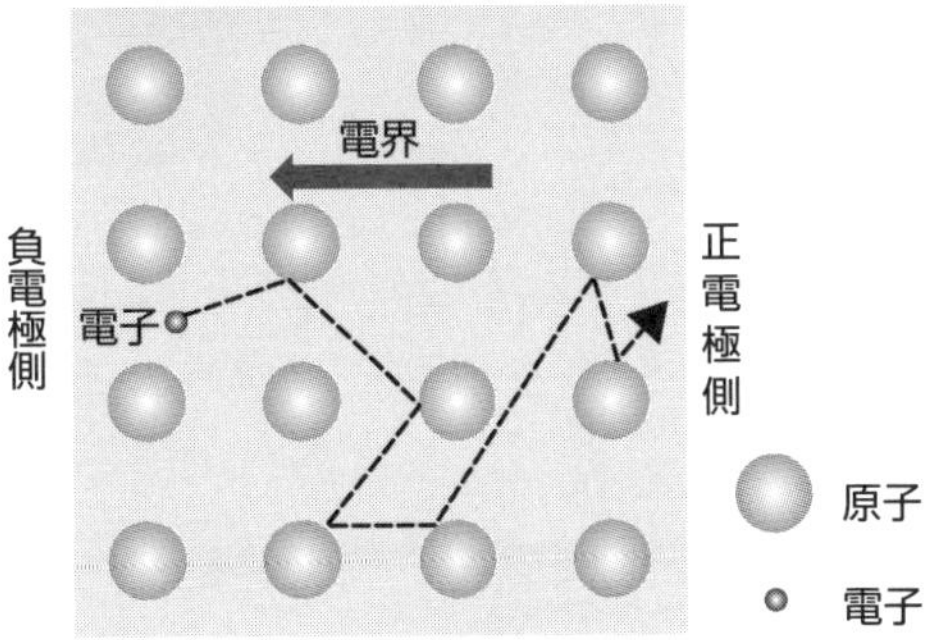

拡散による電子の移動

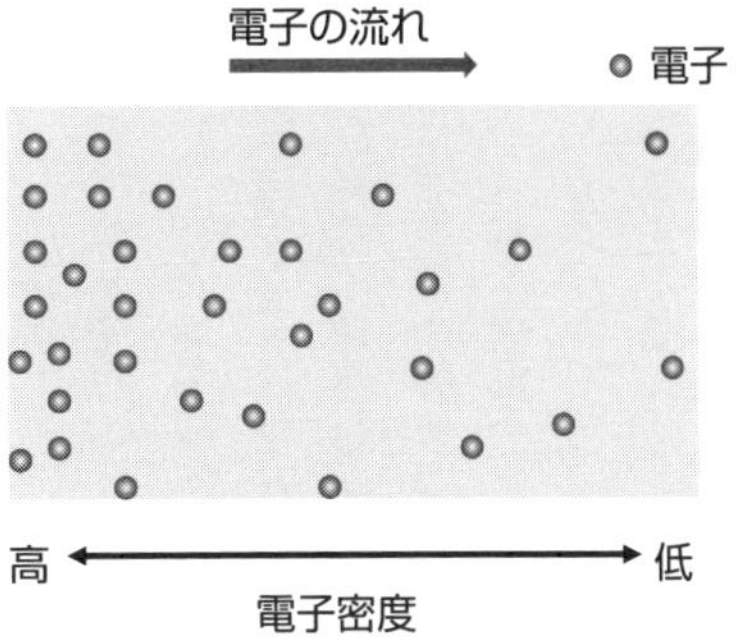

電子は原子と衝突しながら電界とは逆向きに移動します。
正孔は電子とは逆向きに移動します。

電子は密度の高い方から低い方へ移動します。
正孔も密度の高い方から低い方へ移動します。

N型半導体中の電子移動度のドーピング濃度依存性

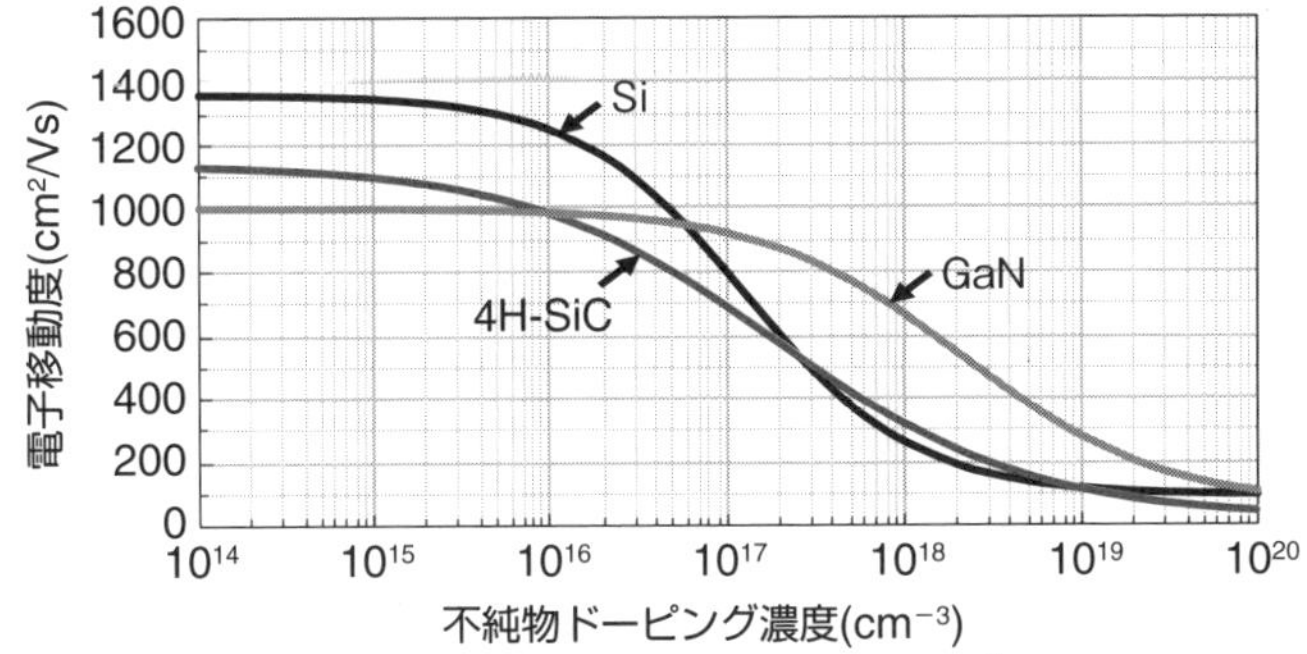

〔出典:B.Jayant Baliga,“Gallium Nitride and Silicon Carbide Power Devices,”World Scientific,Massachusetts,2017.〕

P型半導体中の正孔移動度のドーピング濃度依存性

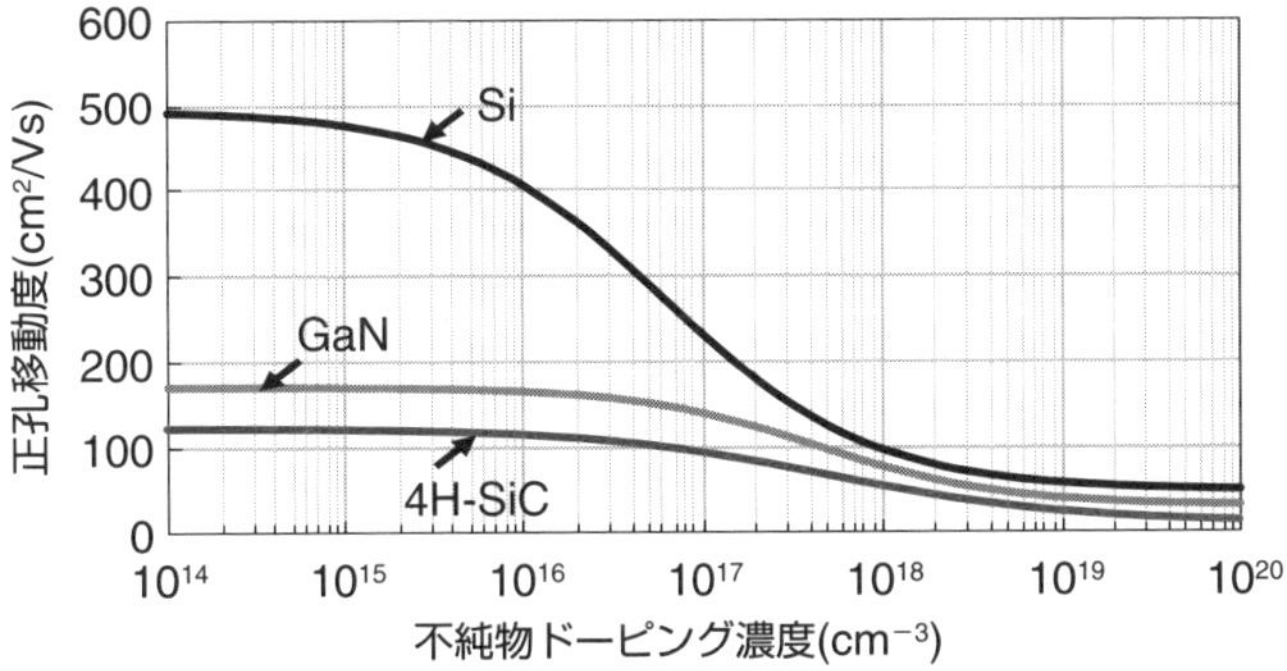

〔出典:B.Jayant Baliga,“Gallium Nitride and Silicon Carbide Power Devices,”World Scientific,Massachusetts,2017.〕

7 半導体の電気抵抗はどのように表されるの？

抵抗率とシート抵抗

半導体に電圧を印加すると、キャリアは原子との衝突で散乱を繰り返しながら移動します。（6項のドリフト成分参照）この散乱が、キャリアにとって抵抗になります。今、長さ（電流の流れる方向）a、幅b、厚さcの半導体（抵抗体）に電圧Vを印加し、電流Iが流れる場合を考えます。電流は電圧に比例し、その比例定数の逆数が抵抗Rになります。印加電圧一定のもと、電流は高抵抗では低下し、低抵抗では上昇します。この関係をオームの法則と言います。

半導体の抵抗は具体的にどのように表されるでしょうか。まず、電流は半導体の長さが長いほど流れ難く、その断面積が大きいほど流れやすくなります。つまり、抵抗は長さに比例し、断面積に反比例します。また、抵抗は半導体中のキャリア電荷密度が高いほど低下し、キャリアの移動のしやすさの程度（移動度）が大きいほど低下します。つまり、抵抗はキャリア電荷密度と移動度の積に反比例します。ここで、キャリア電荷密度は、電子電荷の大きさに単位体積当たりのキャリア数を掛けたものです。キャリア電荷密度と移動度の積の逆数が抵抗率ρ（電流の通し難さの程度）になるので、抵抗は抵抗率に長さを掛けて断面積で割ったものになります。なお、抵抗率は、抵抗の基準になるもので、単位長を一辺とする立方体の抵抗です。抵抗率の単位は、例えば、立方体の一辺の長さを1㎝とすると、1Ω㎝（オームセンチメートル）になります。

抵抗は、またシート抵抗R_Sを使っても表されます。シート抵抗は抵抗率を厚さで割ったもので、半導体層の正方形レイアウトパターンの抵抗です。この抵抗を使うと、抵抗はシート抵抗に長さを掛けて幅で割ったものになります。つまり、シート抵抗の個数にシート抵抗を掛けると抵抗になります。シート抵抗の単位は、例えばΩ/□（オームパースクエア）で表されます。

要点BOX

●抵抗は、抵抗率に長さを掛けて断面積で割ったものであり、またシート抵抗に長さを掛けて幅で割ったものでもある

直方体の半導体を流れる電流

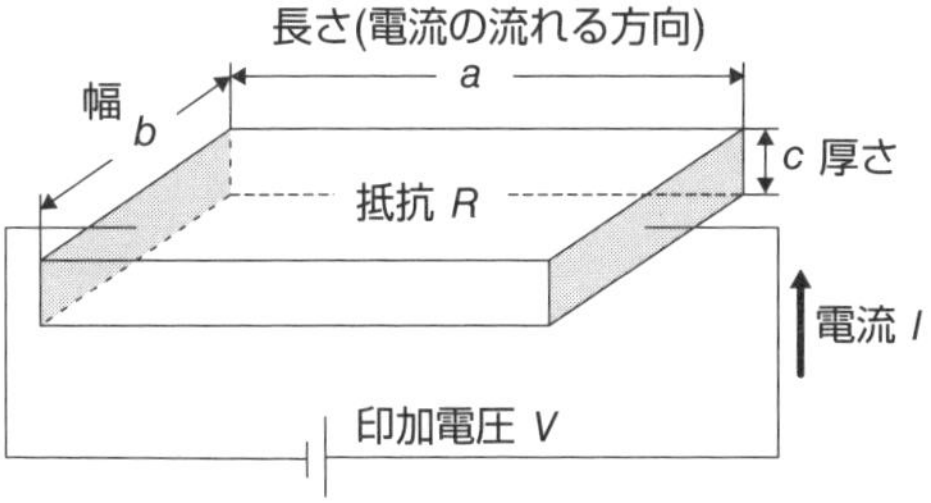

電流 I の単位は A（アンペア）
電圧 V の単位は V（ボルト）
抵抗 R の単位は Ω（オーム）

直方体の半導体を流れる電流と電圧の関係

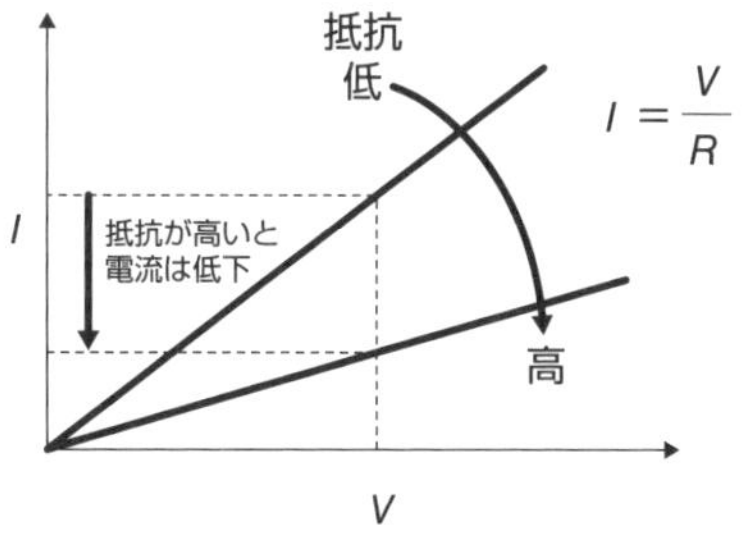

抵抗 R

抵抗(R) ＝抵抗率(ρ) ×長さ(a) ÷断面積(bc)
＝シート抵抗(R_s) ×長さ(a) ÷幅(b)

ρ：抵抗率

$$\rho = \frac{1}{qn\mu_B}$$

R_s：シート抵抗

$$R_s = \frac{\rho}{c}$$

q ：電子電荷の大きさ
n ：キャリア密度（単位体積当たりのキャリア数）
μ_B：半導体内のキャリア移動度

(注1) q と n を掛けたものがキャリア電荷密度になります。
(注2) 抵抗率の逆数を導電率または電気伝導度 σ（電流の通しやすさの程度）と言います。

半導体のシート抵抗と全抵抗

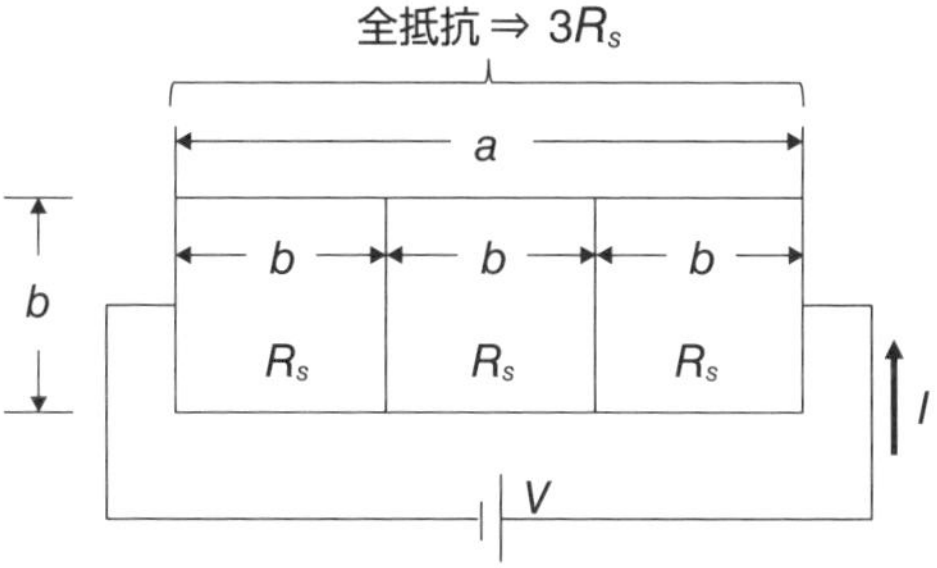

半導体の抵抗層を上面から見たレイアウトパターン

R_s ⇒ 長さ(b)で幅(b)の正方形のシート抵抗

8 ユニポーラパワーデバイスのオン抵抗をどのように見積もるの？

ユニポーラパワーデバイスのオン抵抗を評価するパラメータに、特性オン抵抗があります。これはオン抵抗をレイアウトパターンの単位面積当たりに換算した値です。これは具体的にどのように表されるでしょうか。

ユニポーラパワーデバイス（例えば縦型パワーMOSFET）を簡単化して、電流が上面から下面へ（aからbへ）流れる場合を考えます（上図）。このパワーデバイス1セルに関し、上面の面積をA_c、オン抵抗をR_cとした場合、このセルは単位面積内にA_cの逆数（1／A_c）個あり、その個数分のR_cが並列接続されています。したがって、単位面積当たりの抵抗（特性オン抵抗）はR_cをA_cの逆数で割ったもの、すなわちR_cA_c（1セルの抵抗に1セルの面積を掛けたもの）になります。（同一抵抗を並列接続すると、抵抗は並列抵抗の個数で割ったものになります。）

また、特性オン抵抗は、パワーデバイス全体のオン抵抗R_tにパワーデバイス全体の上面の面積A_tを掛けたものでも表されます。パワーデバイス全体がn個のセルからなる場合を考えます。R_tはR_cをnで割ったもの（R_c／n）になり、A_tはnA_cになります。したがって、R_tA_tはR_cA_cに等しくなり、これも特性オン抵抗になります。縦型パワーMOSFETのR_cの成分には、チャネル抵抗、耐圧を確保するドリフト領域の抵抗、基板抵抗等があります。これらの1セルの各抵抗にA_cを掛けるとそれぞれの抵抗に関する特性オン抵抗を定義できます。

電流が横方向に流れる集積型のパワーMOSFETに関しても、前記の縦型の場合と同様に特性オン抵抗を定義できます。このMOSFETでは、1セル当たりで電流が上面から入り、上面に出ていきます。この1セル当たりの抵抗をR_c、1セル当たりの上面の面積をA_cとすると、特性オン抵抗はR_cA_cとなり、前記と全く同じ形になります。

要点BOX

●特性オン抵抗は、1セルの抵抗に1セルの面積を掛けたものであり、また、全セルの抵抗に全セルの面積を掛けたものでもある

縦型パワーデバイスに流れる電流

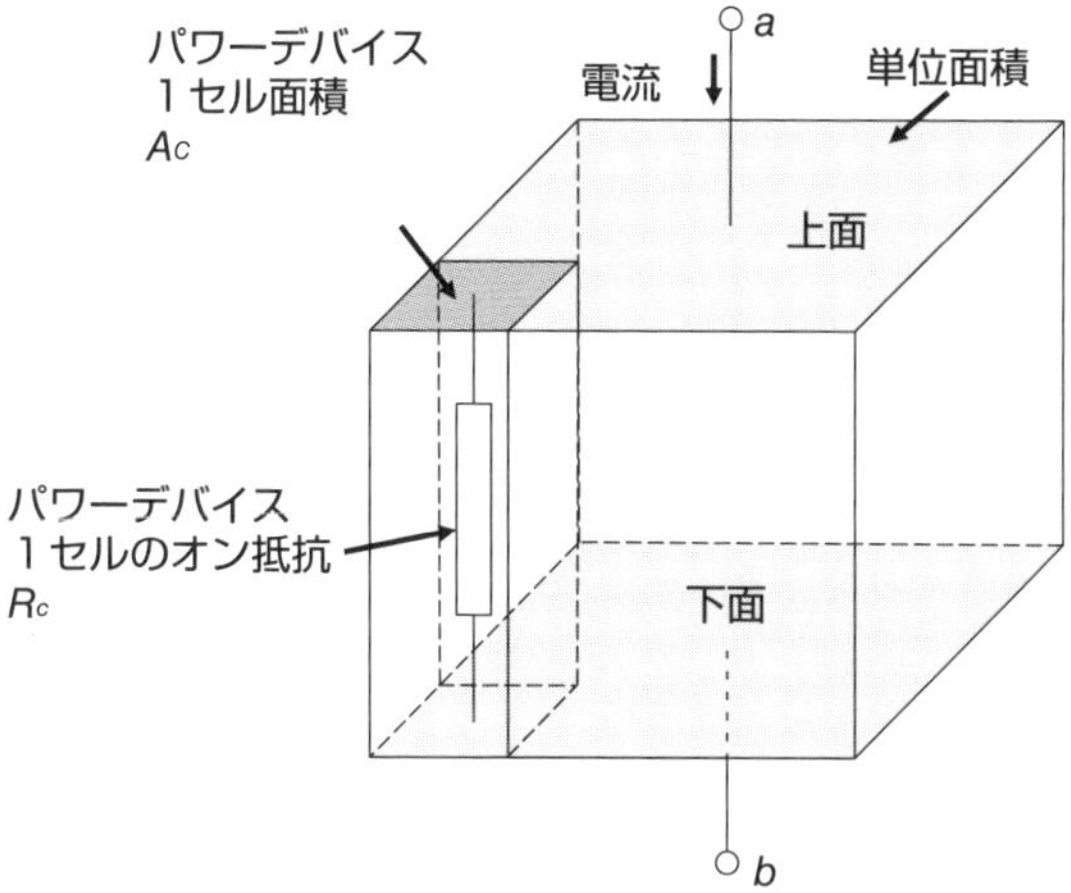

● 特性オン抵抗（単位面積当たりの抵抗）R_{ON_SP}

$$R_{ON_SP} = \frac{R_C}{1/A_C} = R_C A_C$$

●特性オン抵抗は以下でも表されます。

$$R_{ON_SP} = R_t A_t$$

R_t：全セルのオン抵抗
A_t：全セル面積

オン抵抗とは、4項で紹介したように、「デバイスオン時の抵抗」のことで「パワーデバイスを動作させた時のドレインーソース間の抵抗値」のことです。オン抵抗が小さいと電力の損失が少なくてすむから、パワーデバイスにとっては、オン抵抗値を小さくすることが重要。本項で紹介している特性オン抵抗は「デバイスがオンした時の単位面積当たりの抵抗」で、パワーデバイスの特性を決める非常に重要なパラメーターです。本稿以降も何度も登場するので、しっかりと押さえておきましょう。

9 ユニポーラパワーデバイスの理想ドリフト領域とは？

理想ドリフト領域の耐圧

　ユニポーラパワーデバイスが、**必要とされる耐圧を確保し、材料の特性上最も低い特性オン抵抗を達成できれば、それは理想のデバイスになります。**耐圧の確保はパワーデバイス内の不純物ドーピング濃度の低い領域（ドリフト領域）で行われます。高耐圧にするには長いドリフト領域を必要とし、特性オン抵抗は大きくなります。耐圧を確保した上で、この領域をできるだけ短くすることが重要です。

　ユニポーラパワーデバイスを簡単化してN型のドリフト領域を持つ理想パワーダイオードを考えてみます。このダイオードは、順方向電圧印加（アノードに正電圧、カソードに負電圧印加）でアノード電極とドリフト領域の接合部の電圧降下をゼロとし、ドリフト領域の抵抗を流れる電流で電圧降下を発生します。逆方向電圧印加（アノードに負電圧、カソードに正電圧印加）では電流をゼロとして、その接合部に印加電圧が掛かります。N^+基板（N型で不純物ドーピング濃度の高い領域）の抵抗はゼロとします。逆方向電圧を上昇させていくと、前記接合部からカソード側に向けてドリフト領域内に空乏領域（電気的に中性な領域から電子が除去され、イオン化されたドナーの正電荷が存在する領域）が延びていき、空乏領域内部に三角形状の電界が発生します。この三角形状のピーク電界はアバランシェ破壊（4項参照）を起こすレベル（臨界電界）まで上昇します。アバランシェ破壊発生時点における三角形状の電界面積が耐圧になります。

　臨界電界発生時に、空乏領域がちょうどドリフト領域全体に広がる（すなわちN^+領域に到達する）ようにドリフト長を設定すると、得られた耐圧に対してドリフト長を最短にできるため、特性オン抵抗を最も低くできます。本来、高耐圧で低特性オン抵抗を得たいのですが、耐圧を上げるとこの特性オン抵抗は上昇するので、トレードオフの関係があります。

要点BOX

- ●理想のユニポーラパワーデバイスでは、臨界電界発生時に空乏領域がドリフト領域全体に広がる
- ●特性オン抵抗と耐圧はトレードオフの関係

N型ドリフト領域を持つ理想パワーダイオード

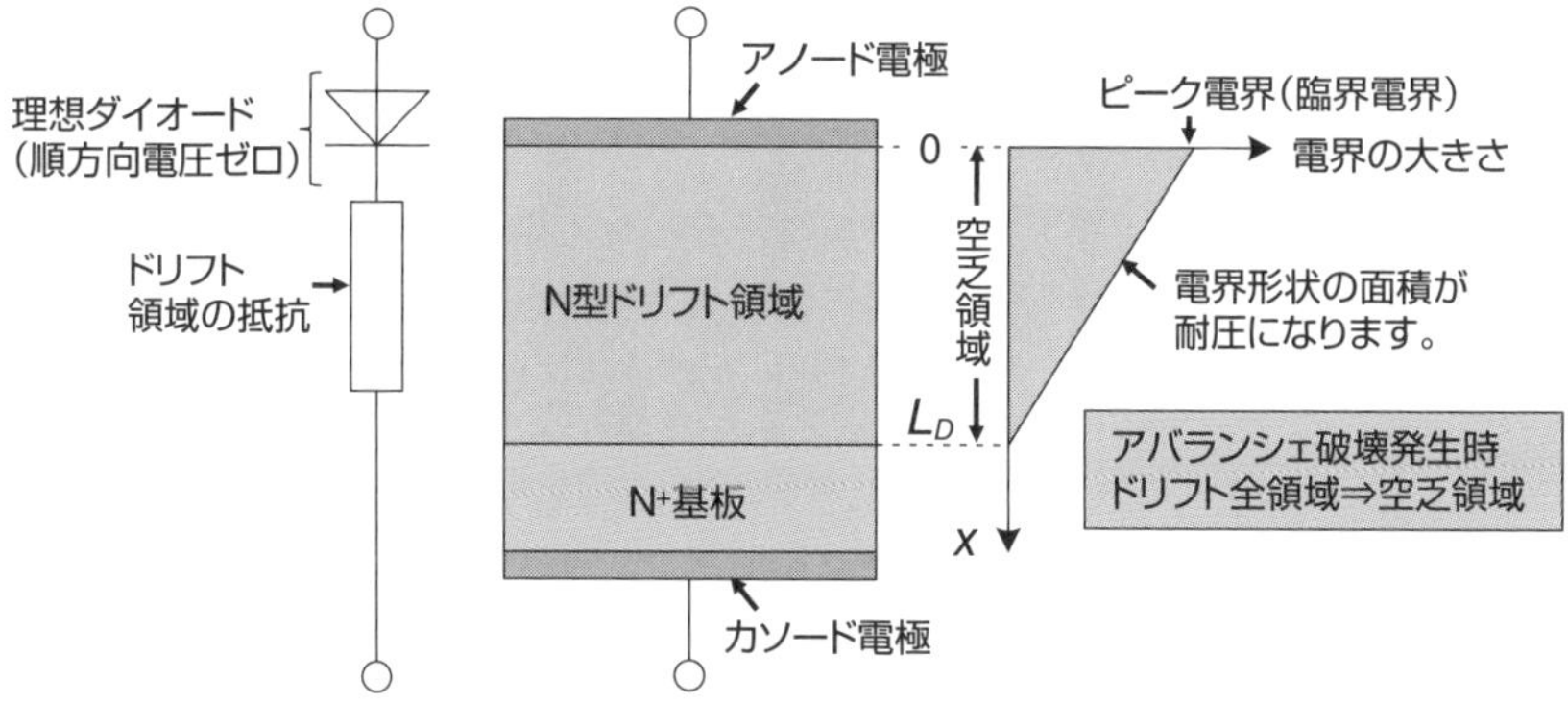

等価回路　ダイオード断面　逆方向電圧印加時の電界形状

(注1)ピーク電界が臨界電界に達するとアバランシェ破壊が発生します。臨界電界は不純物ドーピング濃度の変化に対して大きく変わらないので、臨界電界を一定と見なします。
(注2)臨界電界発生時の電界形状の面積を広くすると耐圧を上げることができます。これを行うには、N型ドリフト領域の不純物ドーピング濃度を下げて空乏領域を広げ、その広がり分だけN型ドリフト領域を延ばす必要があります。この場合、N型ドリフト領域の抵抗が上昇し、オン電圧は上がります。
(注3)N^+基板の抵抗をゼロとします。

スイッチング用途でパワーデバイスを用いる場合、その動作時の信頼性を確保するためには、動作電圧の2〜3倍くらいの耐圧を確保する場合があります。しかしながら、オン抵抗の低減とパワーデバイスの耐圧確保にはトレードオフの関係があるため、この関係を改善することによる低オン抵抗・高耐圧のパワーデバイスの実現はとても重要なことなのです。

10 理想特性オン抵抗と耐圧の関係はどうなる?

理想のユニポーラパワーデバイス（理想パワーダイオード）から得られる特性オン抵抗と耐圧のトレードオフ関係は、半導体材料によって異なります。この関係がどのように異なるか見てみましょう。

理想ユニポーラパワーデバイスの特性オン抵抗と耐圧の関係は上図の（1）式で表されます。この式から得られる関係は、材料から決まる限界特性（耐圧に対して最も低い特性オン抵抗）であり、Siの場合、シリコンリミットと言われます。

特性オン抵抗は耐圧の2乗に比例し、臨界電界の3乗に反比例します。Si、4H-SiC、GaNの臨界電界は不純物ドーピング濃度の増大に伴って緩やかに上昇します。また、不純物ドーピング濃度を固定した場合、4H-SiCとGaNの臨界電界はSiのものに対し約1桁高くなっています。これは、4H-SiCとGaNのエネルギーギャップがSiのものより大きいことに起因します（4項参照）。これらの半導体材料間で、誘電率とキャリア（電子）移動度は大きく違わないことを考慮し、耐圧を同じにして特性オン抵抗を比較すると、4H-SiCとGaNの特性オン抵抗はSiのものに対し、約3桁低下します。4H-SiCやGaNのワイドギャップ半導体はSiに対し、低消費電力のパワーデバイスとして非常に優れていることがわかります（**中図**）。

パワーデバイスの性能がどの程度優れているかを定量的に評価するのに、バリガ（Baliga）性能指数を使います。大きなバリガ性能指数は、同じ耐圧に対して特性オン抵抗が低下する（または耐圧と特性オン抵抗のトレードオフ特性が良くなる）ことを意味します。Si、4H-SiC、GaNの各半導体材料において実用的な耐圧と特性オン抵抗のトレードオフ点を考慮した場合、Siに対するバリガ性能指数は、4H-SiCでは約４００、GaNでは約９５０になります（**下図**）。

要点BOX

- ●理想パワーダイオードの特性オン抵抗と耐圧の関係は材料の限界特性になる
- ●4H-SiCやGaNのバリガ性能指数は非常に高い

理想特性オン抵抗と耐圧の関係

$$R_{ON_SP_ideal} = \frac{4BV^2}{\varepsilon_S \mu E_C^3} \quad \cdots\cdots\cdots\cdots\cdots\cdots\cdots \quad (1)$$

$R_{ON_SP_ideal}$: 理想特性オン抵抗
BV: 耐圧(理想ユニポーラパワーデバイス)
μ: キャリア(電子)移動度
ε_S: 誘電率
E_C: 臨界電界

(注)誘電率は、真空の誘電率 8.854×10^{-14} (F/cm)に比誘電率ε_{sr}を掛けたものです。

臨界電界の不純物ドーピング濃度依存性

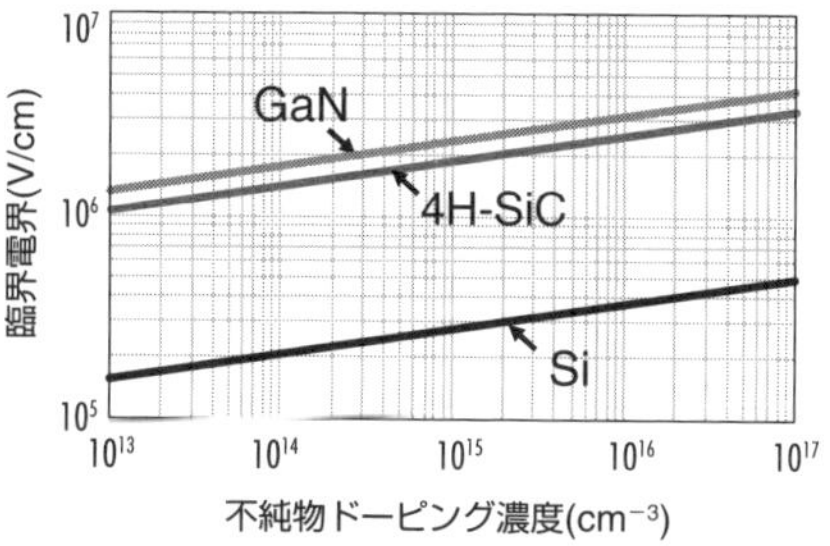

4H-SiCとGaNの臨界電界はSiのものより約1桁高くなります。

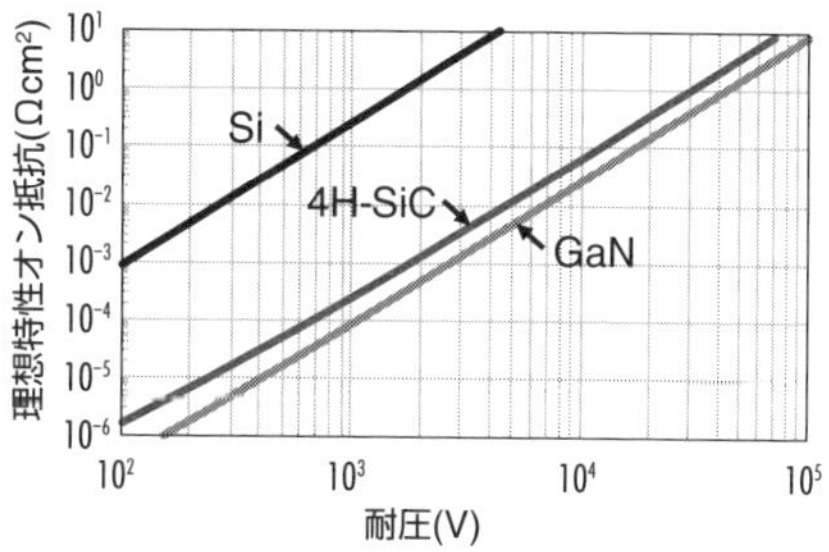

4H-SiCとGaNの理想特性オン抵抗はSiのものより約3桁低くなります。

〔出典:B. Jayant Baliga, "Gallium Nitride and Silicon Carbide Power Devices," World Scientific, Massachusetts, 2017.〕

パワー半導体材料の違いによる物性値比較

項目	記号(単位)	Si	4H-SiC	GaN
比誘電率	ε_{sr}	11.7	9.7	10.4
臨界電界	E_C (MV/cm)	0.3	2.7	3.4
電子移動度	μ (cm^2/Vs)	1330	920	980
バリガ性能指数(対Si)		1	418	953

パワーデバイスに関する**バリガの性能指数**: $\varepsilon_S \mu E_C^3$ ⇒(1)式分母

(注) 臨界電界と電子移動度に関し、不純物ドーピング濃度をSiでは 2×10^{15}cm^{-3} 、4H-SiCとGaNでは 2×10^{16}cm^{-3} として計算してあります。
この場合の理想ダイオードの耐圧は Siでは150V、4H-SiCでは1000 V、GaNでは1700 Vになります。

〔出典:B. Jayant Baliga, "Gallium Nitride and Silicon Carbide Power Devices," World Scientific, Massachusetts, 2017.〕(ε_{sr}に関して)

11 半導体中の電荷を運ぶものには寿命があるの？

キャリアの再結合とライフタイム

伝導帯中の電子（または価電子帯の正孔）はいつまでも伝導帯中（または価電子帯中）に存在するのでしょうか。真性半導体の場合で電子と正孔の動きを考えてみましょう。

熱平衡状態（半導体に電圧が掛かっていない状態）では、価電子帯から伝導帯に遷移（励起）した電子は常に伝導帯に存在する訳ではなく、一定の割合で伝導帯から価電子帯に遷移（再結合）します。この電子の励起と再結合の繰り返しが、ある温度の下で定常的に起こり、一定の電子が伝導帯に、また一定の正孔が価電子帯に存在する状態になります。

この再結合過程には、①直接再結合、②ＳＲＨ（Shockley Read Hall）再結合、③オージェ再結合があります。直接再結合では、電子が伝導帯から価電子帯に直接遷移し、エネルギーギャップに相当するエネルギーの光子または音子を発生します。ＳＲＨ再結合では、伝導帯中の電子が禁止帯中にある電子捕獲準位（再結合中心）を介して価電子帯に遷移します。この過程で直接再結合と同様に光子または音子を発生します。オージェ再結合では、伝導帯の電子が価電子帯へ遷移する場合、価電子帯の他の正孔または伝導帯の他の電子にエネルギーを与えます。

SiではＳＲＨ再結合の発生確率が非常に高いため、この再結合を考えてみます。N型半導体に少量の過剰キャリアが注入された場合、正味のＳＲＨ再結合率は、過剰正孔密度から熱平衡状態の正孔密度を引き、それを正孔の寿命（ライフタイム）で割ったものになり、電子密度に関係しません。これは、正孔が再結合中心に捕獲されると、すぐにN型半導体中に豊富にある電子がその再結合中心に捕獲され、再結合が終了することに起因します。一方、P型半導体での正味のＳＲＨ再結合率は、過剰電子密度から熱平衡状態の電子密度を引き、それを電子の寿命で割ったものになり、正孔密度に関係しません。

要点BOX

- SiではSRH再結合が重要
- 再結合は、N型半導体では正孔捕獲に依存し、P型半導体では電子捕獲に依存する

再結合過程

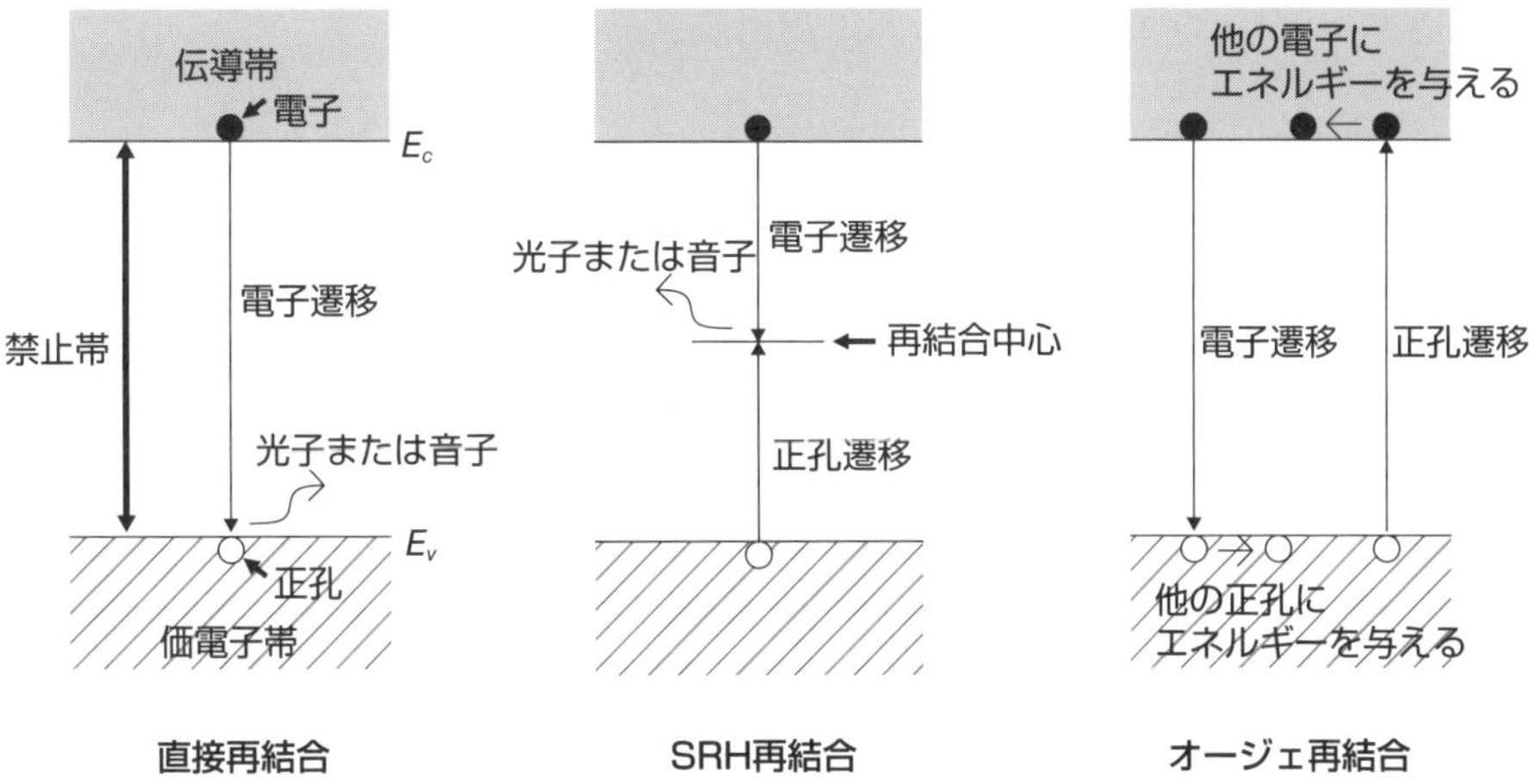

（注1）SRH再結合では、再結合中心がエネルギーギャップの中心にあると電子及び正孔の遷移確率が最大になります。また、再結合中心が電子を捕獲し、その後正孔を捕獲すると、再結合が終了します。
（注2）Siでは、直接再結合の発生確率は非常に低いですが、SRH再結合の発生確率は非常に高くなっています。オージェ再結合は極端に高いキャリア密度の場合に起こります。
（注3）光子（フォトン）は光の振動を粒子と見なしたもの、または音子（フォノン）は原子の格子振動を粒子と見なしたものです。

そうです。この章ではパワー半導体の材料と特性の基本事項を記しており、以下がまとめです。
(1) 量産されているパワー半導体材料には、Si、4H-SiC、GaNがある
(2) 半導体にはP型とN型があり、P型では正孔が、またN型では電子が多数ある
(3) 電流はドリフト成分と拡散成分からなる
(4) 特性オン抵抗と耐圧はトレードオフの関係にあり、このトレードオフは高いバリガ性能指数で良くなる（バリガ性能指数は、Si、4H-SiC、GaNで後になるほど高い）
(5) SiではSRH再結合が重要となる

半導体では適度なエネルギーバンドギャップにより電子と正孔が発生し、これらが半導体中の電気的諸現象を引き起こすのですね。

Column

パワーデバイスに使われるシリコンウエハの種類

集積デバイスに使われるシリコンウエハは、CZ（チョクラルスキー）法で製造されます。CZ法では、石英るつぼの中に破砕した多結晶シリコンと不純物ドーパントを入れて、熱を加えて融解します。その融液に種結晶を浸けて回転しながら引き上げて、単結晶（インゴット）(注1)を製造します。この過程で、石英るつぼから結晶内へ酸素原子が入り、欠陥になります。また、不純物の偏析現象(注2)により、インゴット下部の抵抗率が低下します。これらのことにより、CZウエハをパワーデバイスには使えません。

　パワーデバイスに使われるシリコンウエハは、FZ（フローティングゾーン）法で製造されます。FZ法では、多結晶シリコンに誘導加熱を行って融液部を作り、種結晶を引き下げながら単結晶を製造します。ここでは、石英るつぼを使わないため酸素原子の導入を低減でき、偏析現象により単結晶内の不純物は非常に少なくなります。FZウエハをN型にするのに、中性子照射法(注3)とガスドープ法(注4)があります。

（注1）円柱状の単結晶シリコン（インゴット）を切断（スライシング）し、研磨するとウエハになります。

（注2）偏析現象とは、液体から個体になる時に個体中の不純物が少なくなることです。

（注3）中性子照射法では、熱中性子を質量数30のSiの同位体^{30}Siに照射することにより、質量数31の^{31}Pに変えます。（Siには、^{30}Siが約3%、^{28}Siが約92%含まれています。）

（注4）ガスドープ法では、融液部に直接ドーパントガス（PH_3またはB_2H_6）を吹き付けます。（PH_3はホスフィン、B_2H_6はジボランです。）

FZ単結晶製造のイメージ

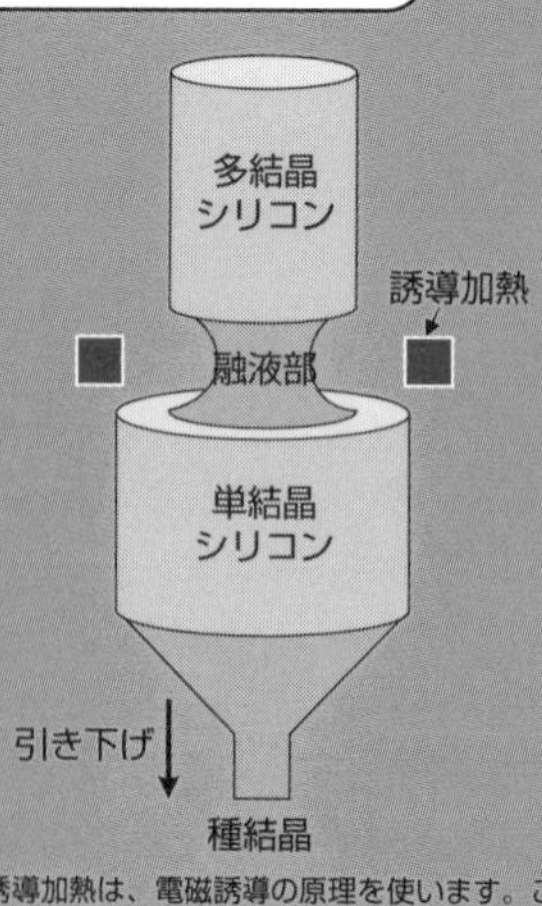

誘導加熱は、電磁誘導の原理を使います。これは電磁調理器で加熱するのと同じ原理です。

CZ単結晶製造のイメージ

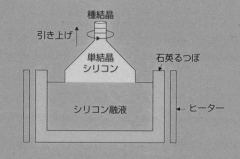

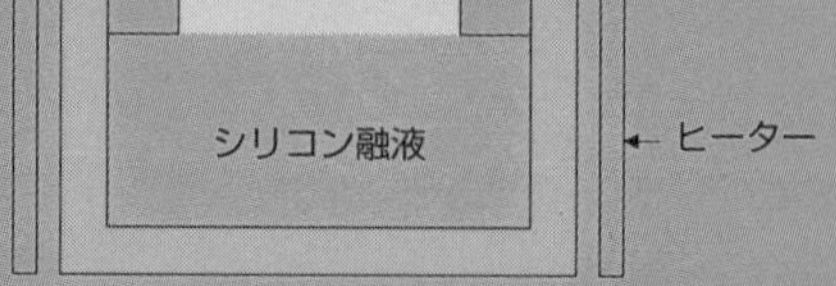

第3章

整流動作の基本となるPN接合ダイオード

12

P型とN型の半導体をくっつけるとどうなるの？

拡散電位

パワー半導体デバイスは、一般にP型とN型の接合（PN接合）を複数組み合わせて構成されます。PN接合の最も単純なデバイスは整流動作をするPN接合ダイオードになります。したがって、各パワーデバイスの説明に入る前に、この基本のPN接合の特性を理解しておくことは非常に重要です。この基本特性を考えてみましょう。

P型とN型半導体を接合すると、N型領域に多数ある電子がP型領域へ拡散により流れ、P型領域に多数ある正孔がN型領域へ拡散により流れます。この時、電子が去ったN型領域はイオン化して正電荷を帯び、正孔が去ったP型領域はイオン化して負電荷を帯びます。これらの電荷により、N型領域からP型領域に向けた電界が発生し、P型領域に対してN型領域の電位が高くなります。この電位により、N型のフェルミ準位が低下し、P型とN型のフェルミ準位が一致した時点で拡散が止まります。つまり、電子と正孔の流れの栓が閉まります。この状態が熱平衡状態です。また、この電位を拡散電位（またはビルトイン電位）と言い、キャリアの存在しないイオン化領域を空乏領域と言います（下図）。

PN接合の電流電圧特性は、拡散電位を基準に決まります。これは、PN接合への電圧印加によりその接合電圧が拡散電位から変化し、電子と正孔の流れの栓の開閉が決まるからです（順方向電圧印加の場合13項、逆方向電圧印加の場合14項参照）。この特性をもとにした実際のPN接合ダイオードを15項で説明します。このPN接合ダイオードの空乏領域は、逆方向電圧印加時に寄生容量となり（16項参照）、スイッチング動作に影響します。順方向電流はデバイスに電荷を蓄積し（16項参照）、バイポーラデバイスのターンオフ過程に影響します。高い逆方向電圧では空乏領域内部の高電界で破壊が発生します（17と18項参照）。これはパワーデバイスの耐圧になります。

要点BOX

- ●熱平衡状態でのフェルミ準位は一定
- ●電流電圧特性は拡散電位を基準に決まる

PN接合によるキャリア移動

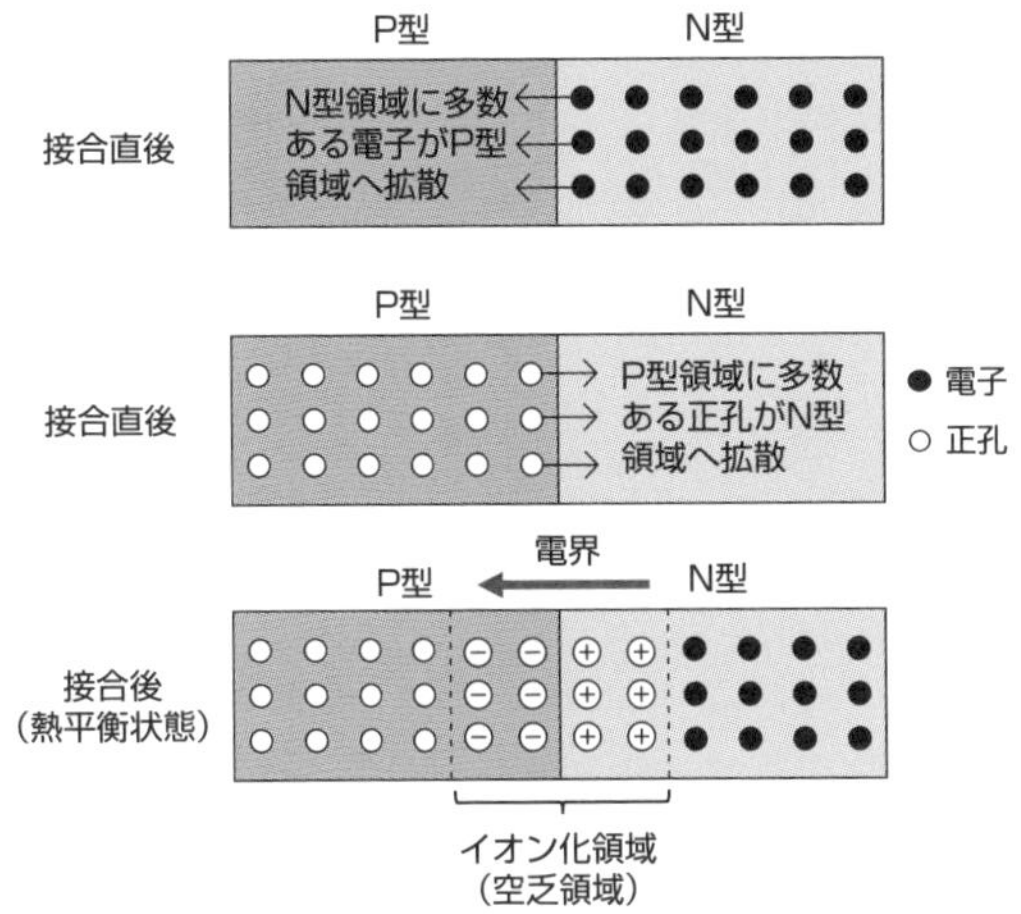

（注1）空乏領域に形成された電界により、電子と正孔はそれぞれ拡散とは逆方向に引っ張られ、電子と正孔の拡散による流れと電界による流れが釣り合うとそれらの流れが止まります。
（注2）拡散電位は半導体材料によって異なります。例えば、P^+N接合の室温での拡散電位は、Siで約0.9V、4H-SiCで約3.2V、GaNで約3.4Vになります。また、拡散電位の大きさに起因して、4H-SiCやGaNの空乏領域幅はSiのものより広くなります。

P型とN型半導体の接合

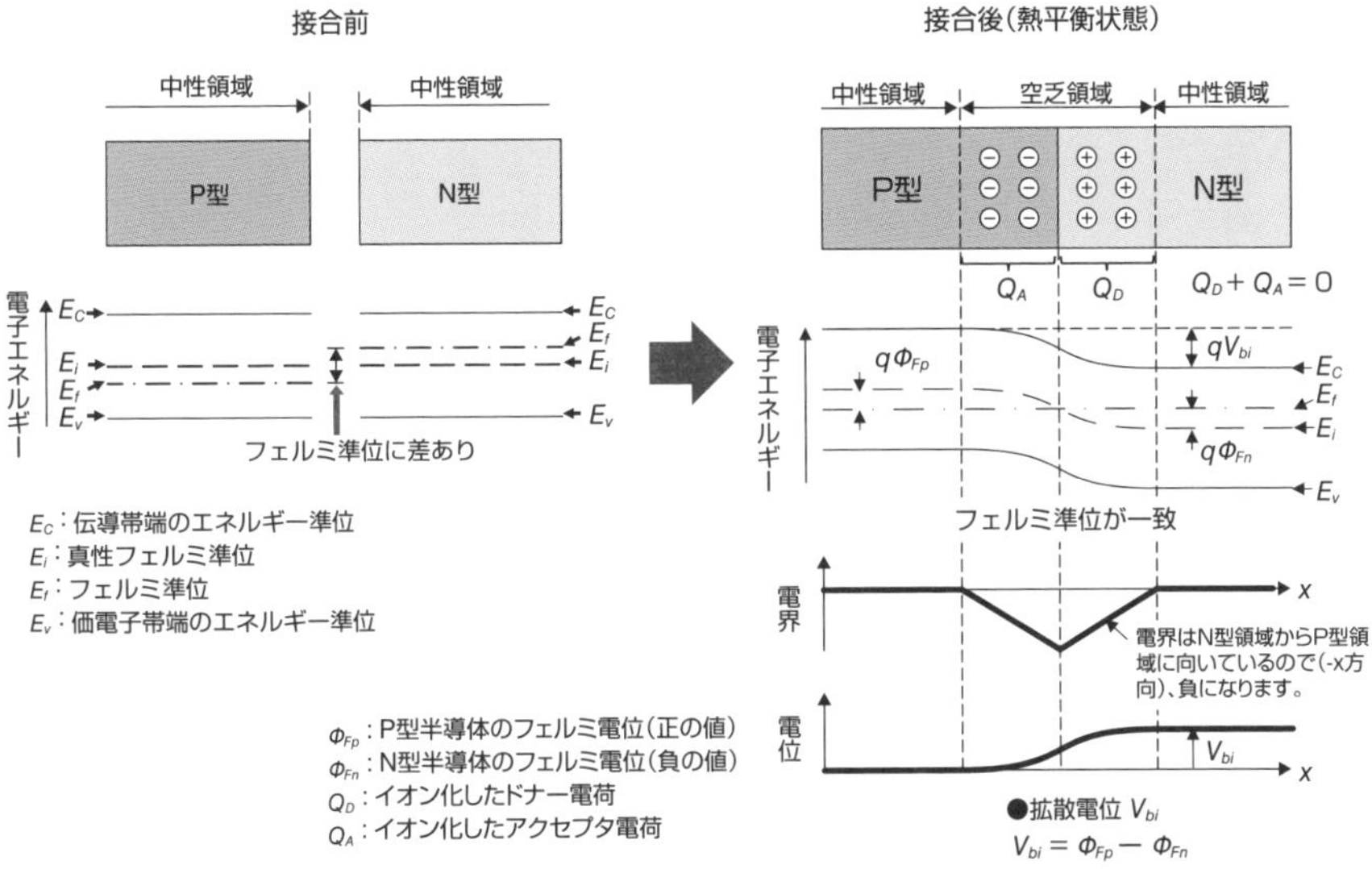

13 順方向電流の流れるメカニズムは？

拡散電流

熱平衡状態にあるPN接合に順方向電圧（P側に正電圧、N側に負電圧）を印加すると、キャリア密度分布やエネルギー帯はどのように変わるでしょう。

PN接合へ順方向電圧を印加すると、P型領域のフェルミ準位がN型領域のものに対してその印加電圧をエネルギー（準位）に換算した分だけ低下します。つまり、PN接合電圧は熱平衡状態の拡散電位からその順方向電圧印加分を引いた値になります。この接合電圧の低下により、N型領域に多数存在する電子（多数キャリア）を流す栓①が開きます。これにより、N型領域の電子が空間電荷領域を通過して（多くのキャリアが通過する空乏領域を空間電荷領域と言います）P型領域に入ります。P型領域では電子は少数キャリアになります。その電子密度はP型領域の空間電荷領域端では熱平衡状態での電子密度より高いので、電子はP型領域内部に向けて拡散していきます。この少数キャリアの拡散が電子電流になります。一方、P型領域の多数キャリアである正孔に関しても、正孔を流す栓②が開きます。正孔はP型領域から空間電荷領域を通過してN型領域へ入り、P型領域での電子拡散と同様に、少数キャリアとなってN型領域の内部に向けて拡散していきます。この少数キャリアの拡散が正孔電流になり、これらの電子電流と正孔電流の和が順方向電流になります。

順方向電圧の上昇に伴い、キャリアを流す栓①と②は徐々に開いて、順方向電流は増大します。順方向電圧が低いと、順方向電圧の上昇に対してこれらの栓の開きは小さく、順方向電流はあまり流れません。順方向電圧が高くなると、順方向電圧の上昇に対してこれらの栓の開きは急に大きくなり、順方向電流は急峻に立ち上がります。順方向電流は順方向電圧に比例しません。この特性は印加電圧に比例して電流が流れるドリフト起因の抵抗のものとは異なります（7項参照）。

要点BOX
- ●順方向電流は少数キャリアの拡散に起因する
- ●順方向電流は急峻に立ち上がる

順方向電圧印加時のエネルギー帯

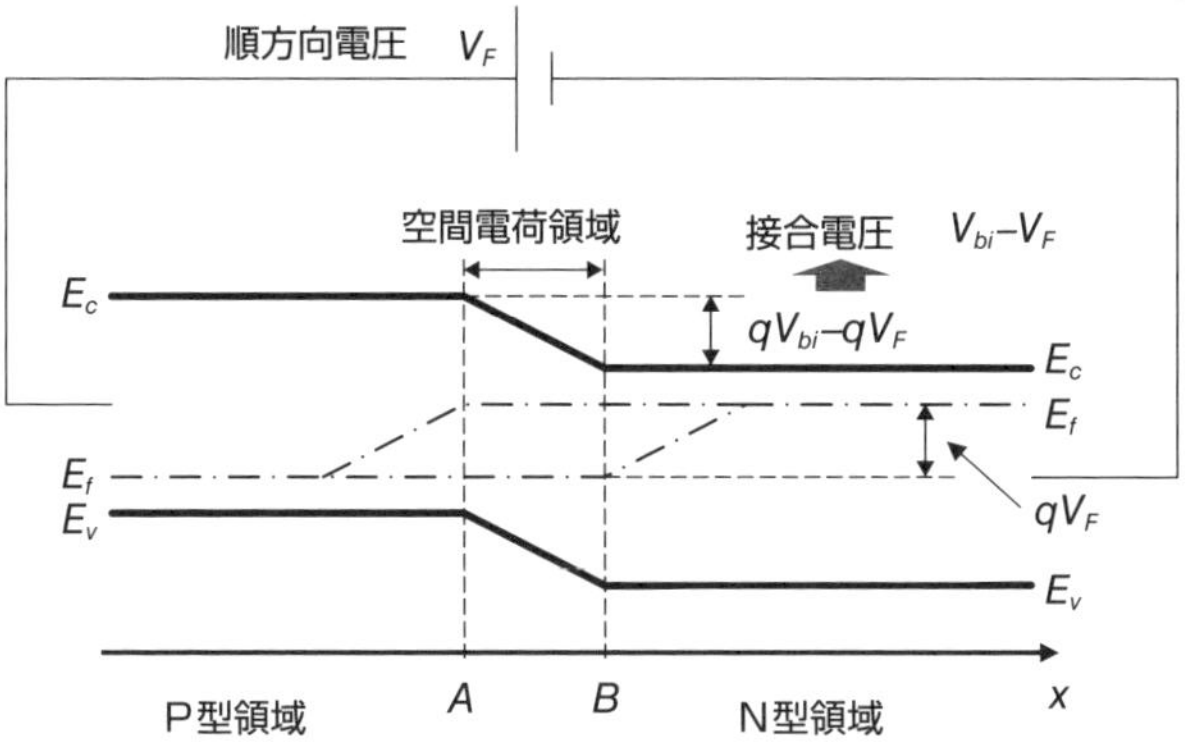

仮定：　V_F印加時の多数キャリア密度≒熱平衡状態の多数キャリア密度
（注入された少数キャリア密度≪多数キャリア密度）

（注1）P型半導体中に多数存在する正孔を多数キャリア、少数存在する電子を少数キャリアと言います。また、N型半導体中に多数存在する電子を多数キャリア、少数存在する正孔を少数キャリアと言います。
（注2）PN接合に電圧が掛かり、熱平衡状態でない場合、フェルミ準位を擬フェルミ準位と言いますが、本文ではフェルミ準位で表現しています。
（注3）外部印加電圧V_Fをエネルギーに換算した量だけフェルミ準位に差が発生します。つまり、電流電圧特性はフェルミ準位（または電位）の差によって決まるとも言えます。

順方向電圧印加時のキャリアの流れ

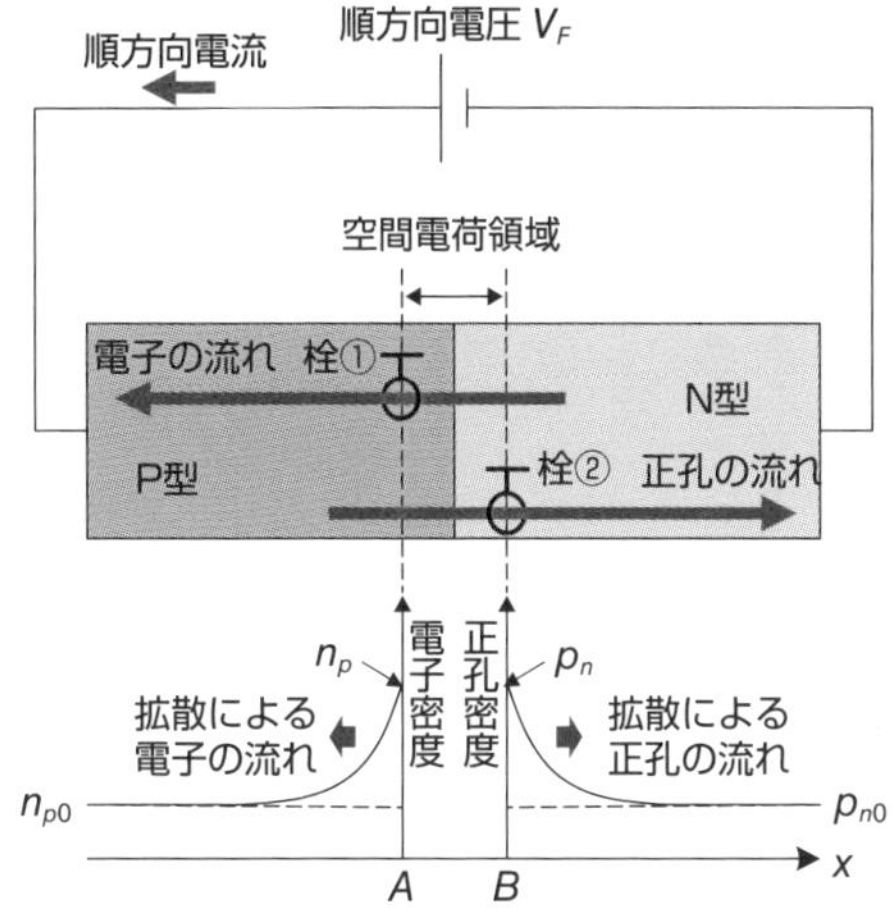

n_p: P型領域の電子密度
p_n: N型領域の正孔密度
n_{p0}: P型領域の熱平衡状態の電子密度
p_{n0}: N型領域の熱平衡状態の正孔密度

（注）空間電荷領域外では電界はほとんど掛からないので、電流にドリフト成分はほとんどなく、拡散成分が主になります。

順方向電流と順方向電圧の関係

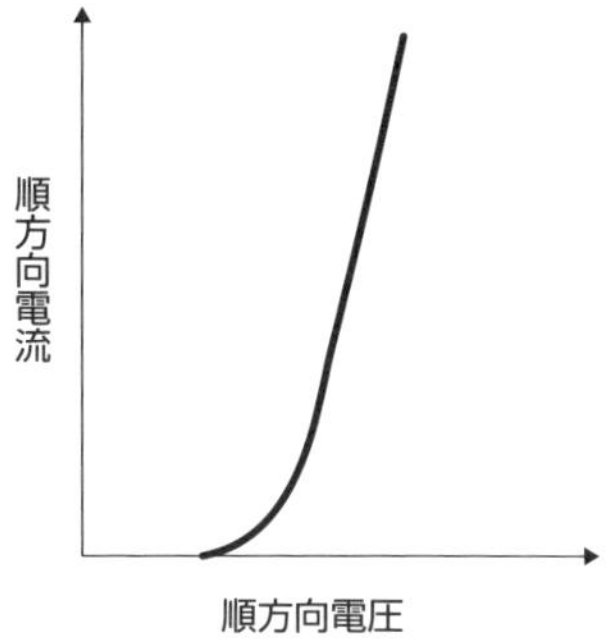

14 逆方向電流の流れるメカニズムは？

飽和電流

熱平衡状態にあるPN接合に逆方向電圧を印加すると、キャリア密度分布やエネルギー帯がどのように変わるか考えてみましょう。

PN接合へ逆方向電圧を印加すると、P型領域のフェルミ準位がN型領域のものに対してその印加電圧をエネルギー（準位）に換算した分だけ上昇します。つまり、PN接合電圧は熱平衡状態の拡散電位からその逆方向電圧印加分を加えた値になります。この接合電圧の上昇により、N型領域に存在する多数キャリアの電子を流す13項左下図の栓①は閉じたままです。したがって、N型領域の電子は、順方向電圧印加時のようにP型領域へ移動できません。ところが、この場合、N型領域の空乏領域端で少数キャリアである正孔の密度が熱平衡状態の密度から低下します。これにより、N型領域の空乏領域端近傍で空乏領域に向かった正孔の拡散電流が発生します。つまり、少数キャリアの正孔を流す**左下図**の栓③が開いたことになります。この正孔は空乏領域を通過し、P型領域へ入って多数キャリアになって電流に寄与します。一方、P型領域の多数キャリアである正孔に関しても、正孔を流す栓②は閉じたままなので、P型領域の正孔はN型領域へ移動できません。しかしながら、この場合も、N型領域で少数キャリアである正孔の振舞いと同様に、P型領域の空乏領域端で少数キャリアである電子の拡散電流が発生します。つまり、少数キャリアの電子を流す栓④が開き、電子は空乏領域を通過し、N型領域へ入って多数キャリアになって電流に寄与します。これらの電子電流と正孔電流の和が逆方向電流になります。逆方向電圧の上昇に伴い、キャリアを流す栓③と栓④が開いて、逆方向電流は増大しますが、逆方向電流はすぐに飽和します。この電流を飽和電流と言います。この電流は一般的に非常に低く、PN接合がオフ状態にあると見なされます。

要点BOX

- 逆方向電流も少数キャリアの拡散に起因
- 逆方向電流は飽和する

逆方向電圧印加時のエネルギー帯

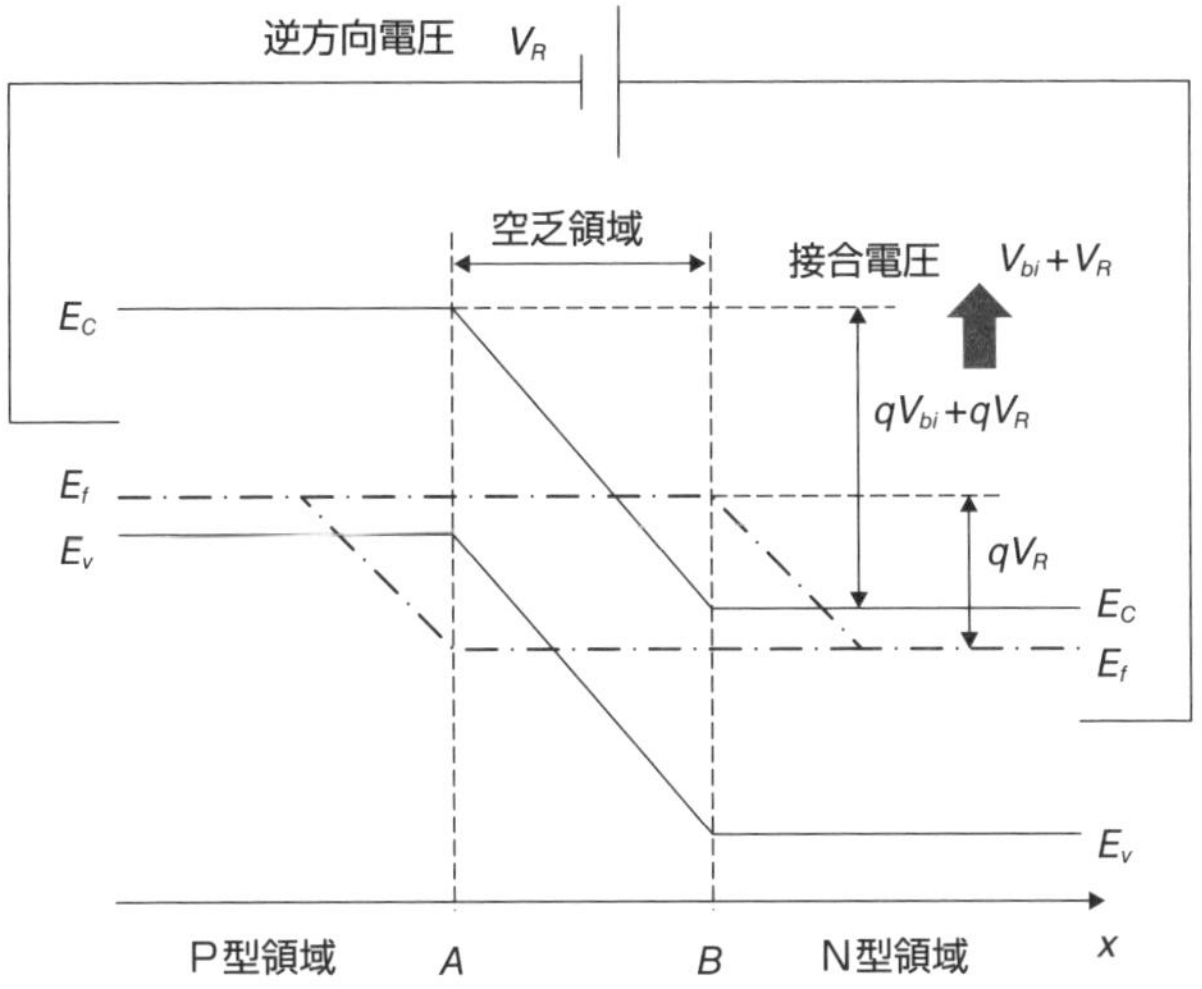

逆方向電圧印加時のキャリアの流れ

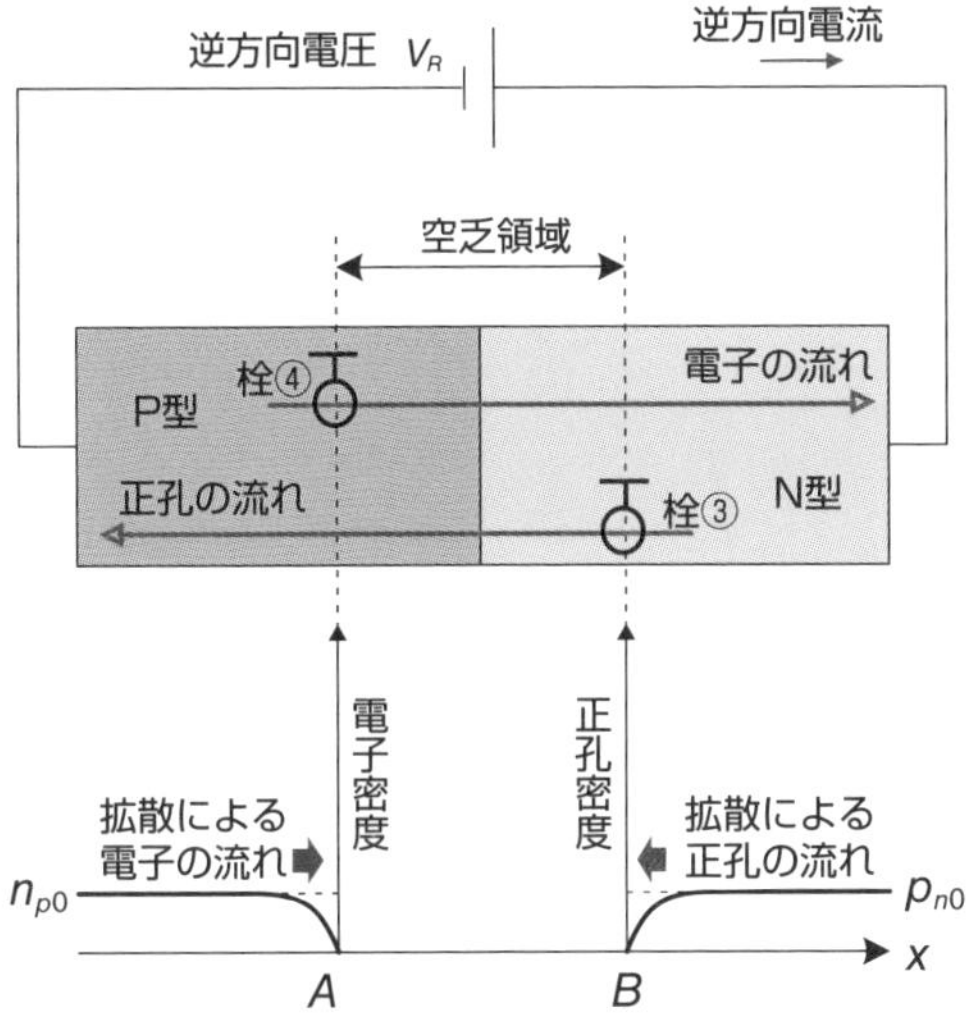

逆方向電流と逆方向電圧の関係

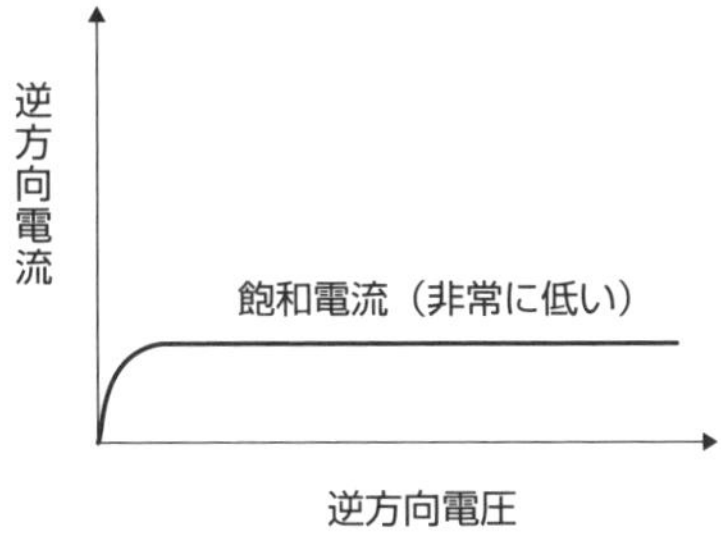

（注1）順方向電圧印加時の栓①と栓②（13項）は閉まります。
（注2）逆方向電圧の上昇に伴い、キャリア分布形状が変わらなくなるため、この形状による拡散電流は一定（飽和電流）になります。

15 PN接合ダイオードの構造はどうなっているの？

P^+N階段接合のバイポーラデバイス

PN接合はスイッチとしての整流特性を持つため、スイッチング電源（例えばAC-DC変換）に使われます。ただし、低電圧での使用になります。実際のPN接合ダイオードを見てみましょう。

実際のPN接合ダイオードの基本構造は、P^+Nの階段接合（不純物ドーピング濃度がP型領域で非常に高くN型領域で低い）になっています。N型領域はこのデバイスを支持するために抵抗の低いN^+基板（N型の不純物ドーピング濃度の非常に高い半導体）に繋がっています。ここで、P^+側をアノード、N側をカソードと言います。

PN接合ダイオードに順方向電圧を印加すると、P型領域からN型領域へ正孔を流す栓②（13項）は大きく開きますが、N型領域からP型領域へ電子を流す栓①はほとんど開きません。つまり、順方向電流はN型領域を流れる正孔の拡散電流で決まります。この拡散電流による順方向電流は、順方向電圧が少し上がったところから急峻に立ち上がります。立ち上がり電圧はシリコンでおよそ0・7Vになります。順方向電流は、大電流領域では実際にはN型領域とN^+基板の抵抗等に起因した特性になります。

PN接合ダイオードに逆方向電圧を印加すると、N型領域からP型領域へ正孔を流す栓③（14項）は開きますが、P型領域からN型領域へ電子を流す栓④はほとんど開きません。つまり、逆方向電流はN型領域を流れる正孔の拡散電流（飽和電流）で決まります。実際には、逆方向電圧の増大に伴い、広がる空乏領域内で電子の発生・再結合電流が増え、これが拡散電流に加わります（17項参照）。

PN接合ダイオードの耐圧を上げるとオン時の電圧が上昇するので、これらのバランスを考慮すると、シリコンのPN接合ダイオードでの最大動作電圧は100V程度になります。動作電圧をもっと上げるには、PiNダイオードを使います（5章参照）。

要点BOX

- ●順逆電流ともN型領域の正孔拡散電流に起因
- ●シリコンのPN接合ダイオードでの最大動作電圧は100V程度

PN接合ダイオードの基本構造と記号

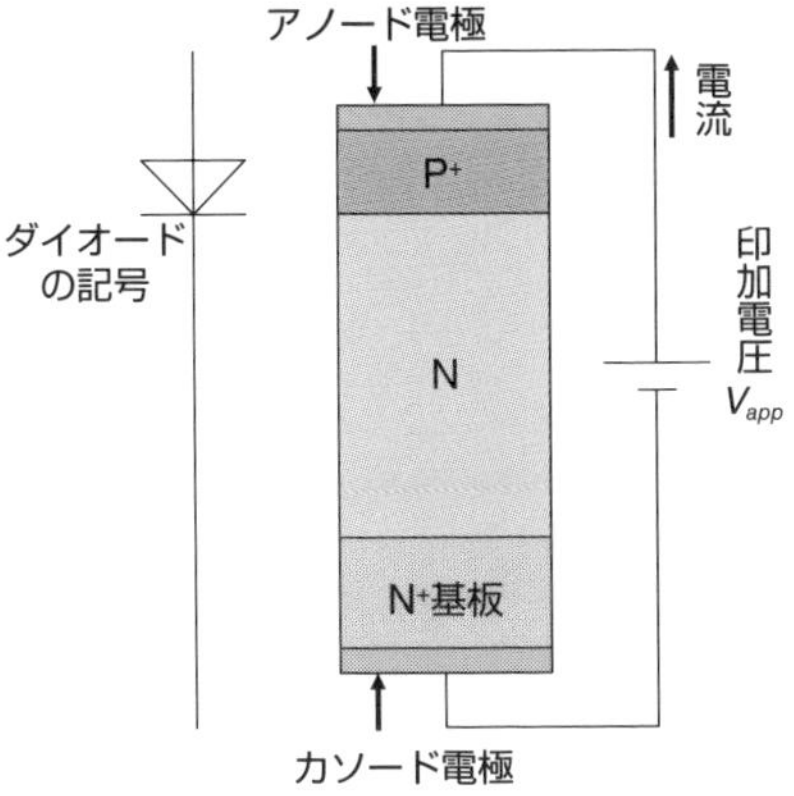

PN接合ダイオードの電流電圧特性（スイッチ機能）

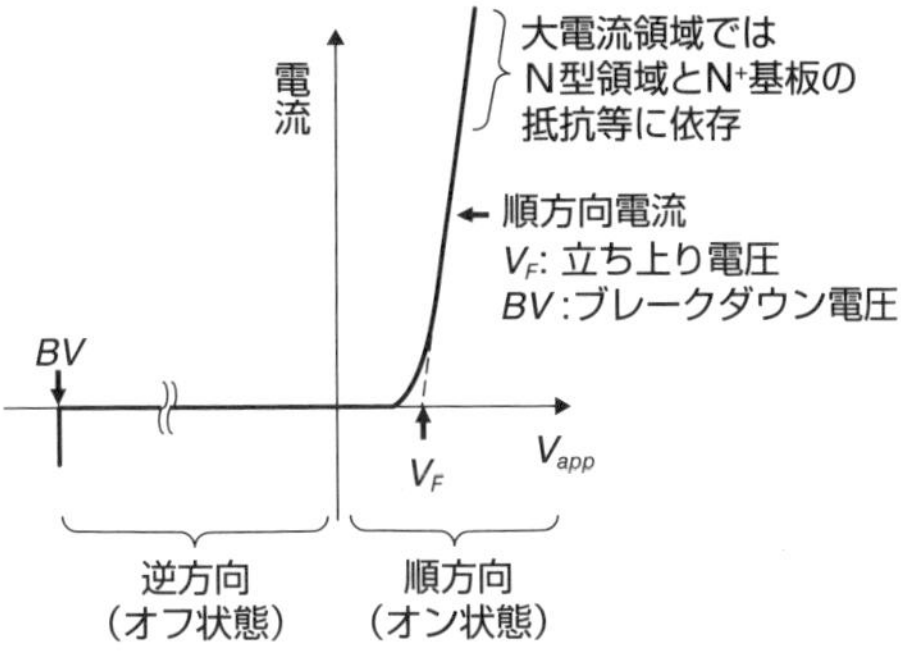

（注1）順方向電圧印加時、13項で示す栓②は大きく開きますが栓①はほとんど開きません。逆方向電圧印加時、14項で示す栓③は開きますが、栓④はほとんど開きません。

PN接合ダイオードのブレークダウン時の電界分布

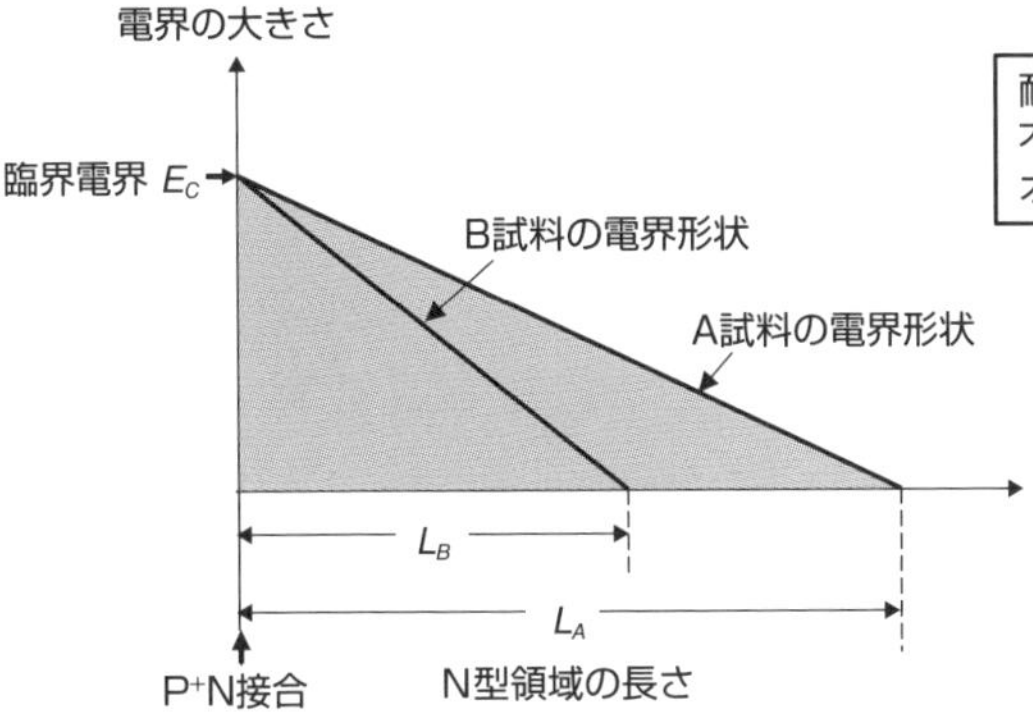

耐圧： A試料＞B試料
不純物ドーピング濃度：A試料＜B試料
オン電圧： A試料＞B試料

上図の電界形状の面積がPN接合ダイオードの耐圧になります。

A試料の耐圧（電界形状の三角形の面積）⇒ $\frac{1}{2}E_CL_A$

B試料の耐圧（電界形状の三角形の面積）⇒ $\frac{1}{2}E_CL_B$

（注1）ピーク電界が臨界電界に達するとアバランシェ破壊が発生します。臨界電界は、不純物ドーピング濃度の変化に対して大きく変わらないので、臨界電界を一定と見なします。
（注2）PN接合ダイオードで耐圧を上げるには、理想ダイオードの場合と同様に（9項参照）、N型領域の不純物ドーピング濃度を下げて、N型領域の長さを長くする必要があります。この場合、N型領域の長さが長くなった分だけオン電圧が上がります。したがって、耐圧とオン電圧のバランスを取る必要があります。

16 ＰＮ接合ダイオードに寄生する容量は何をする？

ＰＮ接合ダイオードの寄生容量に接合容量と拡散容量があります。これらの寄生容量はスイッチング過程に影響を与えます。具体的に見てみましょう。

まず、接合容量について考えてみましょう。ＰＮ接合ダイオードに逆方向電圧を印加していくと、空乏領域の広がりに伴ってＮ型領域側の空乏領域にイオン化した正電荷が増え、Ｐ型領域側の空乏領域に同量の負電荷が増えます。これは、Ｎ型領域を正電極とし、Ｐ型領域を負電極とした容量に電荷が蓄積されるのと同じです。ただし、この場合、空乏領域の広がり分だけ容量は低下します。この容量を接合容量と言います。スイッチングのターンオフ過程で接合容量に電荷が蓄積され、ターンオン過程で電荷が放電されるので、これらの過程で消費電力（スイッチング損失）が発生します。

次に、拡散容量について考えてみましょう。ＰＮ接合ダイオードに順方向電圧を印加して順方向電流が流れると、Ｐ型領域からＮ型領域へ入る正孔がＮ型領域内を拡散していきます。この時、順方向電流が一定であれば、Ｎ型領域内の正孔密度の分布形状は変わらないので、一定の正電荷が蓄積しているように見えます。この状態で逆方向電圧に切り替えると、Ｎ型領域内に蓄積した正孔が全て除去（放電）されます。この除去過程で、空乏領域が広がり、接合容量への充電も起こります。いずれにしても、順方向電流によってＮ型領域内に蓄積した正電荷は、逆方向電圧印加で全て放電されるので、容量の機能があることになります。この容量を拡散容量と言います。

拡散容量は、順方向電流が大きいほど大きくなります。その場合、ターンオフ期間が長くなり、スイッチング損失が増えます。ＰｉＮダイオードやＩＧＢＴでは、ＰＮ接合ダイオードより非常に大きな電流が流れるため、これらのスイッチング損失はＰＮ接合ダイオードのものよりかなり大きくなります。

要点BOX

- ●逆方向電圧が接合容量を形成
- ●順方向電流が拡散容量を形成

接合容量

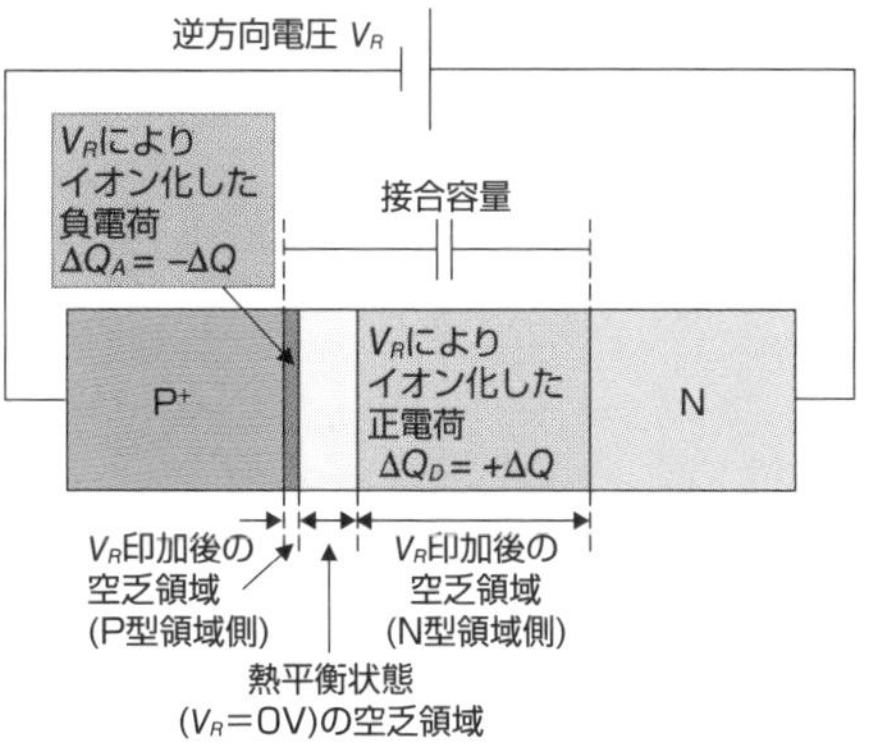

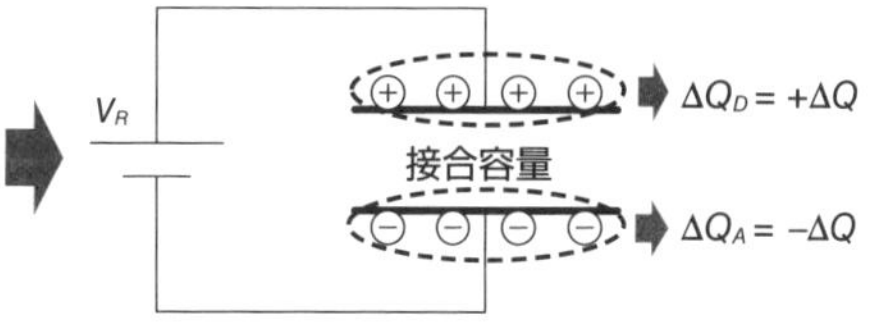

(注1)P型領域はP^+なので、空乏領域はほとんど広がりません。空乏領域は主にN型領域に広がります。
(注2)平行平板容量では、印加電圧に対して容量は一定で、印加電圧に比例して電荷が蓄積します。一方、接合容量では、印加電圧に対して空乏領域が広がる分だけ電荷が蓄積し、接合容量は低下します。

拡散容量

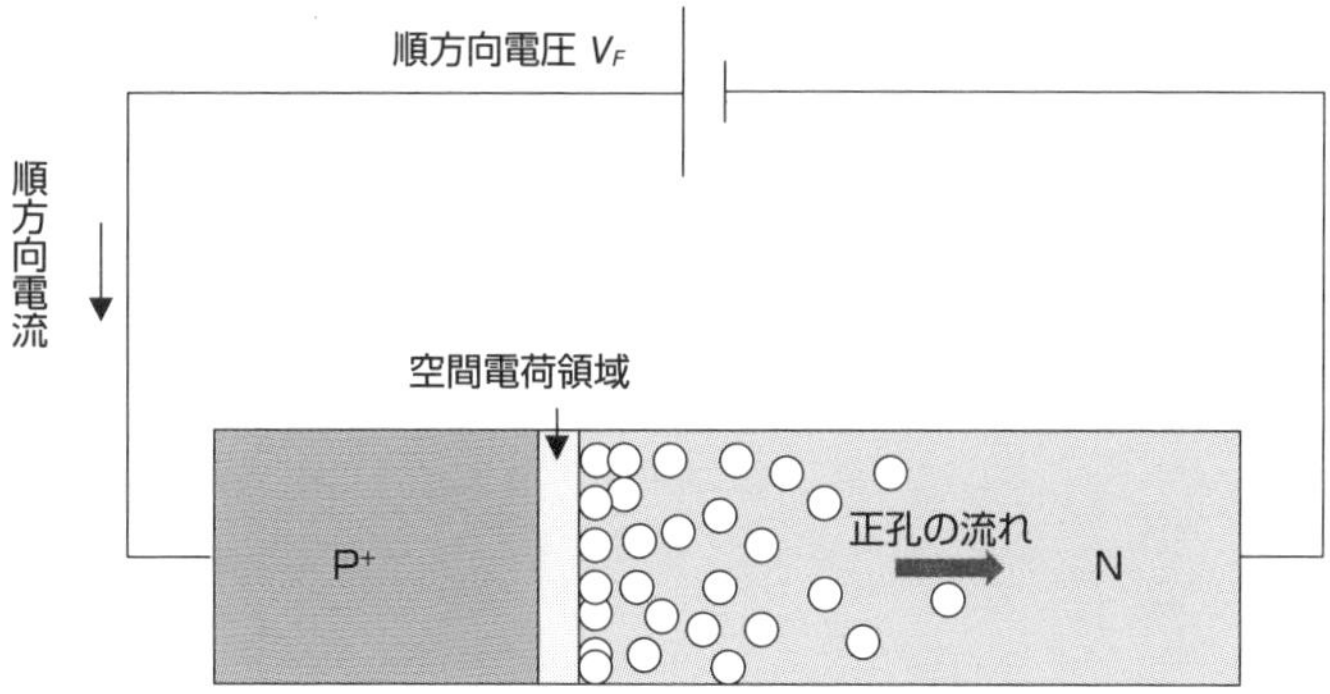

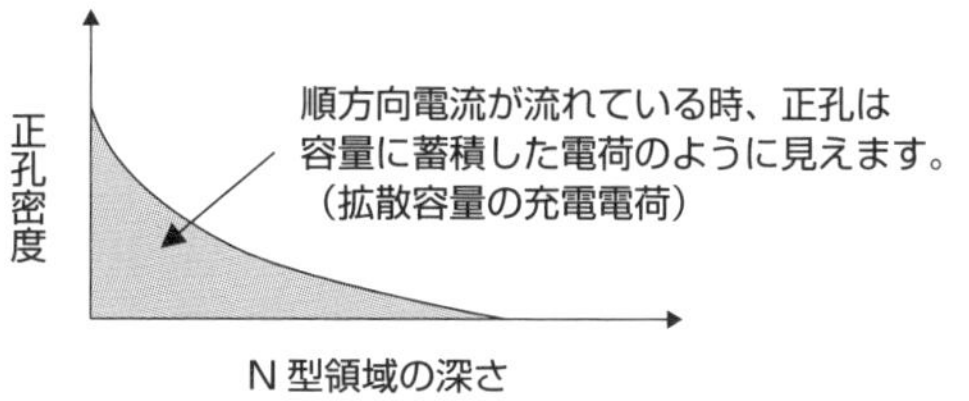

(注)拡散容量の電荷は順方向電流によって充電されます。
順方向電流がゼロになると、その電荷は放電されます。

17 ＰＮ接合ダイオードに過剰の逆方向電圧をかけるとどのように破壊するの？

アバランシェ破壊

ＰＮ接合ダイオードへの逆方向電圧を増大させていくと、ある時点で逆方向電流が急峻に立ち上がります。このメカニズムを考えてみましょう。

ＰＮ接合ダイオードへの逆方向電圧の増大は、空乏領域内の電界を上昇させます。この電界が電子を加速させ、電子の運動エネルギーを増大させます。エネルギーギャップを超えた運動エネルギーを持つ電子が半導体結晶の格子点にある原子に衝突すると（衝突①）、電子はそのエネルギーを失って、価電子帯にある電子が価電子帯に正孔を残して伝導帯へ励起します（電子正孔対の発生）。運動エネルギーを失った電子は、再度電界により加速し、運動エネルギーを増大させます。この電子がエネルギーギャップより大きい運動エネルギーを得て次の原子に衝突すれば（衝突②）、また電子正孔対を発生します。衝突①で発生した電子も電界による加速で運動エネルギーを増大させます。この電子がエネルギーギャップより大きい運動エネルギーを得て原子に衝突すると（衝突③）、これも電子正孔対を発生させます。なお、発生した正孔も電界によりエネルギーギャップより大きい運動エネルギーを得て原子に衝突すれば、電子と同様に電子正孔対を発生します。このように、次々と加速電子（あるいは加速正孔）により電子正孔対が発生し、キャリアが急増（増倍）して破壊に至ります。これをアバランシェ（なだれ）破壊と言います（上図）。

アバランシェ破壊も含めた逆方向の電流電圧特性を見てみます。逆方向電圧が低い段階では、飽和電流が支配的です。逆方向電圧が高くなると、空乏領域が広がり、その領域内で熱励起により発生する電子と正孔が再結合することなく電界で空乏領域外に引っぱられて電流を発生し（発生電流）、飽和電流に加わります。逆方向電圧がさらに高くなると高電界による増倍電流が発生し、アバランシェ破壊による逆方向電流が急峻に立ち上がります（下図）。

要点BOX

- ●アバランシェ破壊は空乏領域内の高電界による電子正孔対の発生に起因
- ●アバランシェ破壊による電流は急峻に上昇

アバランシェ破壊の様子

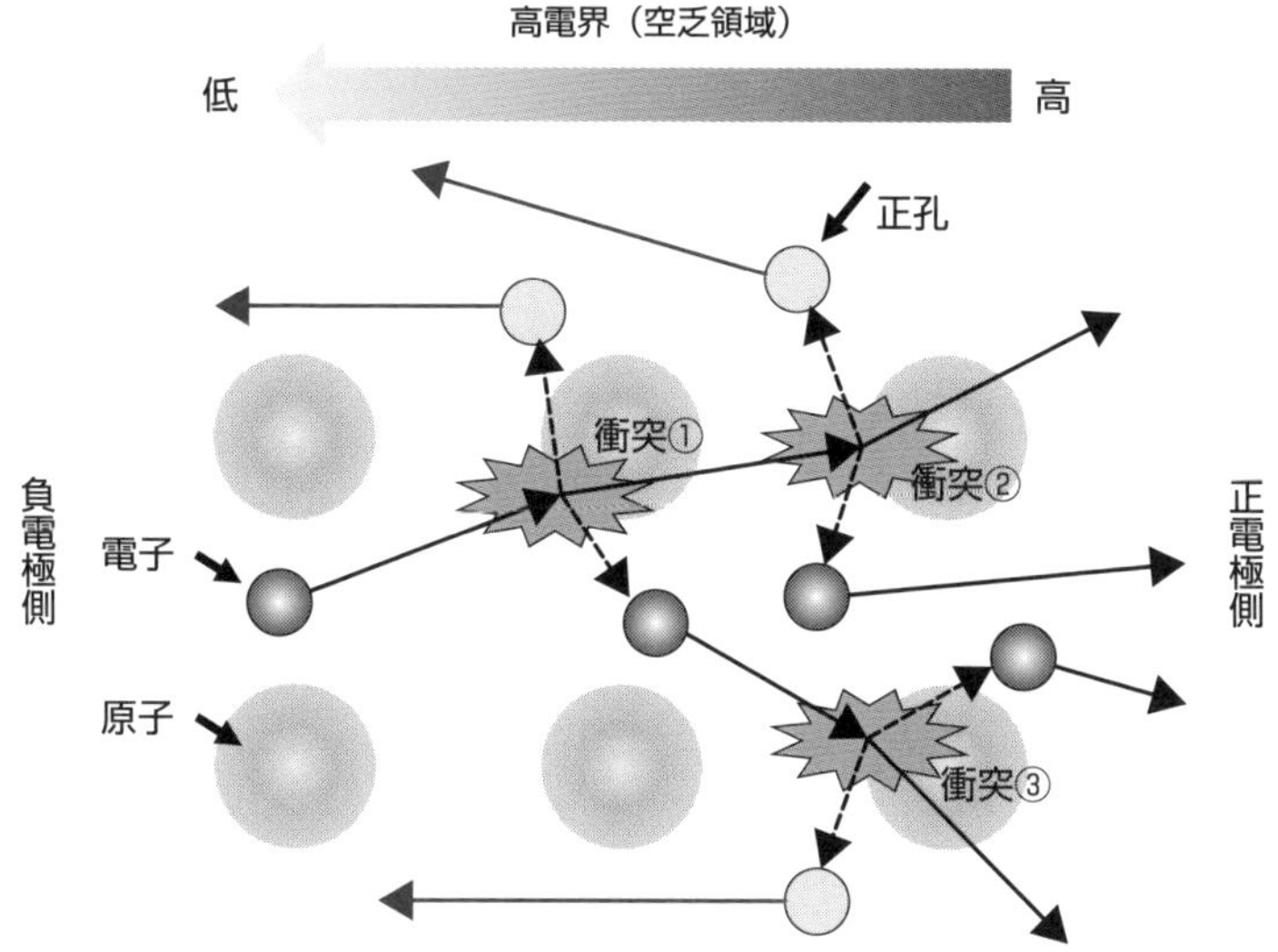

（注）正孔も原子と衝突して電子正孔対を発生しますが、ここでは省略してあります。

PN接合ダイオードの逆方向電流

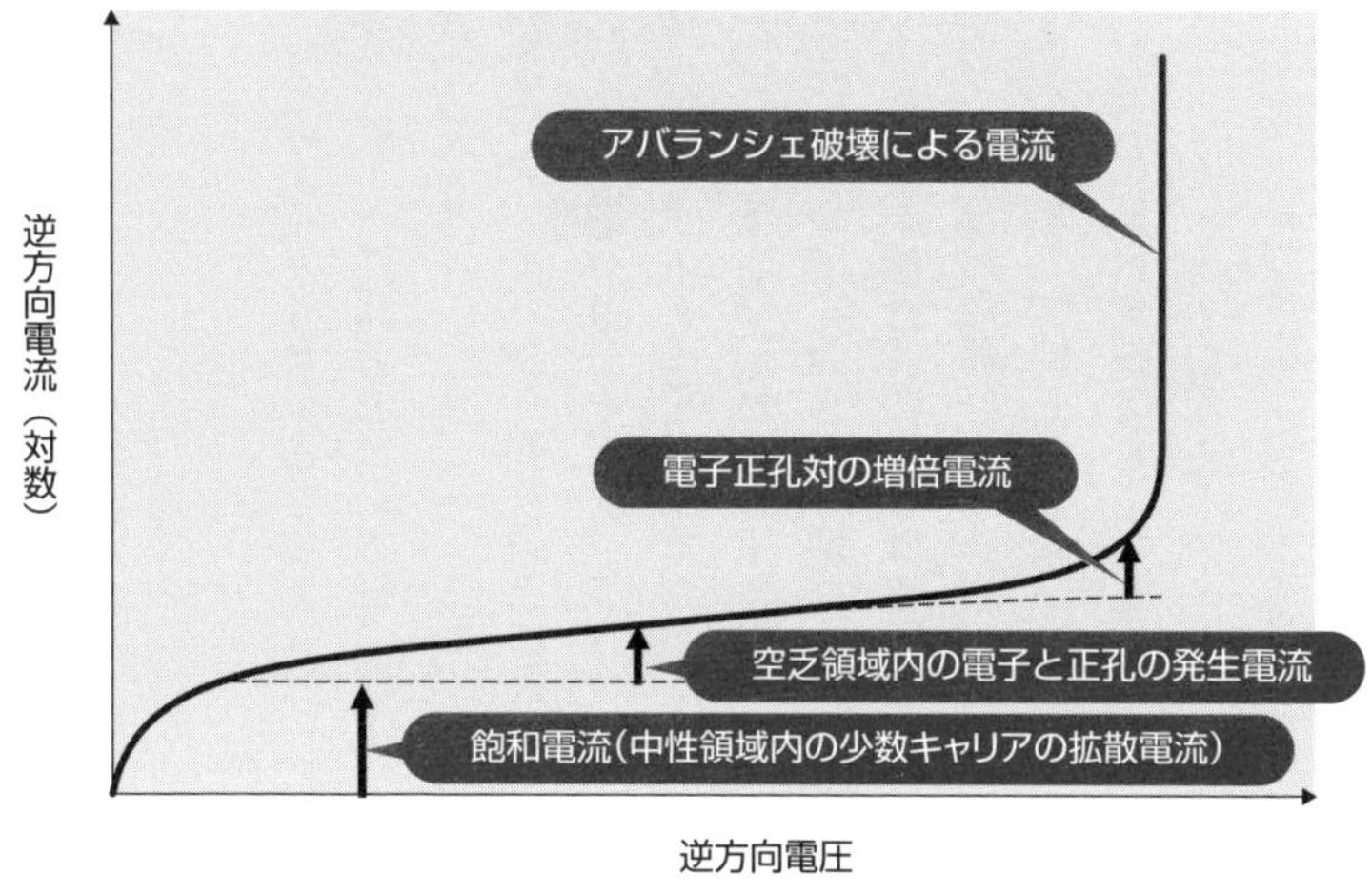

18 PN接合ダイオード終端の高耐圧化はどうするの？

ガードリング

PN接合ダイオードのP^+アノードは、P型の不純物イオンを酸化膜の空いた領域から半導体に注入し、その不純物を熱拡散して作製されます。その際、P^+層断面形状はアノード周辺で円柱状になり、逆方向電圧印加時にその領域に電界が集中します（**上図**）。この結果、この領域の電界はアノード底面の電界より高くなり、PN接合ダイオードの耐圧はアノード底面で決まる本来の耐圧より低下します。この対策にはどのようなものがあるでしょうか。

対策の1つは、アノード周辺にP^+のフローティング状態のガードリングを設けることです（**中図左**）。フローティングとは、何も接続されていないことを意味します。逆方向電圧を増大させ、アノードから延びる空乏領域がガードリングを覆うようになると、ガードリングの電位はカソードとアノードの中間電位になります。この場合、アノード～ガードリング間距離とガードリング幅を適度に調節すると、アノード周辺とガードリング周辺の電界集中が緩和され、PN接合の耐圧をアノード底面で決まる本来の耐圧に近づけることができます。

もう1つの対策は、アノードから酸化膜上に延びたフィールドプレートを設けることです。フィールドプレートの電位はアノードと同電位ですから、逆方向電圧の増大に伴い、空乏領域がフィールドプレート下でN領域表面から内部に向かって延びていきます。フィールドプレート端近傍のN領域では空乏領域の円柱状の広がりにより電界が集中しますが、この領域の電界はフィールドプレートのない状態でのアノード周辺の電界に比べて低下しています。これにより、PN接合ダイオードの耐圧をアノード底面で決まる本来の耐圧に近づけることができます。

なお、ガードリングやフィールドプレートを多段にすると、アノード周辺での電界集中がさらに緩和するので、通常は多段にした対策を取ります（**下図**）。

要点BOX

●ガードリングやフィールドプレートを設けることは耐圧低下対策になり、またこれらを多段にすると対策は更に向上する

アノード端の電界集中

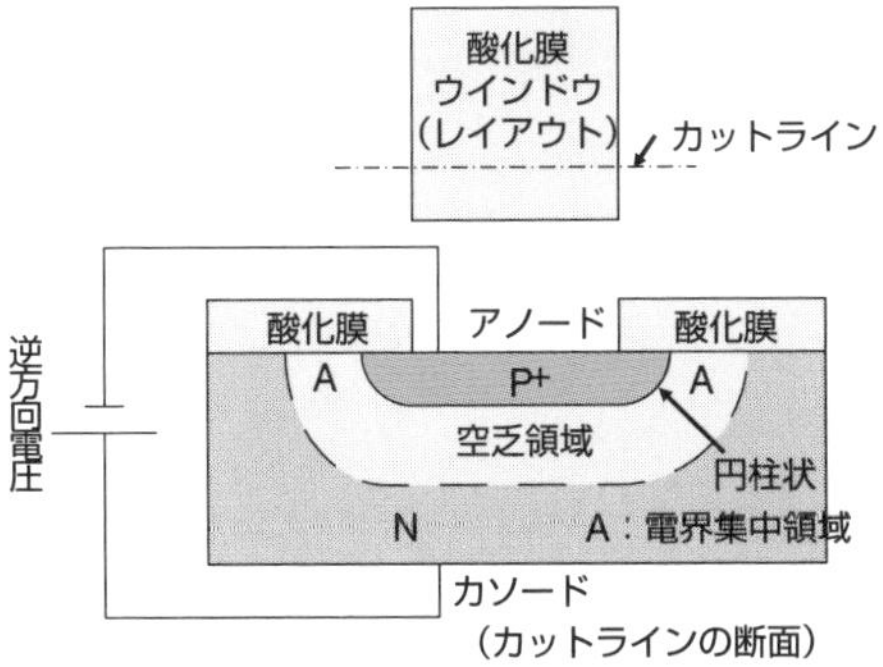

多段フィールドプレートは各P^+端の電界緩和だけではなく、酸化膜への可動イオンの侵入を防ぎます。このプレートがないと、バイアス印加時に可動イオンはパッケージから酸化膜を通過してパワーデバイス表面に侵入し、表面電界を乱し、耐圧低下を引き起こします。

ガードリングによる電界緩和[1)]

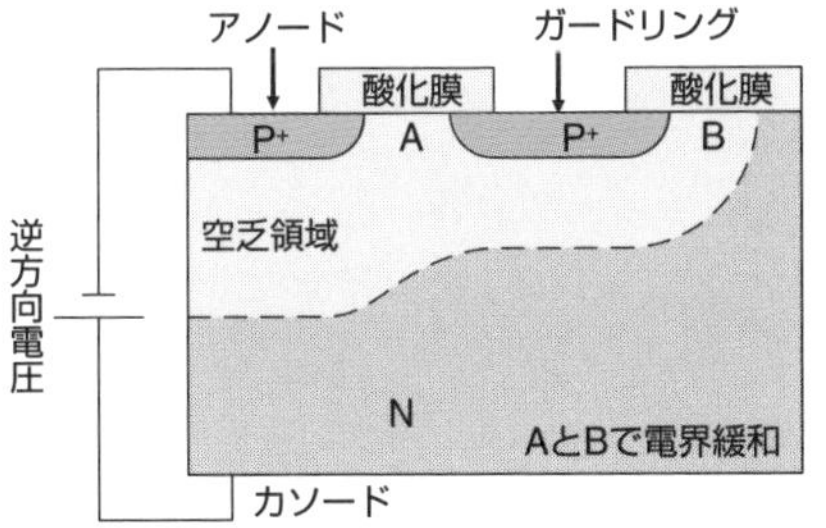

(注)アバランシェ破壊時にA領域のアノード端の電界とB領域のガードリング端の電界が等しくなるようにアノード～ガードリング間距離を調節し、ガードリング幅をある程度広くすると、AとB領域の電界集中が適度に緩和されます。

フィールドプレートによる電界緩和[1)]

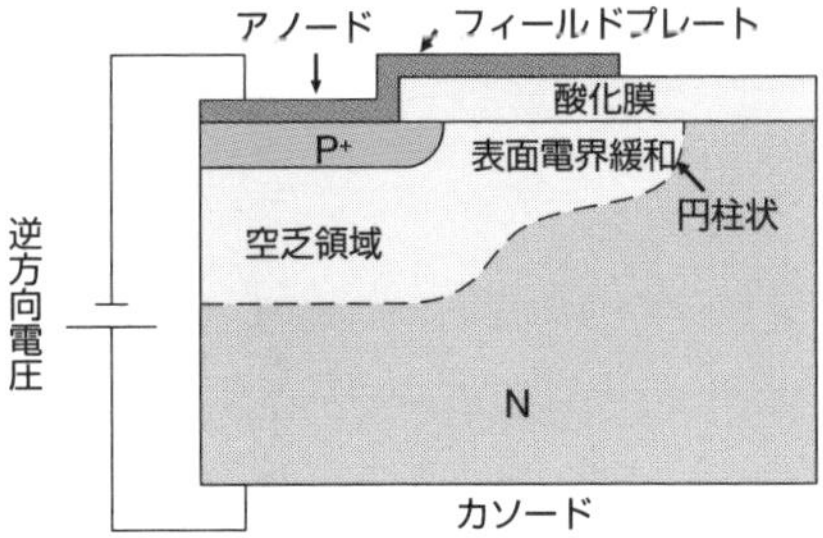

多段ガードリングによる電界緩和[1)]

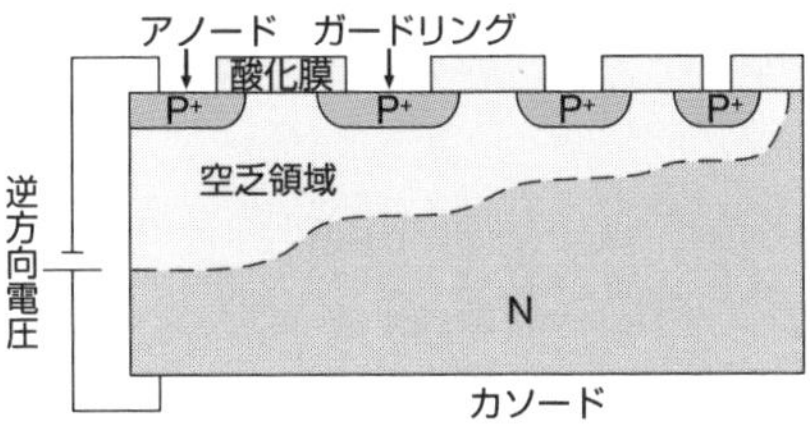

多段フィールドプレートによる電界緩和[1)]

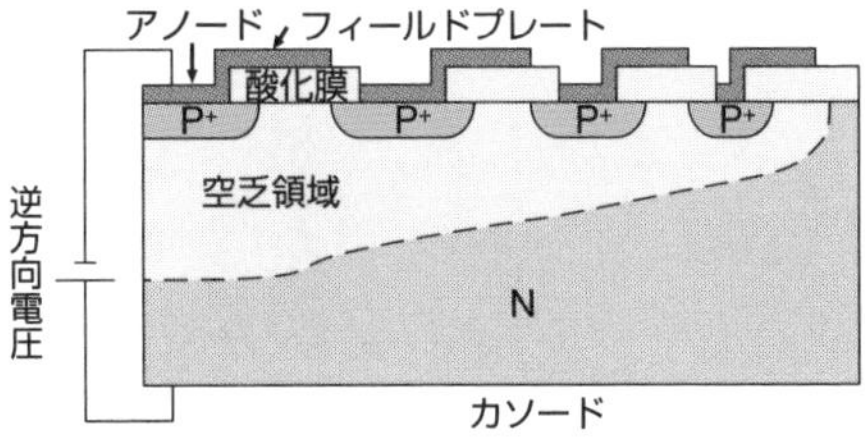

(注)多段フィールドプレートの場合、フィールドプレートがP^+領域間上に広がるように設計することが重要です。

1) B. Jayant Baliga, “Fundamentals of Power Semiconductor Devices”, Springer, New York, 2008.

Column

整流回路(AC-DC変換)に使われるPN接合ダイオード

PN接合ダイオードの使用例として、交流(AC)を直流(DC)に変える全波整流回路を考えます。これは、4つのPN接合ダイオード(D_1～D_4)と平滑コンデンサC、突入電流防止用抵抗r_iからなり、交流電源eの入力を負荷抵抗R_LにDC出力します。

eの正の半サイクルにおける電圧が、出力電圧v_{out}に達すると(時刻t_1)、D_1とD_4がオンし、電流iが流れ、Cを充電します。eの電圧がv_{out}より低くなると(t_1から時間Δt経過後)、D_1とD_4はオフし、iはゼロになります。その後、CからR_Lに放電電流が流れ、v_{out}が直線的に低下します。eの負の半サイクルにおいても、同様の動作を行います。ここでは、t_1からeの半サイクル後に(時刻t_3)、D_2とD_3がオンし、iが流れ、CをΔtの期間充電し、時刻t_4でiはゼロになります。その後、CからR_Lへの放電電流により、v_{out}が直線的に低下します。したがって、v_{out}はeの2倍の周波数のリップルを持つ直流電圧になります。

全波整流回路

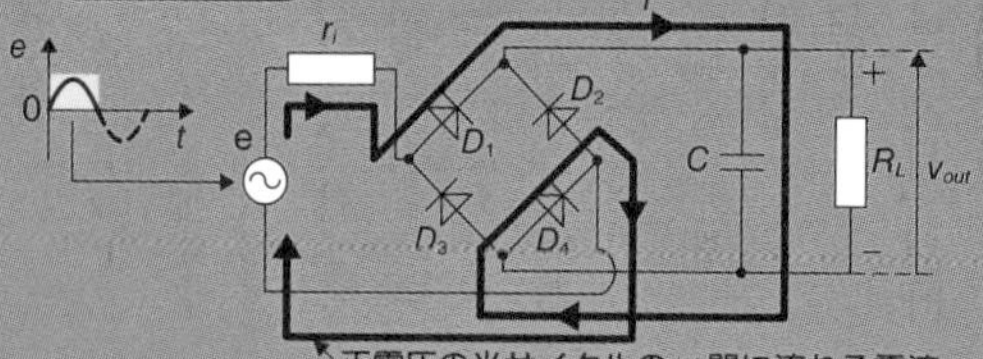

正電圧の半サイクルのΔt間に流れる電流

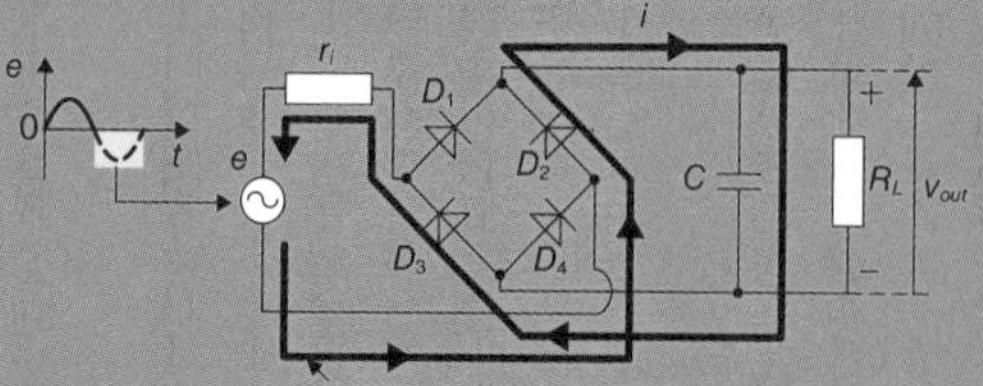

負電圧の半サイクルのΔt間に流れる電流

r_i: 突入電流防止用抵抗(電源の内部抵抗、ダイオードの内部抵抗を含みます。)

全波整流回路の波形

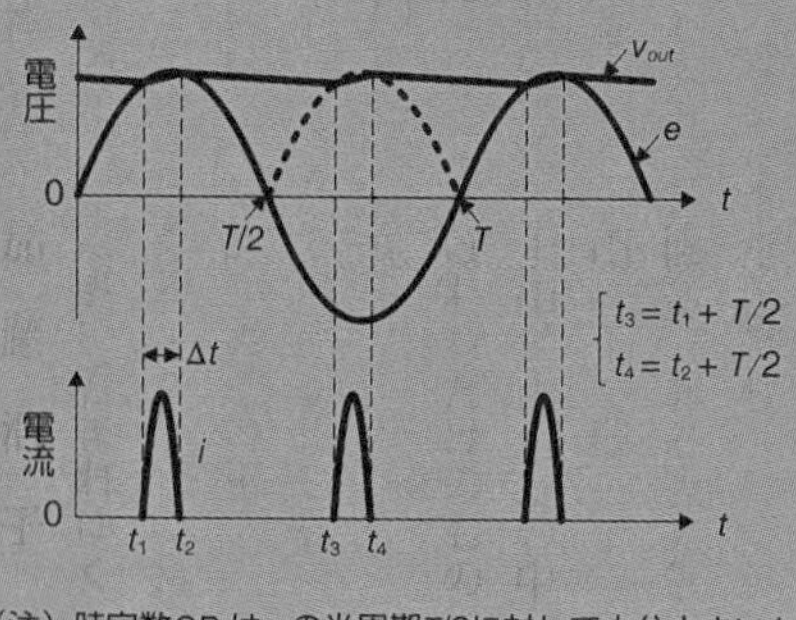

(注) 時定数CR_Lはeの半周期$T/2$に対して十分大きいものとします。

第4章

低電圧整流動作に使う
ショットキーバリアダイオード
（SBD）

19 SBDの構造はどうなっているの？

金属／N^-ドリフトのユニポーラデバイス

金属とN型半導体を接触したデバイスは、ＰＮ接合ダイオードと同様にスイッチとしての整流特性を示すので、低電圧でのスイッチング電源（例えばＡＣ-ＤＣ変換）に使われます。このデバイスをショットキーバリアダイオードと言います。ショットキーバリアダイオードは、電子をキャリアとするユニポーラデバイスです。Ｎ型領域（またはN^-ドリフト領域）は、抵抗の低いN^+基板で支持されます。金属側をアノード、N型領域側をカソードと言います。ショットキーバリアダイオードの記号は、ダイオード記号のカソード側をショットキーの頭文字のSを模した形になります。

ショットキーバリアダイオードの順方向電流の立ち上り電圧は、半導体材料をシリコンとすると、ＰＮ接合ダイオードのものより通常０・２Ｖ程度低くなります。急峻に立ち上がる順方向電流は、ＰＮ接合ダイオードと同様に大電流ではN^-ドリフト領域とN^+基板の抵抗等で抑制されます。ショットキーバリアダイオードの耐圧はＰＮ接合ダイオードのものと同程度になるので、最大動作電圧はシリコンでは１００Ｖ程度になります。ただし、ショットキーバリアダイオードでは、ＰＮ接合ダイオードと比べてリーク電流（飽和電流）が大きくなります。

また、ショットキーバリアダイオードにはＰＮ接合ダイオードと同じく接合容量はできますが、拡散容量はできません。したがって、ショットキーバリアダイオードのスイッチングはＰＮ接合ダイオードのものに比べて高速になり、スイッチング時の消費電力（スイッチング損失）は低減します。

後続の項目で、金属とN型半導体の接触で形成される拡散電位とエネルギー障壁（20項）、電流の流れるメカニズム（21と22項）、リーク電流による熱暴走（23項）、リーク電流抑制構造（24項）、最後に4H-SiCによる高耐圧化（25項）を説明します。

要点BOX

●SBDの順方向電圧は低くスイッチングは高速であるが、リーク電流は大きい

ショットキーバリアダイオードの構造と記号

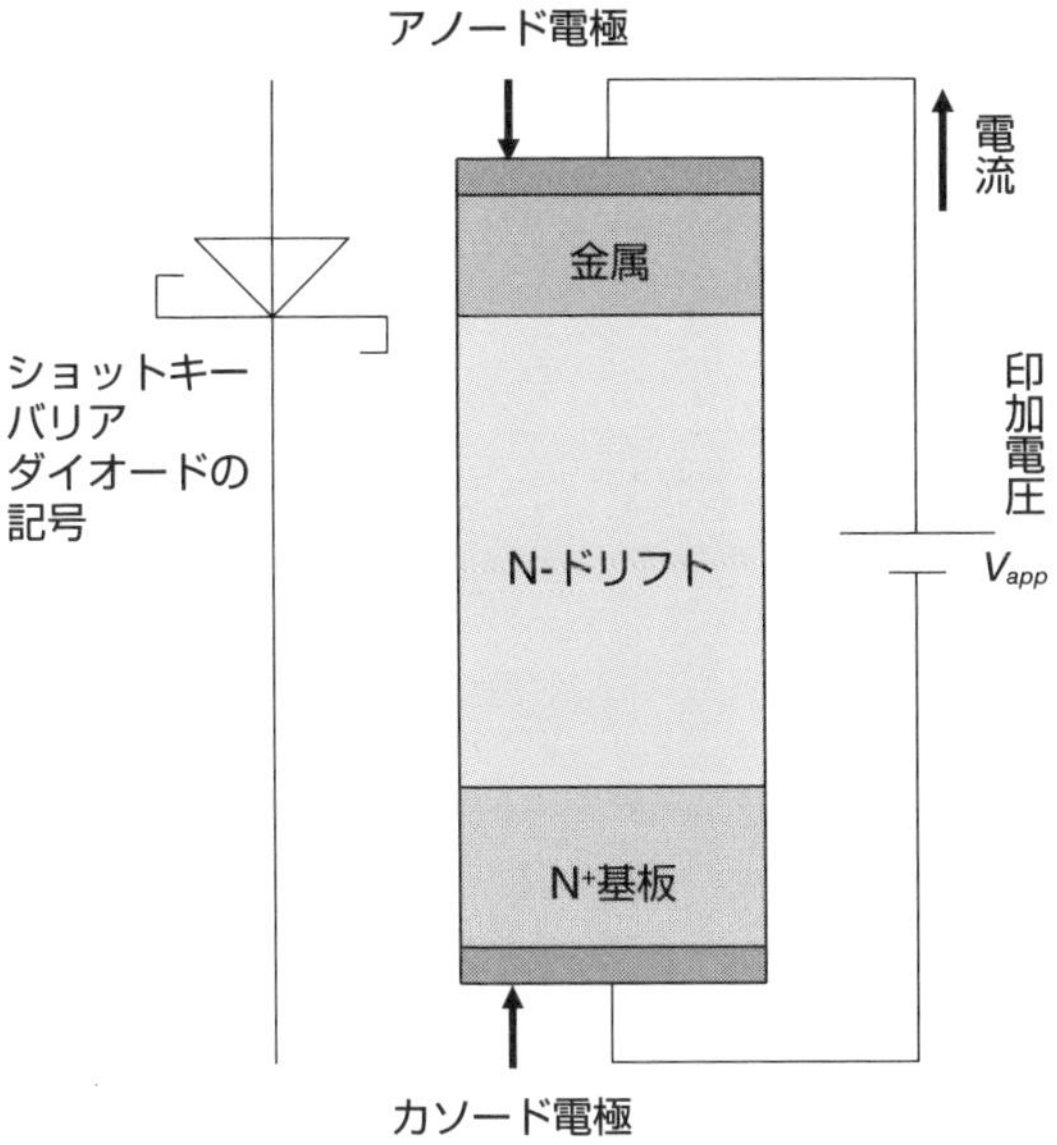

SBDはユニポーラデバイスであり、PN接合ダイオードのバイポーラデバイスとは異なるメカニズムで整流特性を示します。この異なるメカニズムでどのように順方向電流と逆方向電流が流れるかを本章で紹介します。また、このメカニズムに起因して、Siでは低耐圧ですが、一般的にオン電圧が低く、スイッチングスピードが早い利点があります。しかしながらリーク電流が大きい欠点があり、リーク電流を抑制する構造について言及します。さらに、4H-SiCを用いて高耐圧化したSBDについても触れます。

ショットキーバリアダイオードの電流電圧特性(スイッチ機能)

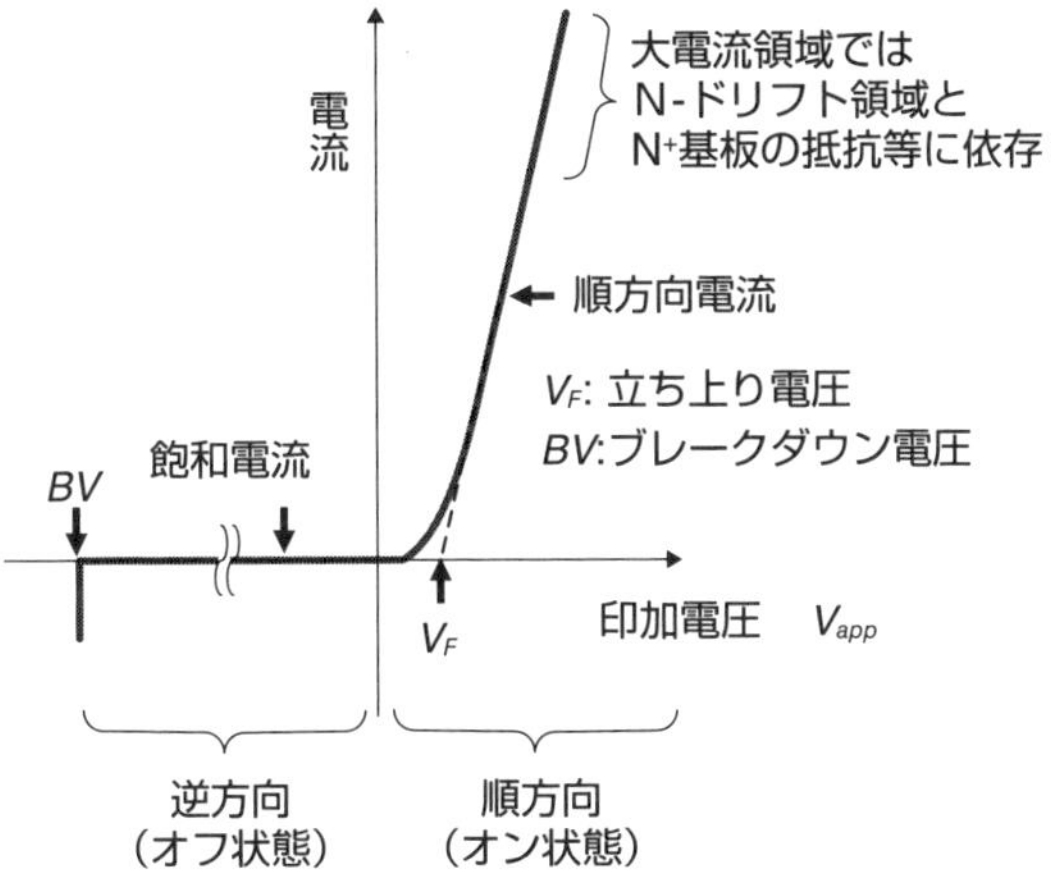

(注1)ショットキーバリアダイオードは、簡単にショットキーダイオードとも言われます。
(注2)ショットキーバリアダイオードのV_FはPN接合ダイオードのものより0.2 V 程度低くなります。(Siの場合)

20 N型半導体に金属をくっつけるとどうなるの？

拡散電位とショットキー障壁

金属とN型半導体を接触（接合）させると、PN接合と違って、どのようなことが起こるでしょうか。これを考えてみましょう。

金属のフェルミ準位がN型半導体のそれより低い場合を考えます。金属とN型半導体を接触させると、N型半導体の電子が金属側に移動し、金属とN型半導体の界面に負電荷の電子が溜まり、N型半導体中にイオン化した正電荷からなる空乏領域が形成されます。これらの電荷により、N型半導体から金属に向けて電界が発生し、金属に対してN型半導体に高い電位が発生します。この電位により、N型半導体のフェルミ準位が低下し、金属とN型半導体のフェルミ準位が一致したところで電子の移動が止まり、熱平衡状態になります。これは、電子の流れの栓が閉まった状態です。この電位を、PN接合ダイオードの場合と同様に、拡散電位（またはビルトイン電位）と言います。また、この時、PN接合では形成されなかった、金属とN型半導体の接触部にエネルギー障壁（ショットキー障壁）が形成されます。

このエネルギー障壁が、ユニポーラデバイスとしての電子の流れを堰き止めて、ショットキーバリアダイオードの電流電圧特性に影響します。つまり、ショットキーバリアダイオードへの電圧の掛け方によって、電子に対するエネルギー障壁の高さが変わり、電子の流れの栓の開閉が決まります。ショットキー障壁の形成には、金属の仕事関数がN型半導体のそれより大きいことが必要です。これにより、金属のフェルミ準位がN型半導体のそれより低くなります。金属の仕事関数は、真空準位と金属のフェルミ準位の差になります。真空準位は材料の外の真空状態で電子が運動していない状態でのエネルギー準位であり、それより下のエネルギー準位が材料内の電子のエネルギー準位になります。金属の仕事関数は、金属から電子を取り出す最小エネルギーになります。

要点BOX

●金属とN型半導体の接触により拡散電位とショットキー障壁が形成される
●ショットキー障壁は電子の流れの栓

金属とN型半導体接触前のエネルギー帯

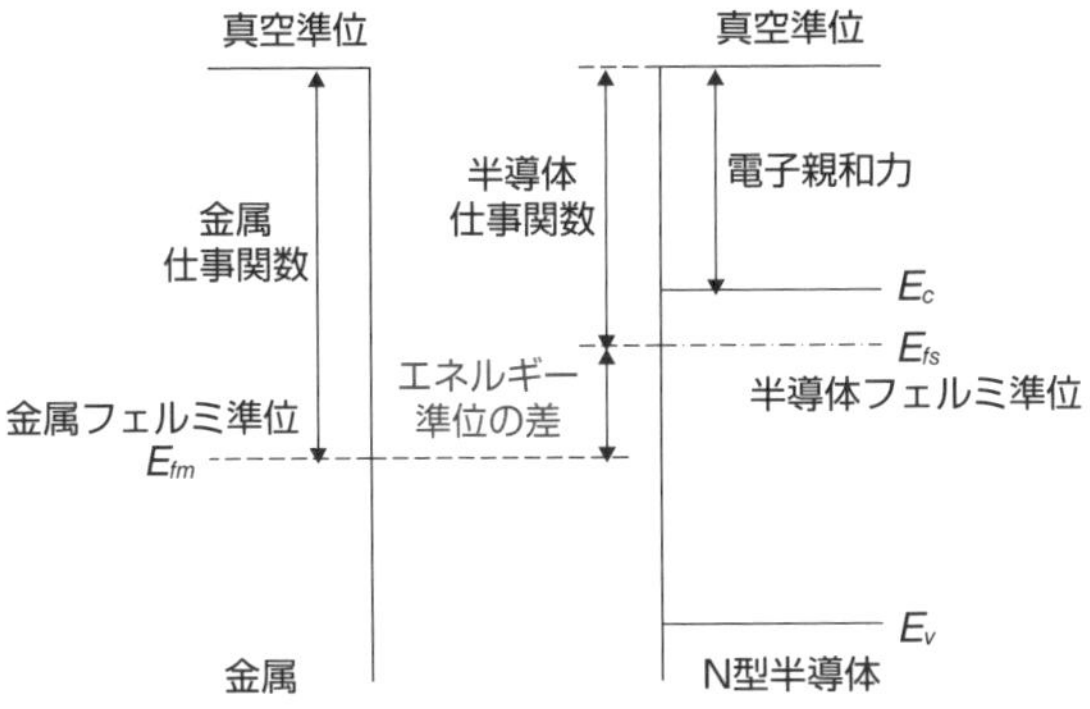

接触前、エネルギー準位に差があります。

E_c：伝導帯端のエネルギー準位
E_v：価電子帯端のエネルギー準位

（注）電子親和力は、真空中にある1個の電子をN型半導体中に取り込んだ時に発生するエネルギーのことで、真空準位から伝導帯端のエネルギー準位を引いたものになります。

金属とN型半導体接触後のエネルギー帯

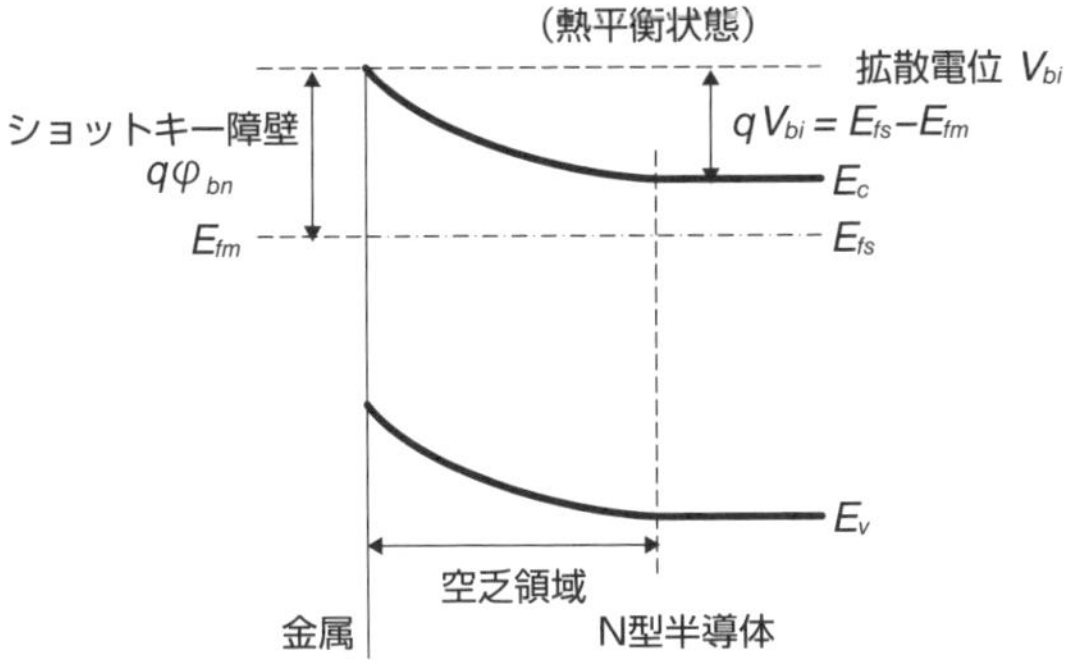

接触後、金属と半導体のフェルミ準位が一致し、
接触部に拡散電位とエネルギー障壁（ショットキー障壁）が発生します。

金属の仕事関数とショットキー障壁の高さ（N型Si上のメタル）

金属	クロム (Cr)	モリブデン (Mo)	白金 (Pt)	タングステン (W)
仕事関数 (eV)	4.5	4.6	5.3	4.6
ショットキー障壁高さ (eV)	0.57	0.61	0.81	0.61

〔出典:E. H. Rhoderick and R.H. Williams, “Metal-Semiconductor Contacts,” pp. 48-55, 2nd Edition, Oxford Science, Oxford, 1988.〕

（注）金属の仕事関数は、金属材料によって異なります。

21 順方向電流の流れるメカニズムは？

熱電子放出

金属とN型半導体の接触部に順方向電圧（金属側に正電圧、N側に負電圧）を印加すると、電流はどのように流れるでしょうか。

まず、N型半導体の伝導帯中の電子数を見てみましょう。N型半導体の伝導帯中の電子数は伝導帯端近傍で多く、電子エネルギー（熱エネルギー）の増大に伴って減少します。金属とN型半導体の接触部に順方向電圧を印加すると、N型半導体側の電子のエネルギー帯が金属側のものに対し上昇します。つまり、N型半導体側でショットキー障壁の高さが低下し、これを超える電子数が増加します。この時、この増加電子を金属側へ流す栓①が開き、電子がショットキー障壁を超えて金属側へ流れます（**上図**）。これにより、金属からN型半導体へ順方向電流が流れます。ここでは、ショットキー障壁を超える高い熱エネルギーを持つ電子が電流に寄与するので、この電流メカニズムを熱電子放出と言います。

順方向電圧が高くなる程、ショットキー障壁を超える電子数は急増するので、順方向電流は、順方向電圧の上昇に伴い急上昇します。結果として、PN接合ダイオードに似た特性になります。

順方向電流密度を一定にした場合の順方向電圧は、高耐圧になるほど高くなります。これは、高耐圧になるほど、N型領域の不純物ドーピング濃度を下げ、この領域を長くしなければならず、N型領域の抵抗が増大するためです。一般的に使用する順方向電流密度（100A/cm^2程度）では、シリコン半導体で耐圧が100Vを超えると急に順方向電圧が上昇し、導通時の消費電力（導通損失）が増大します。これから、低導通損失を考慮した実使用での耐圧上限は100V程度になります（**下図左**）。また、順方向電流密度を一定にした場合の順方向電圧は、高温になるほど低下します（**下図右**）。これは、高温になるにつれて、導通損失が低下することを意味します。

要点BOX

- **●SBDの電流メカニズムは熱電子放出**
- **●低導通損失でのSBDの耐圧上限は100V程度**

順方向電流のメカニズム

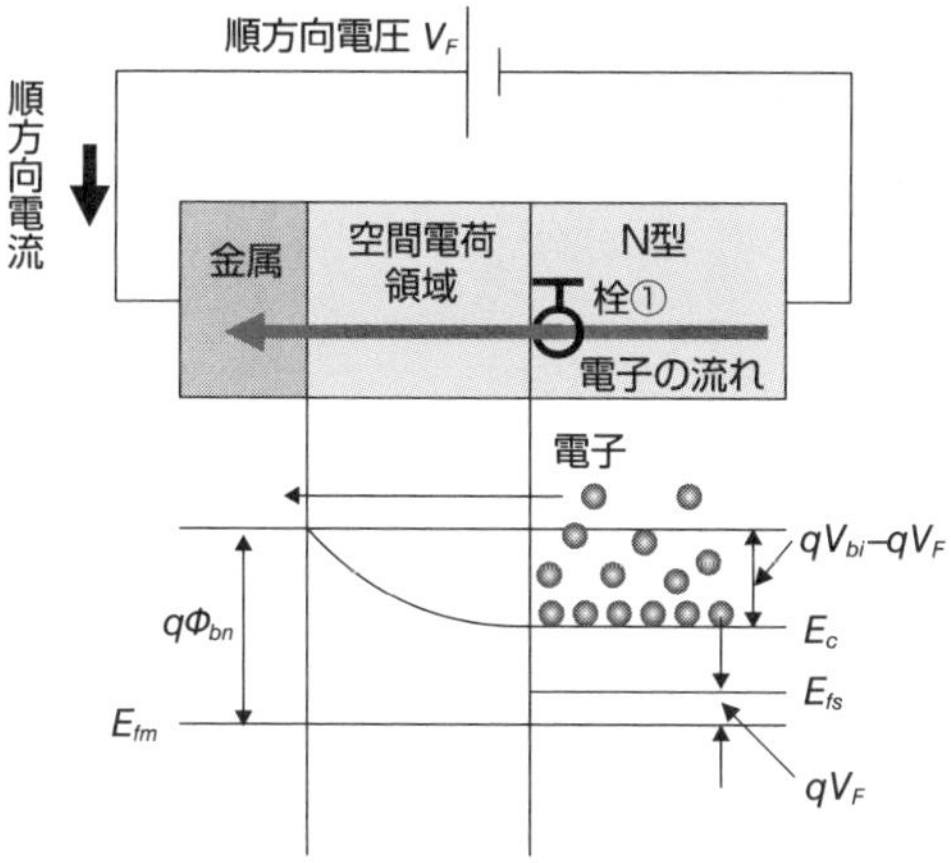

(注)順方向電圧印加でN型領域のフェルミ準位が上昇し、N型領域側で電子に対する山(エネルギー障壁)が低くなります。

順方向電圧と順方向電流密度の関係（耐圧依存性）

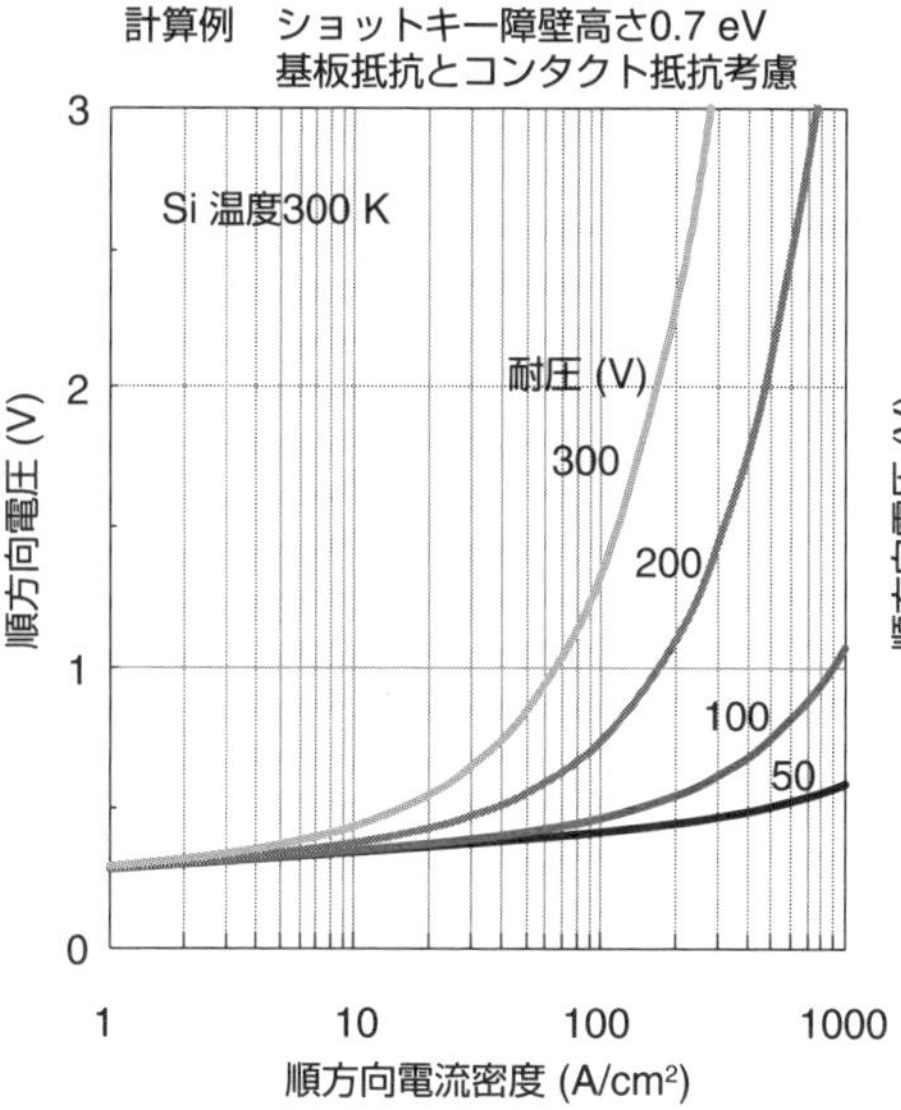

(注)順方向電流密度一定では、耐圧の上昇に伴って順方向電圧は高くなります。

順方向電圧と温度の関係（ショットキー障壁高さ依存性）

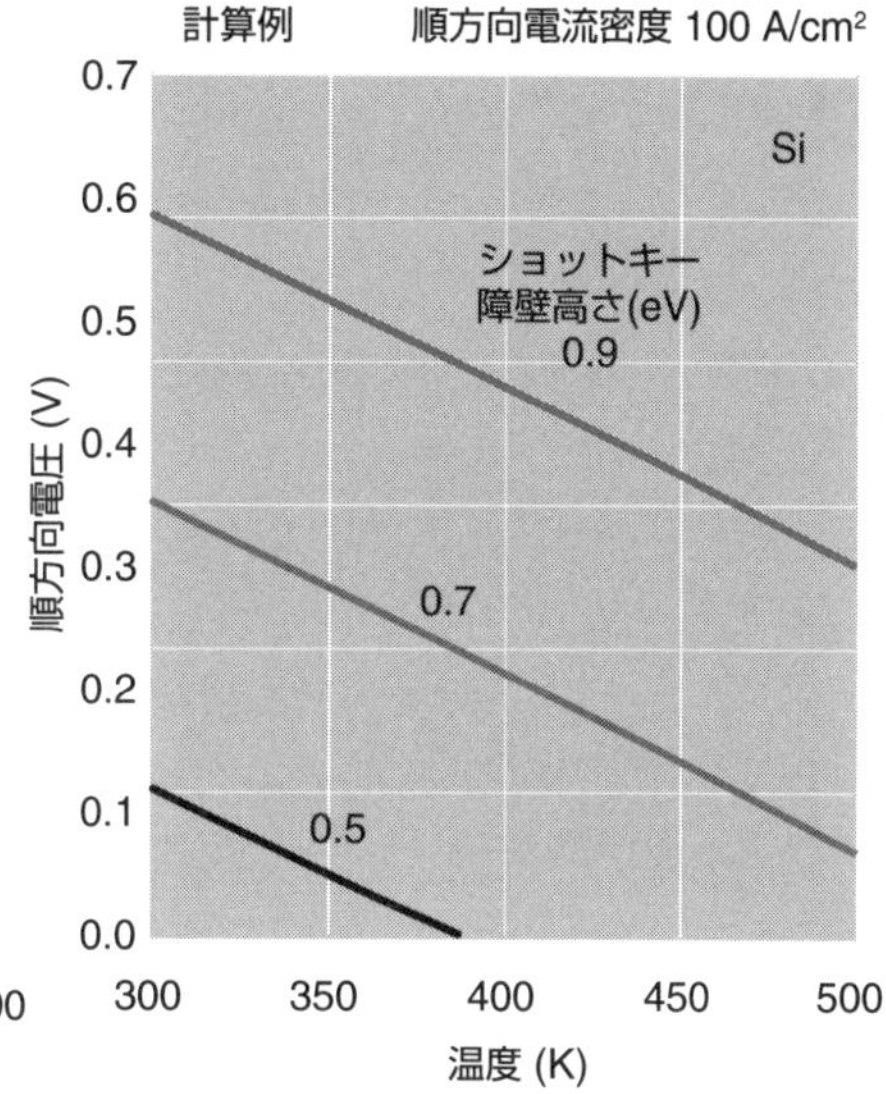

(注1)抵抗による電圧降下を無視してあります。
(注2)高温になるにつれて順方向電圧が低下することは、消費電力の低減になり、好ましい特性です。

22 逆方向電流の流れるメカニズムは？

逆方向電圧印加による障壁低下

金属とN型半導体の接触部に逆方向電圧（金属側に負電圧、N側に正電圧）を印加すると、電流はどのように流れるでしょうか。

この接触部に逆方向電圧を印加すると、N型半導体側のショットキー障壁の高さが高くなり、21項の栓①は閉じます。一方、金属側のショットキー障壁の高さは変わらず、この障壁を超える電子は一定してあるので、この電子をN型半導体側へ流す栓②が開き、飽和した逆方向電流（リーク電流）を発生します。この逆方向電流は、実は一定ではなく、逆方向電圧の増大に伴って上昇していきます。逆方向電圧が増大すると、空乏領域内の電界上昇によりショットキー障壁高さが低下します。この結果、栓②が逆方向電圧の増大に伴ってさらに開き、逆方向電流は上昇します。また、空乏領域内では、PN接合ダイオードの場合と同様に発生電流もありますが、ショットキー障壁高さの低下による電流成分が大きく、ショットキーバリアダイオードのリーク電流は、PN接合ダイオードのものより大きくなります。逆方向電圧の高い領域では、PN接合ダイオードと同様に電子正孔対の増倍電流が加わり、さらに逆方向電圧が高くなるとアバランシェ破壊に至ります。

リーク電流密度の温度依存性を見てみましょう。高温になるにつれて栓②が大きく開き、リーク電流密度が急上昇し、消費電力が増大します。これが、温度をさらに上昇させ、リーク電流を増やし、温度を上昇させる正帰還に入ると、熱暴走を起こします。ショットキー障壁高さを高くすると、リーク電流密度を低減できるため、熱暴走を抑制できます。

ここで、リーク電流密度の順方向電圧依存性を見ると、順方向電流密度を一定にした場合、これらにはトレードオフの関係があります。最適なショットキー障壁高さになる金属を選択して、リーク電流密度と順方向電圧のバランスをとる必要があります。

要点BOX

- ●逆方向電圧印加でショットキー障壁低下によるリーク電流発生
- ●高温でリーク電流による熱暴走を発生

逆方向電流のメカニズム

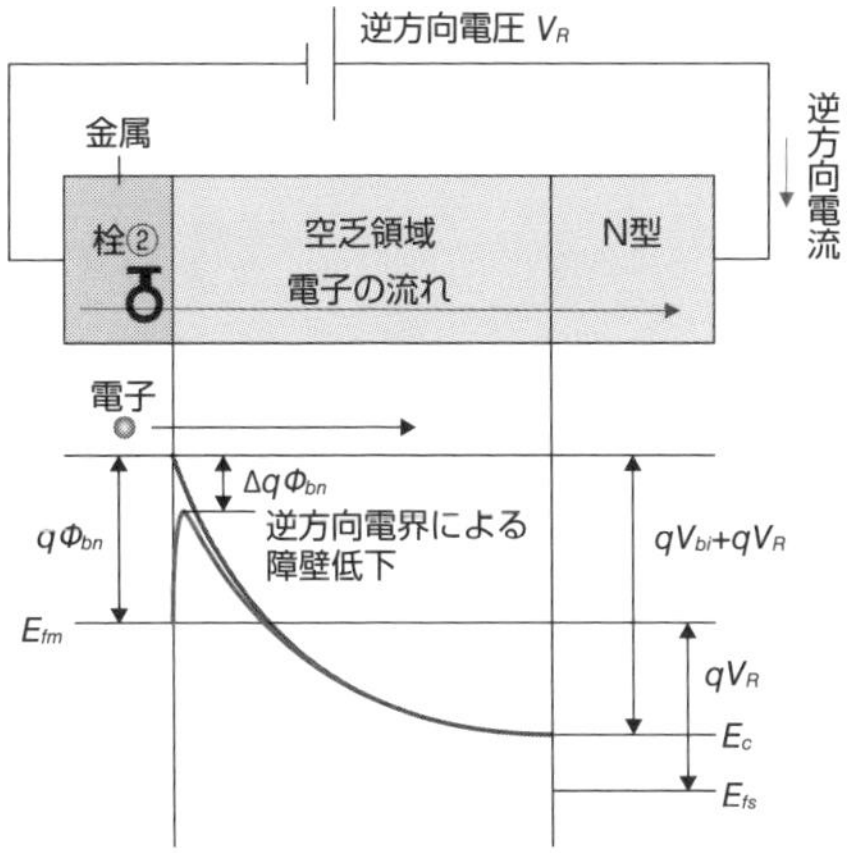

(注)逆方向電圧印加では、21項で示す栓①は閉じます。

ショットキーバリアダイオードの逆方向電流

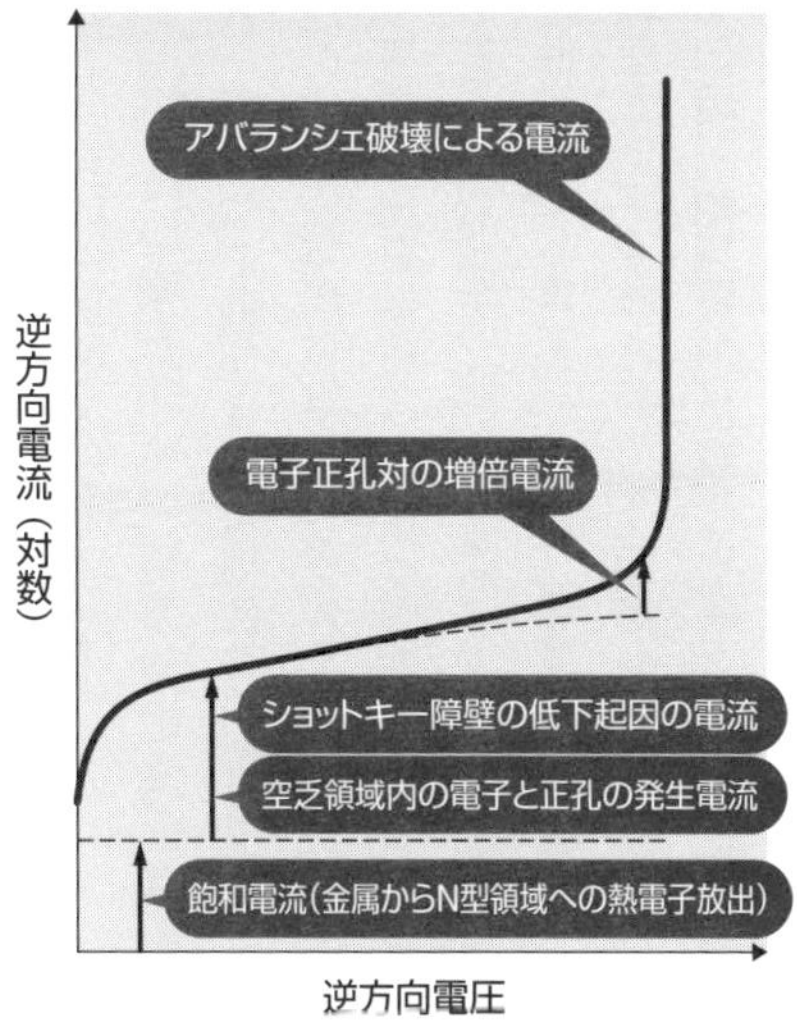

飽和(リーク)電流密度の温度依存性

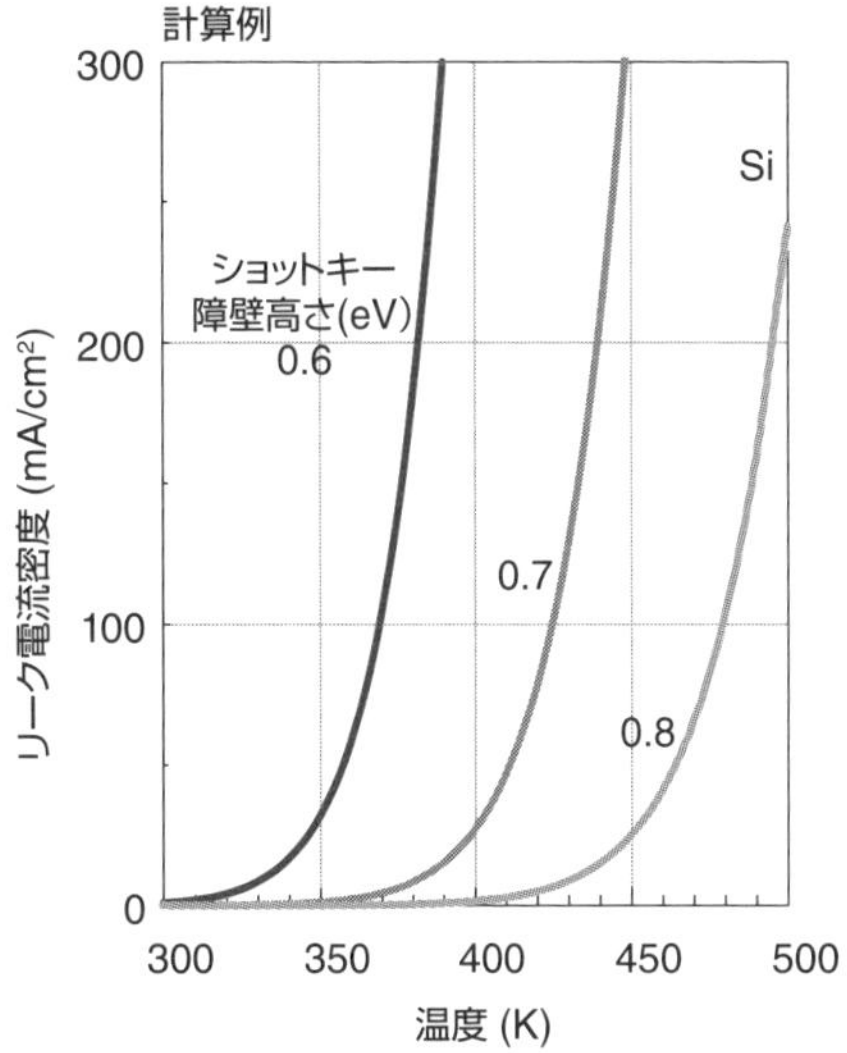

(注1)リーク電流密度はある温度を超すと急上昇します。
(注2)ショットキー障壁高さが高いほど、リーク電流密度は低下します。

リーク電流密度と順方向電圧のトレードオフ

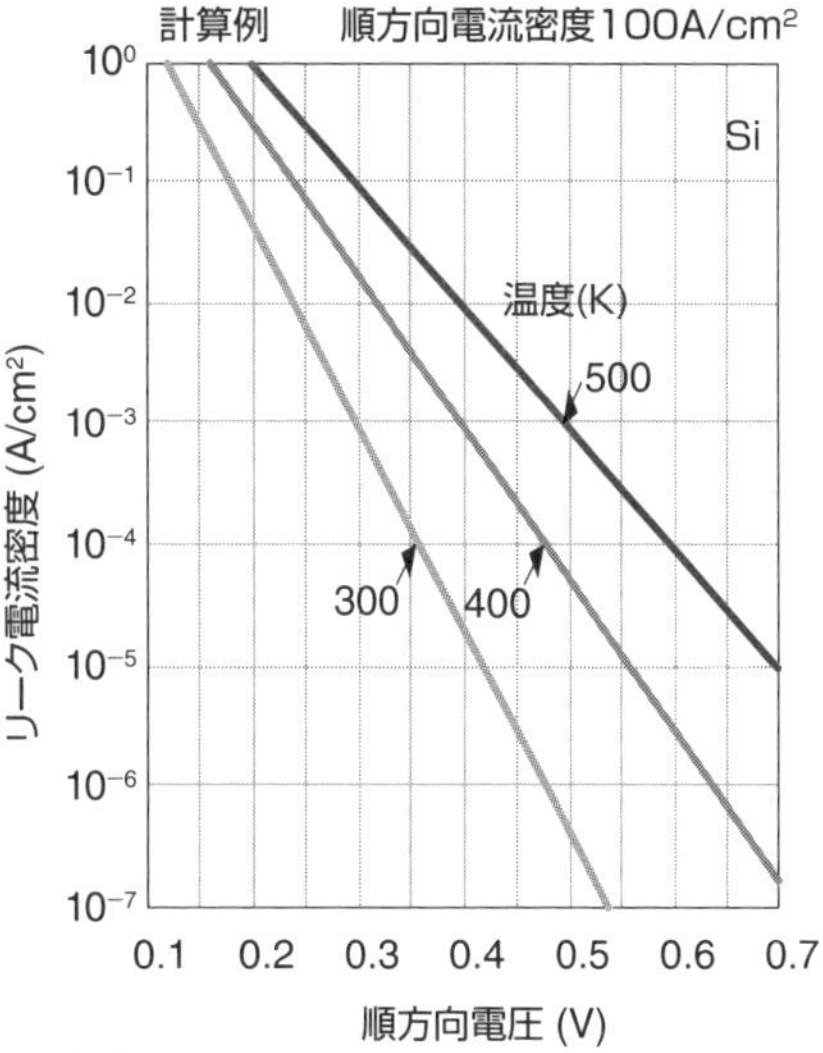

(注)リーク電流を低減するには、ショットキー障壁高さを高くする必要があります。そうすると、順方向電圧の上昇になり(21項参照)、オン時の消費電力が増大します。逆に、ショットキー障壁高さを低くし、順方向電圧を下げてオン時の消費電力を低減すると、リーク電流が増大します。

23 SBDを高温で使うとどうなる?

ショットキーバリアダイオードを実使用状態で温度を上げていくと消費電力がどのように変わるか考えてみましょう。

実使用状態にあるショットキーバリアダイオードは、オンとオフのスイッチングを繰り返しています。消費電力はオン期間だけではなく、オフ期間も発生し、それらの期間で発生する消費電力の和が全消費電力になります。今、ショットキー障壁高さ0・7eV、逆方向電圧印加50Vのショットキーバリアダイオードに、時比率を50%、順方向電流密度を100A/cm^2として動作させた場合の消費電力(電流と電圧の積)の温度依存性を考えてみます(**上図左**)。ここで、時比率はスイッチング周期に対するオン期間の割合です。温度の低い領域の消費電力は、温度上昇に伴い低下します。これは、温度上昇に伴い、順方向電圧が低下するためです(21項参照)。温度が137℃の時、消費電力は最小になり、さらに温度を上げると、消費電力は上昇に転じます。これは、温度上昇に伴い、リーク電流が上昇するためです。

温度上昇に伴う熱暴走は、ショットキーバリアダイオード(チップ)からの発熱を放熱しきれなくなった場合に起こります。放熱はモジュールを介して行われるので、モジュールが熱抵抗(放熱を妨げるもの)になります。熱抵抗が大きいと、チップの接合温度と周囲温度との差が大きくなり、より低い周囲温度で熱暴走が起こります(**下図**)。より高い周囲温度でも熱暴走を起こさないようにするには、低い熱抵抗のモジュールを使う必要があります。前記の動作条件で熱抵抗2・7℃/Wのモジュールを用いた場合、熱暴走を起こす周囲温度は125℃(接合温度は181℃)ですが、熱抵抗を2・0℃/Wにすると、その周囲温度は141℃(接合温度188℃)になり、熱暴走を起こす周囲温度を16℃上げることができます。

要点BOX

- ●チップの発熱を放熱できないと熱暴走発生
- ●小さい熱抵抗のモジュールで熱暴走発生の周囲温度を上げることができる

消費電力の温度依存性

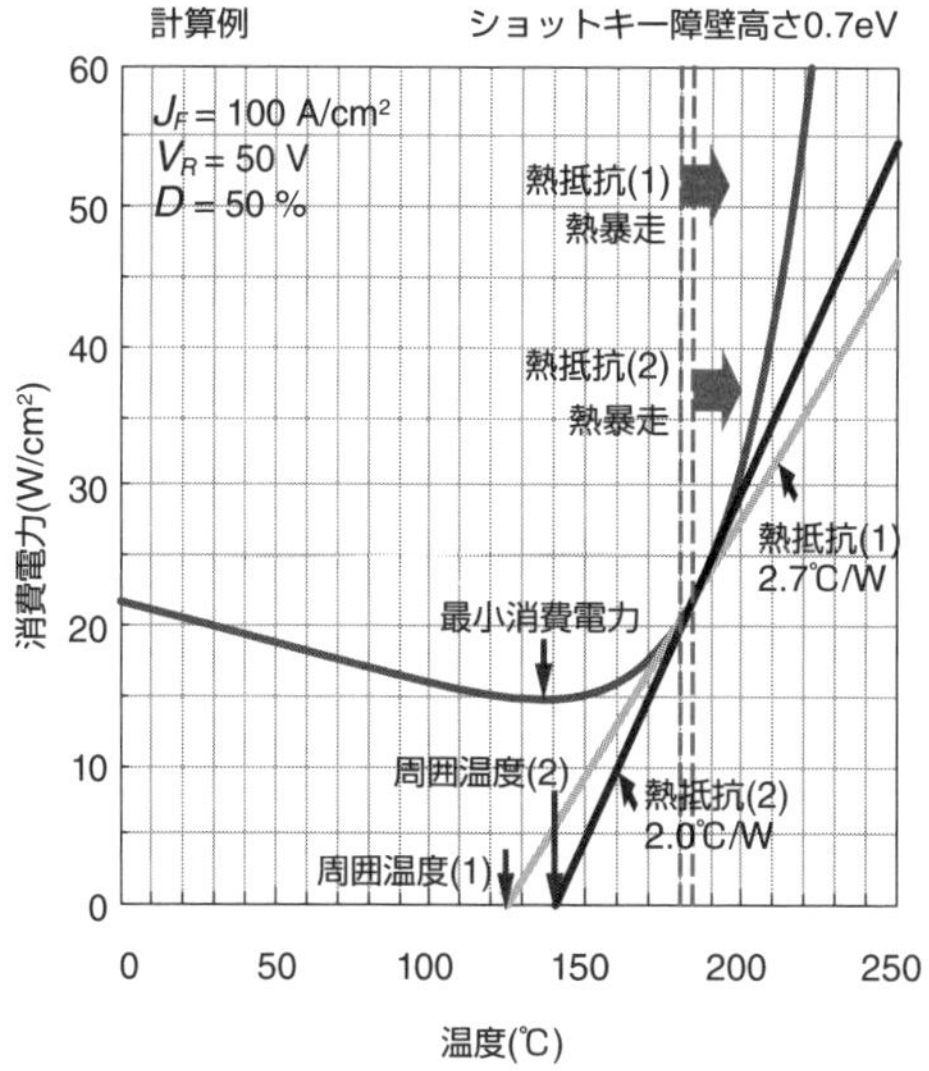

オン・オフ時の電流と電圧の波形

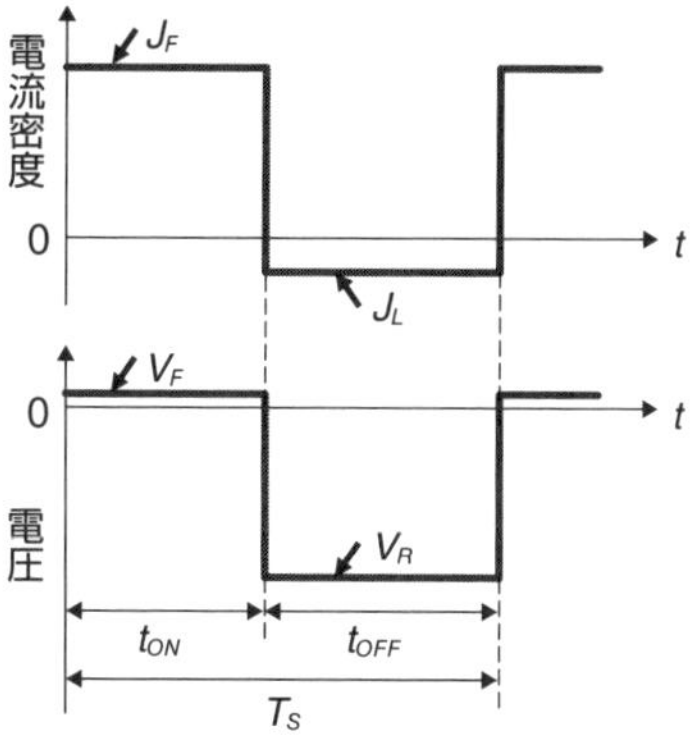

●電力損失 P_L

$$P_L = \underbrace{J_F V_F D}_{\text{オン時の損失}} + \underbrace{J_L V_R D'}_{\text{オフ時の損失}}$$

時比率 $D = \dfrac{t_{ON}}{T_S}$

$$D' = \frac{t_{OFF}}{T_S} = 1 - D$$

パワーモジュールの熱抵抗

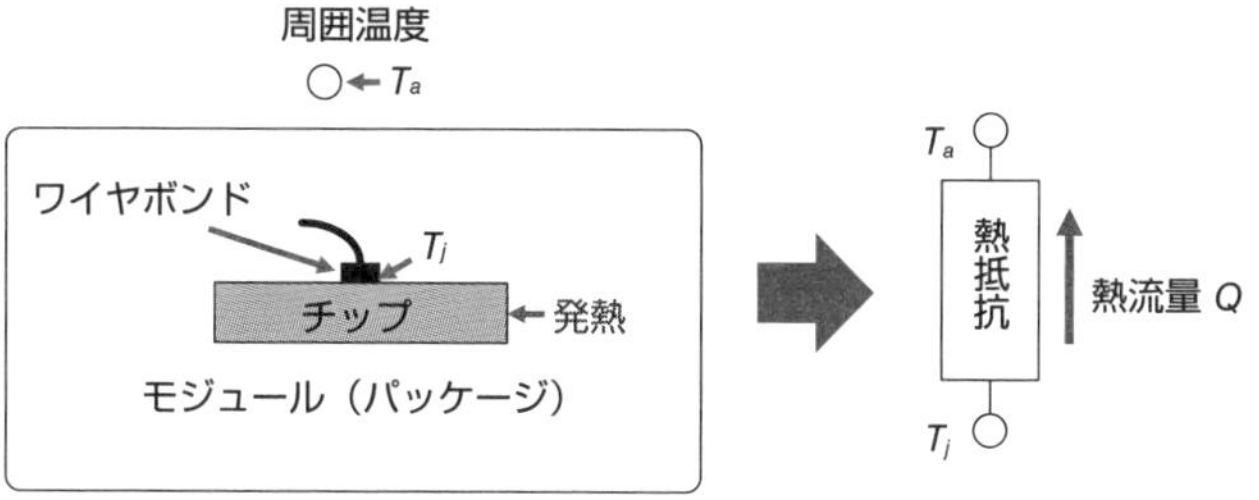

チップのワイヤボンド接合部（温度：T_j）からパッケージ（熱抵抗）を介して周囲（温度：T_a）に熱が伝わります（熱流量Qが流れます）。

参考式

●パッケージの熱抵抗θ

$$\theta = \frac{T_j - T_a}{Q}$$

T_j: 接合温度（チップとワイヤボンド接合部の温度）
T_a: 周囲温度（チップ周辺の温度）
Q: 熱流量（単位時間に流れる熱量＝チップの消費電力）

24 SBDのリーク電流を抑制するにはどうする?

ＪＢＳダイオード

ショットキーバリアダイオードでは、逆方向電圧印加によるショットキー障壁低下で、リーク電流が増える問題があります。ショットキー障壁を高くすること以外に、これを解決する方法はあるでしょうか。

金属／Nのショットキー接触領域の一部に金属／P^+のオーミック(抵抗性)接触領域を設けた構造を考えてみます(上図)。オーミック接触では、その接触面にエネルギー障壁がなく、非常に低い抵抗の状態になります。逆方向電圧を印加すると、P^+領域からショットキー接触面に沿って横方向に空乏領域が延びていきます(下図)。P^+間に延びた空乏領域が接触し、ショットキー接触面が空乏領域によってシールドされると、横方向電界の上昇は止まり、縦(深さ)方向の電界の上昇が始まります。この状態で逆方向電圧を増大していくと、P^+間中央の深さ方向に沿った縦方向電界形状は、ショットキー接触面からP^+領域の深さまでほぼ一定の状態で上昇します。P^+領域がないと(従来構造)、空乏領域は単純に深さ方向に広がり、深さ方向に沿った縦方向電界形状は三角形になります。したがって、P^+領域があるとショットキー接触面での縦方向電界を低減でき、ショットキー障壁低下を抑制できるため、リーク電流を低減できます。この構造のデバイスをＪＢＳ(Junction Barrier Controlled Schottky)ダイオードと言います。しかしながら、ＪＢＳダイオードの順方向電圧(オン電圧)は、P^+領域のない従来のショットキーバリアダイオードのものに対して少し高くなります。これは、ＪＢＳダイオードでは、アノード側でショットキー障壁を横切る順方向電流密度が、従来のものに対して上昇するからです。

ＪＢＳダイオードの注意点として、P^+／N接合ダイオードをオンさせないことです。これがオンすると、ショットキーバリアダイオードとして機能しなくなります。

要点BOX

●JBSダイオードのリーク電流は従来のSBDのものより低いが、JBSダイオードのオン電圧は従来のSBDのものより少し高い

順方向電圧印加のJBSダイオード

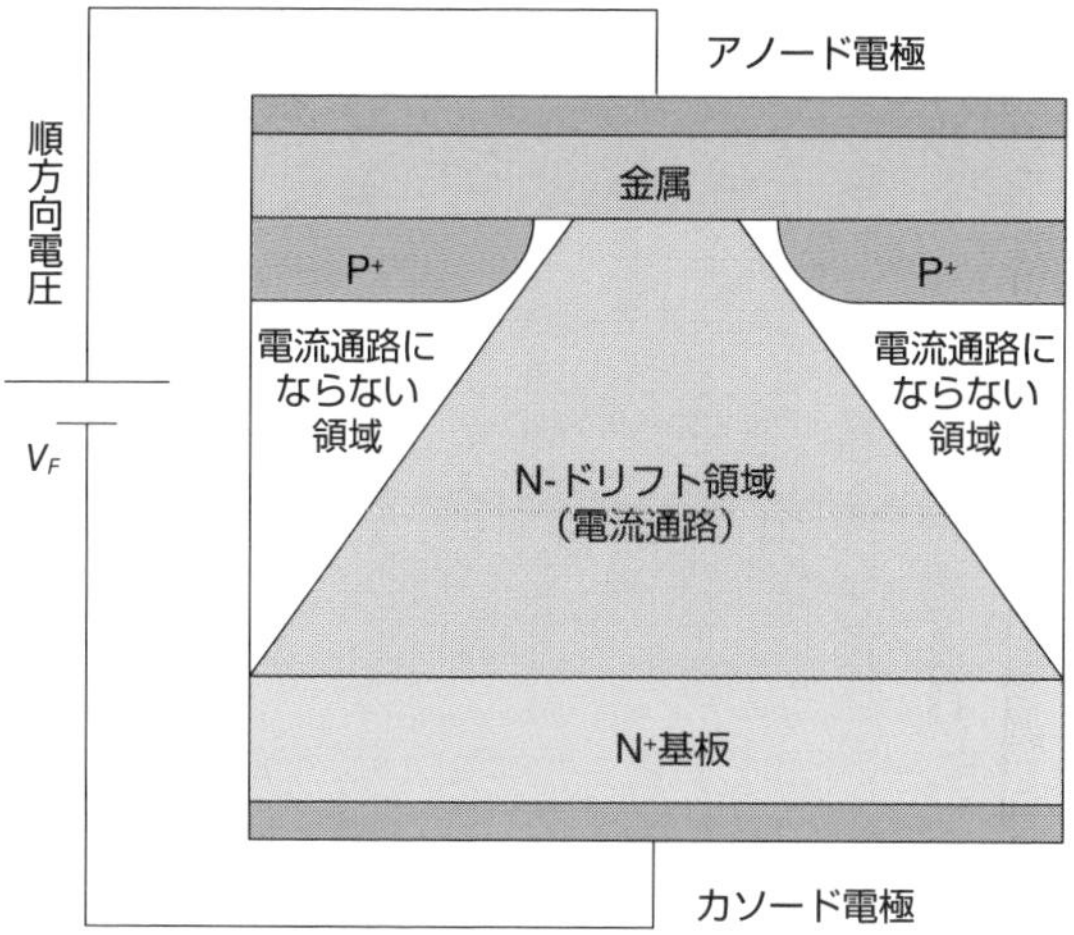

（注1）金属/ P^+接合はオーミック接触で、金属/N接合はショットキー接触です。
（注2）順方向電圧は、ショットキー障壁高さだけではなく、ショットキー障壁を流れる電流密度にも依存します。JBSダイオードでは、アノード側での電流通路の狭まりにより、この電流密度が上昇して、順方向電圧は高くなります。

逆順方向電圧印加のJBSダイオード

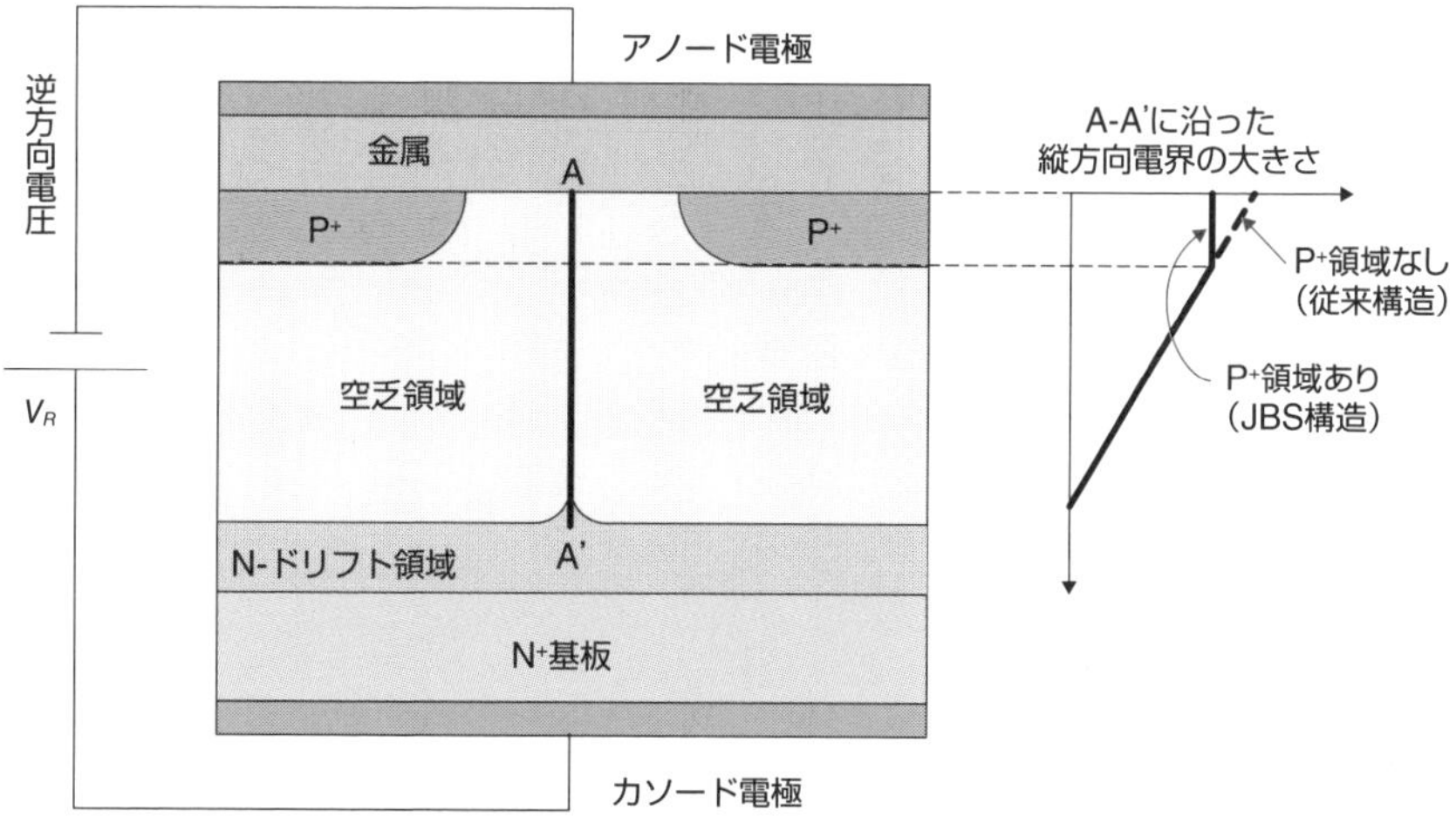

25 ワイドギャップ半導体を使うとSBDの特性はどうなる?

4H-SiC SBD

ワイドギャップ半導体を使うとショットキーバリアダイオードの特性はSiと比べてどうなるでしょうか。ワイドギャップ半導体として4H-SiCを取り上げて、その特性を見てみましょう。

ニッケル(Ni)と4H-SiCを接触したショットキー障壁は通常1・6eVです。このショットキーバリアダイオードの順方向電圧電流特性の耐圧依存性を見てみます(上図左)。一般的に使用する順方向電流密度100A/cm^{2}では、耐圧が3000Vまでは、順方向電圧の上昇は大きくありませんが、耐圧がその電圧を超えると順方向電圧の上昇は大きくなり、導通損失が増えます。このショットキーバリアダイオードでは、低導通損失を考慮した耐圧上限は3000V程度となります。これは、Siショットキーバリアダイオードの耐圧上限(100V程度)の約30倍になります(21項参照)。

4H-SiCの逆方向電圧印加の飽和電流は、Siのものに対して低下します。しかしながら、4H-SiCでは空乏領域内の高電界により、ショットキー障壁低下による電流だけではなく、ショットキー障壁の薄い領域を電子が通過するトンネル電流が加わり、逆方向電圧の上昇に伴いリーク電流が増大します。

4H-SiCショットキーバリアダイオードの実動作を想定した熱暴走を考えてみます。耐圧3kVのデバイスを、供給電圧1kV、順方向電流密度100A/cm^2、時比率50%で動作させ、熱抵抗2・7℃/Wのモジュールに収めた場合、熱暴走は周囲温度222℃(接合温度360℃)で発生します(下図右)。モジュール内でチップの接合等に使われている無鉛はんだが溶融する温度は約220℃であり、熱暴走する前にモジュールが破壊します。このため、はんだに代わる金属(CuまたはNi)ナノ粒子を用いた接合(500℃以上でも接合状態維持)が検討されています。

要点BOX

●4H-SiC SBDでは、低導通損失を考慮した耐圧上限は約3 kV、熱暴走する前にモジュール破壊が発生

順方向電圧と順方向電流密度の関係（耐圧依存性）

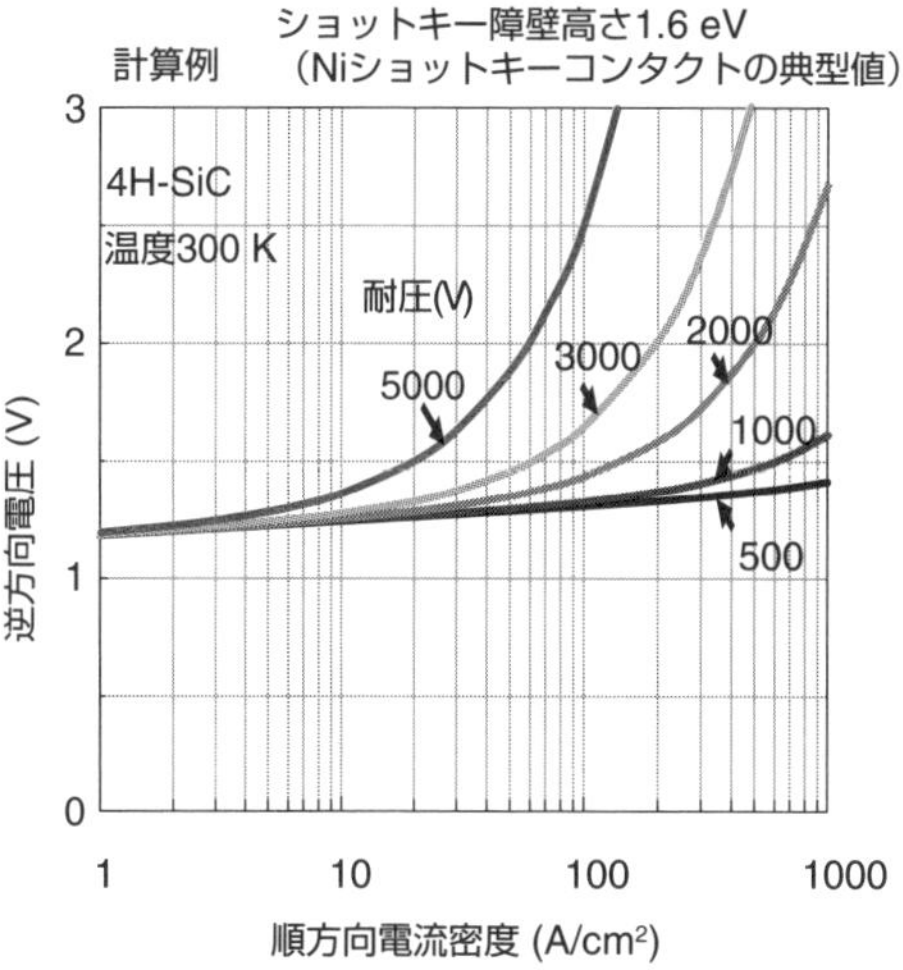

（注）4H-SiC　SBDは高耐圧なので、高電圧スイッチング回路の中のFWD(Free Wheeling Diode:還流ダイオード)として使用されます。FWDはコイルの電流を流す（還流）するためのダイオードです（39項と54項参照）。また、FWDには、PiNダイオードも使われます（29項参照）。実際には、 FWD単体としてではなく、IGBTと並列に接続して使われます（58項参照）。

熱電子放出電流とトンネル電流

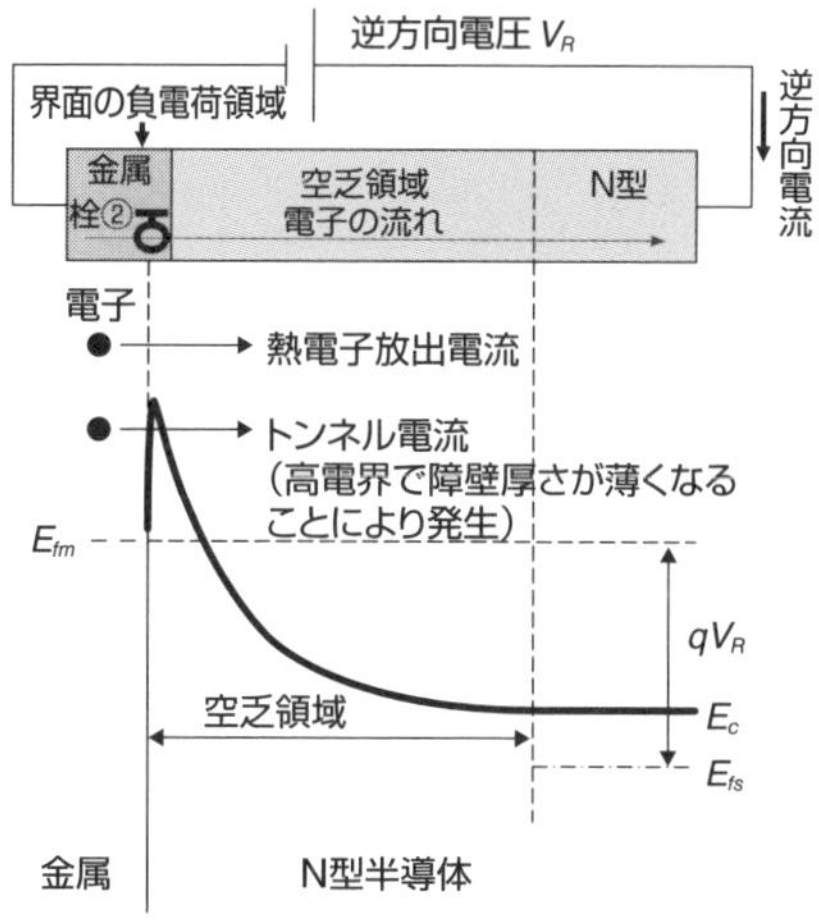

（注）栓②は22項の逆方向電流を流す栓です。逆方向電圧印加で栓②は開いています。この場合、電流に熱電子放出成分とトンネル成分があります。

リーク電流密度の逆方向電圧依存性

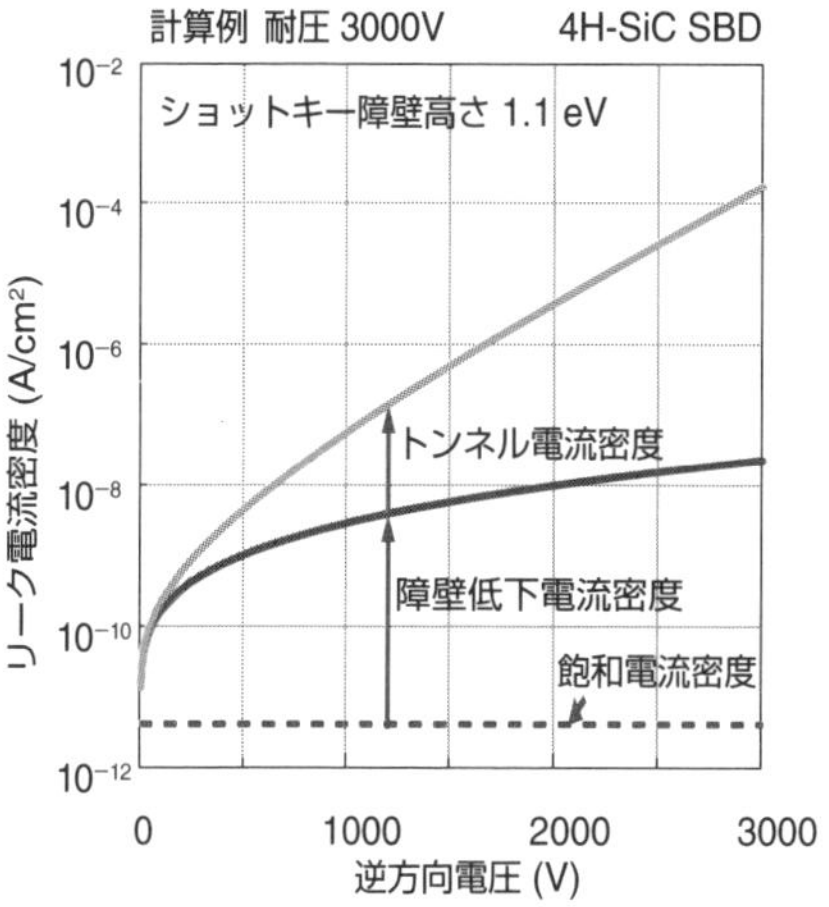

（注）空乏領域内の電子と正孔の発生電流成分は無視してあります。

消費電力の温度依存性

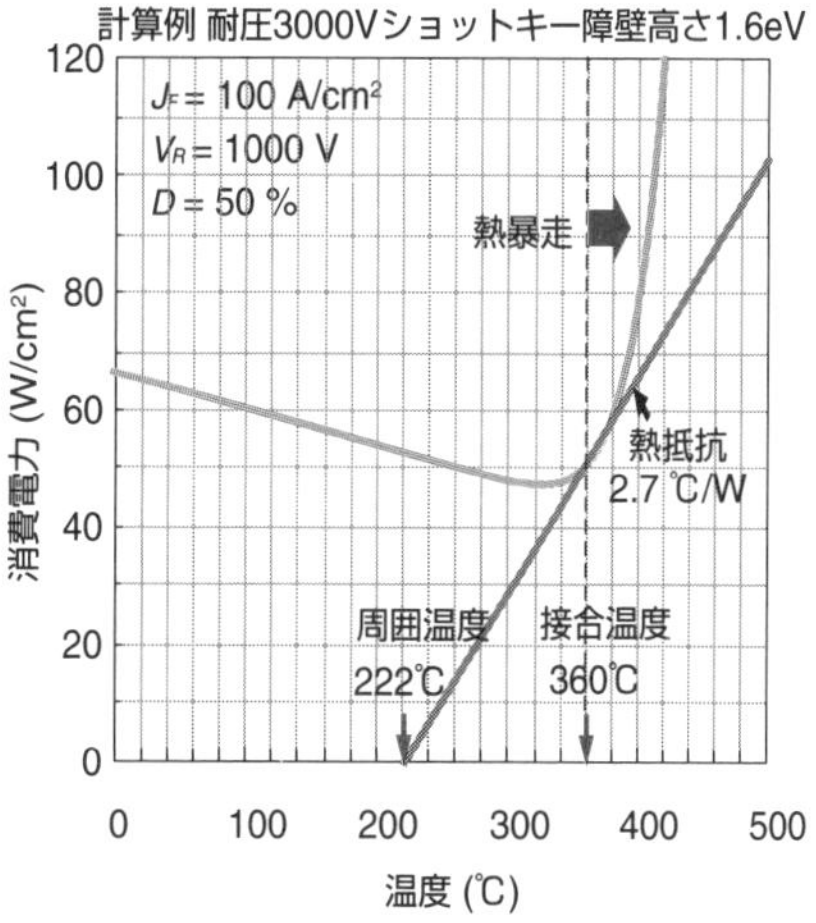

（注）ショットキー障壁低下による電流とトンネル電流を考慮して計算してあります。

Column

SiCウエハの製造

現状で実用化されているSiCウエハの製造には、SiC材料の昇華現象が使われます。昇華とは、材料が液体を経ずに固体から気体に、また気体から固体になる現象です。この製造方法では、融液から成長させるSi結晶に比べて大口径化し難く、結晶欠陥が多数存在します。

主な欠陥として、マイクロパイプ（ウエハを貫通するような中空のパイプ状欠陥）や転移欠陥（結晶の原子配列のずれによる線状欠陥）があります。マイクロパイプの密度は、現状では随分低減してきていますが、転移欠陥はSi結晶に比べてまだ非常に多い状態です。

このようにSiCウエハは欠陥を多く含むので、実際のデバイス作製では、N型の不純物ドーピング濃度の高いSiC基板上に欠陥密度の少ないSiC結晶をエピタキシャル成長させます。この成長時にN型の不純物ドーピング濃度を適度に調整し、低濃度のN型のデバイス領域を作製し、各種パワーデバイスをこの領域内に作り込みます。なお、トレンチゲートパワーMOSFETを作製する場合には、この上にさらにP型のエピタキシャル層（P-ベース）を成長させます（45項参照）。

昇華法によるSiC結晶育成[1)]

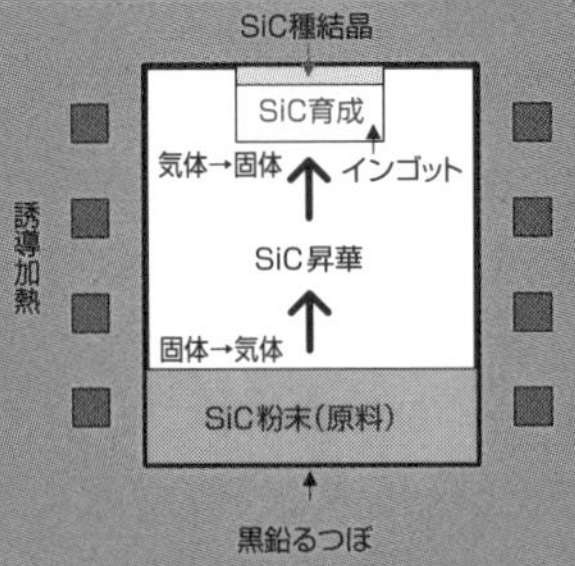

(注)昇華法ではインゴット(ウエハ)の大口径化は難しく、現状でのSiCウエハの口径は150mmになっています。このことと、ウエハ内に多く存在する欠陥による低歩留まりに起因して、チップコストが高くなっています。

横型ホットウォールによるSiCエピタキシャル成長[1)]

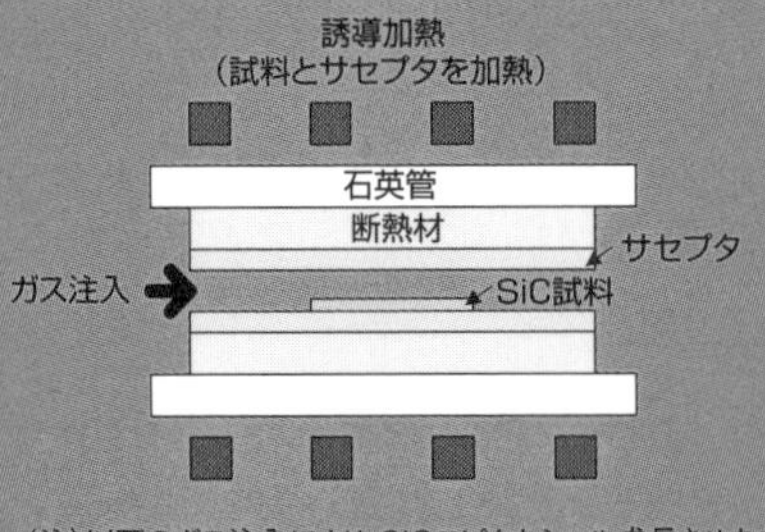

(注)以下のガス注入により、SiCエピタキシャル成長させます。
キャリアガス(試料を運ぶためのガス):H_2(水素)
Si原料:SiH_4(シラン)
C原料:C_3H_8(プロパン)またはC_2H_2(アセチレン)
N型不純物:N_2(窒素)
P型不純物:$(CH_3)_3Al$ (トリメチルアルミ)
(エピタキシャル成長は基板の結晶上に結晶膜を成長させるプロセスです。)

1)山本秀和、「ワイドギャップ半導体パワーデバイス」(コロナ社、2015)を参考に作成

第 5 章

高電圧整流動作に使うPiNダイオード

26 PN接合ダイオードを高耐圧にするにはどのようにする?

PiNダイオード

PN接合ダイオードの最大動作電圧（100V程度）を超えるダイオードとして、シリコンで6・5kV程度まで動作可能なPiNダイオードがあります。このデバイスは、IGBTと並列に用いてIGBTオフ時にコイル電流を還流するFWD（Free Wheeling Diode）に使われます。PiNダイオードは高耐圧にも拘わらず、オン電圧が非常に低い利点がありますが、ターンオフ時の逆回復過程の時間が長い欠点があります。

PiNダイオードは具体的にどのようなデバイスでしょうか。PN接合ダイオードを基に考えてみましょう。P型とN型の間に真性領域（真性（i）領域は実際にはN型の不純物ドーピング濃度の低い領域）のあるPiN構造を考えます。この構造では、逆方向電圧を上げていくと、空乏領域がブレークダウン前にN^+領域に到達します（リーチスルー）。その後、さらに逆方向電圧を増大させるとi（N）領域内で電界が高くなり、ブレークダウン時の電界形状は台形になります。この電界形状の面積が耐圧になります。この台形形状によりPiN構造の耐圧はリーチスルーのないPN接合ダイオードのものと比べて高くなります。このリーチスルーのある構造のダイオードをPiNダイオードと言います。

PiNダイオード端子の名称はPN接合ダイオードと同様に、P^+側をアノード、N^+側をカソードと言います。記号は、PN接合ダイオードのアノードとカソードとの間に平行四辺形の形状のもの（i領域がある）が入った形になります。

後続の項で、オン電圧がなぜ低いのか（27項）、逆方向リーク電流成分は何か（28項）、逆回復過程の時間はなぜ長いのか（29項）、高温で使うとショットキーバリアダイオードのように熱暴走するのか（30項）、オン電圧をさらに下げる方法（31項）、4H-SiCを用いたいっそうの高耐圧化（32項）を説明します。

要点BOX
- ●PiNダイオードは真性領域で高耐圧を確保
- ●PiNダイオードではオン電圧が低い利点と逆回復過程が長い欠点がある

PiNダイオードの構造

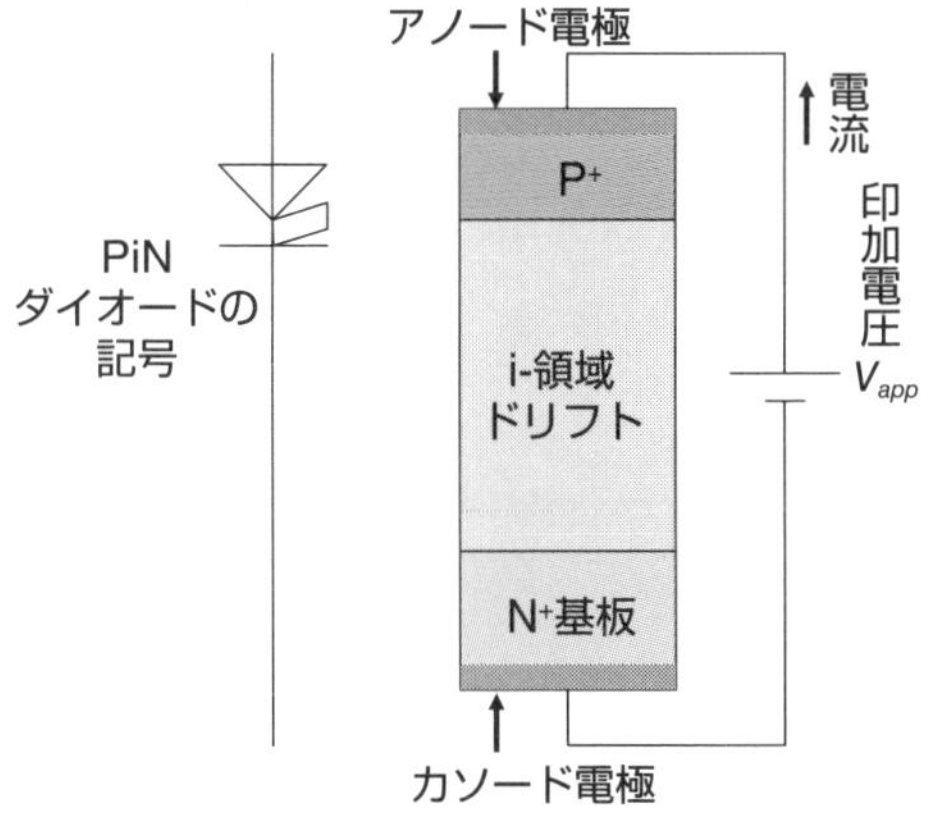

PiNダイオードの電流電圧特性

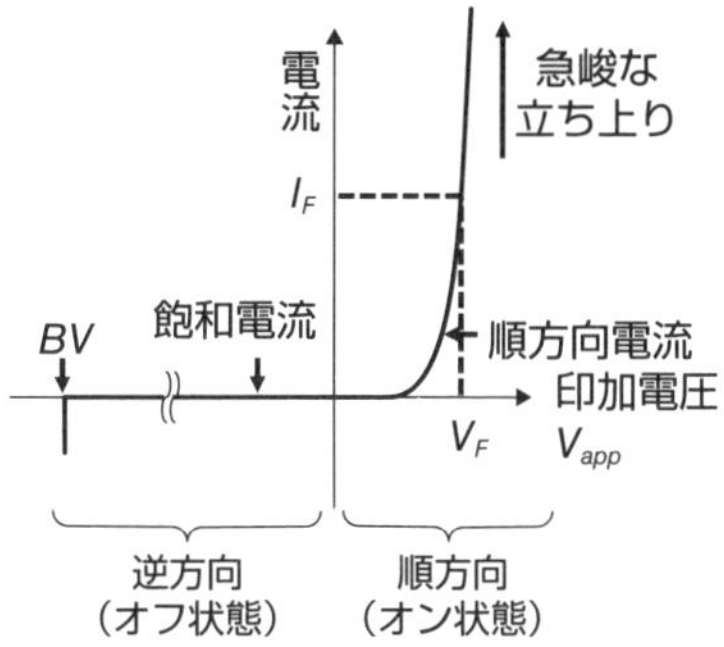

V_F: オン電圧
I_F: オン電流
BV:ブレークダウン電圧

ダイオードに逆方向電圧印加時の電界と電圧

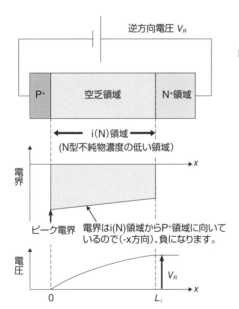

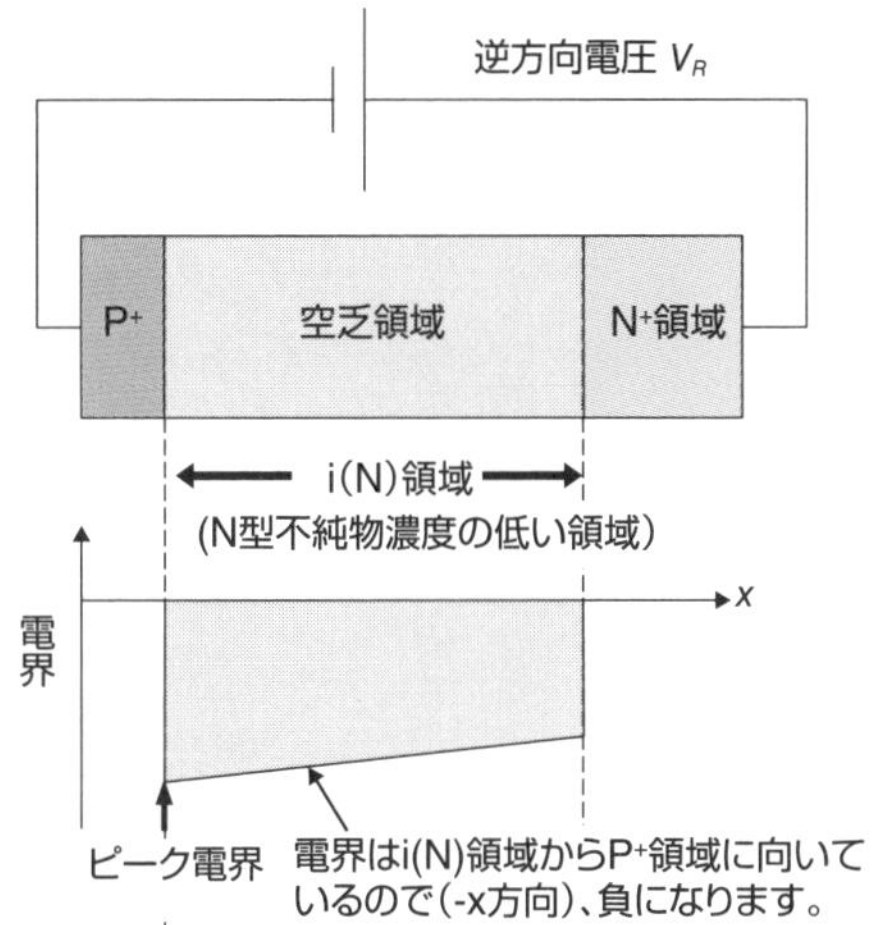

（注）空乏領域は、P^+とN^+領域へはほとんど広がらないので、これらの領域への空乏領域は省略してあります。

PiNダイオードとPN接合ダイオードのブレークダウン時の電界形状と耐圧比較

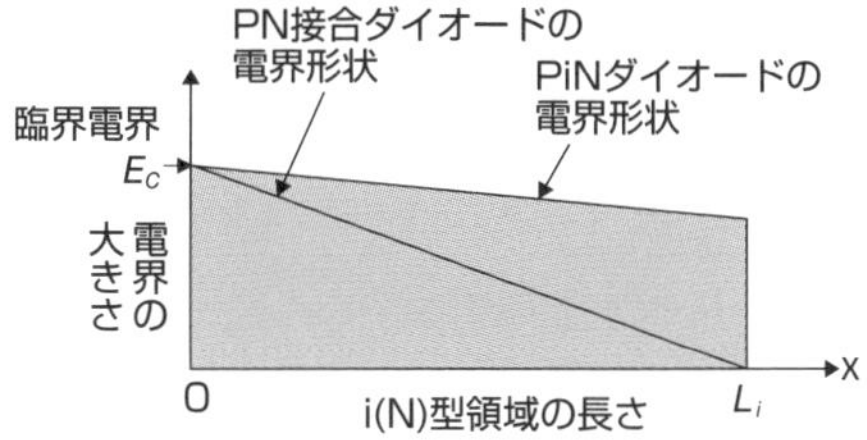

上図の電界形状の面積が各ダイオードの耐圧になります。

PiNダイオードとPN接合ダイオードでN型領域の長さを同じにした場合、PiNダイオードの耐圧（電界形状の台形の面積）はPN接合ダイオードの耐圧（電界形状の三角形の面積）より高くなります。

（注1）ピーク電界が臨界電界に達するとブレークダウンが発生します。臨界電界は、不純物ドーピング濃度の変化に対して大きく変わらないので、臨界電界を一定と見なします。
（注2）PiNダイオードの不純物ドーピング濃度はPN接合ダイオードのものよりかなり低くなっています。

27 PiNダイオードのオン電圧はなぜ低いの？

PiNダイオードでは、i(N)領域の不純物ドーピング濃度が低く、電子密度が低いのに、なぜオン電圧が低くなるのでしょうか。

PN接合ダイオードでは、N型領域の不純物ドーピング濃度より低い密度の正孔が、P^+アノードからN型領域へ注入されます(低レベル注入)。ここで、この注入レベルを上げて、正孔密度がN型領域の不純物ドーピング濃度を超える場合を考えてみます(高レベル注入)。この場合、P^+アノードからN型領域への正孔の流れの栓②が大きく開き、N型領域へ多量の正孔が拡散します。正孔のみが多いと不安定になるため、これを安定化させるためにN^+カソードから電子の流れの栓①が大きく開いてN型領域へ多量の電子が拡散します。結果として、N型領域内の正孔と電子の密度は等しくなって安定します。この時、正孔と電子は一緒になって拡散するので、これを両極性拡散と言います。この状態になると、N型領域の電気伝導状態が変わります。N型領域の正孔と電子の密度を等しくして一緒に上昇させると、それに反比例して抵抗が低下します。つまり、順方向電流の上昇に伴い、その電流に反比例して抵抗が低下するので、順方向電圧は一定になります。この抵抗の低下は電気伝導度の上昇になるので、これを伝導度変調と言います。N型領域に伝導度変調が起こると、順方向電流がいくら増えてもN型領域の電圧降下は変わりません。これが、低オン電圧の理由です。

オン電圧は、順方向電流密度一定の下では、両極性拡散する実効的な長さ(両極性拡散長)がN型領域(ドリフト長)の半分になると最も低くなります。両極性拡散長がこれより短いと、N型領域中間部分でのキャリア密度低下により、また、両極性拡散長がこれより長いと、P^+N接合とN^+N接合部での電圧上昇により、オン電圧が上昇します。また、オン電圧は耐圧にあまり依存しません。

要点BOX

- 伝導度変調によりオン電圧は低くなる
- ドリフト長の半分の両極性拡散長でオン電圧は最小になる

PiNダイオード内のキャリアと電位分布

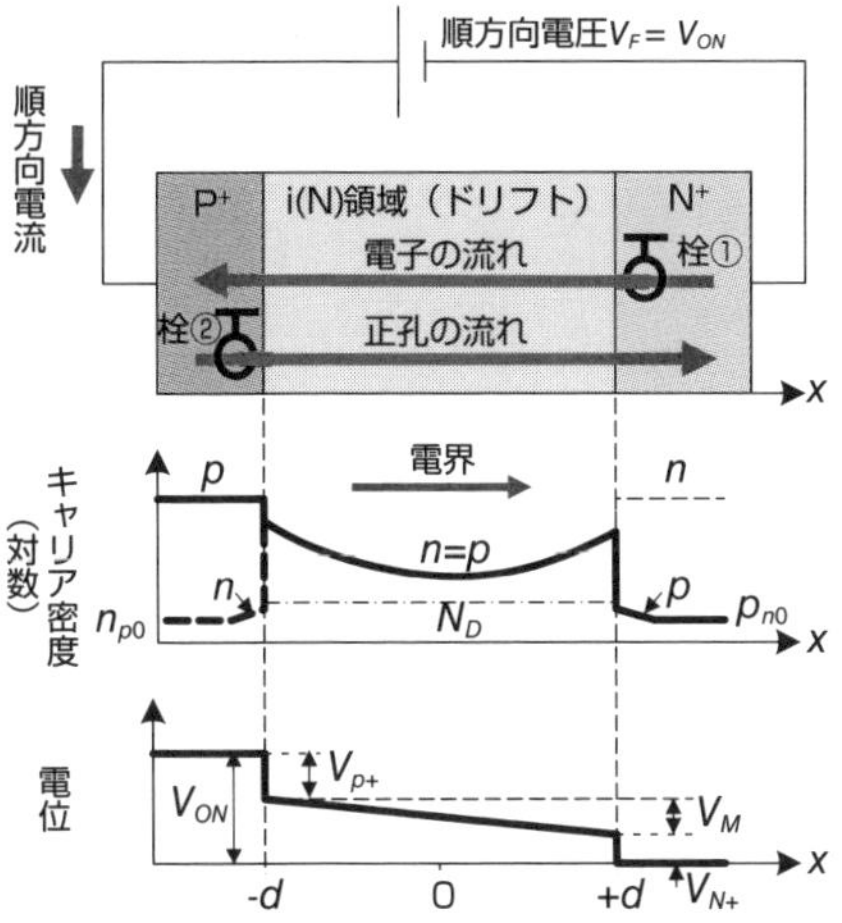

（注）伝導度変調が起こると、順方向電流の増大に伴いV_Mは変わりませんが、V_{P^+}とV_{N^+}が上昇します。また、ドリフト領域内では、ドリフト成分と拡散成分の電流が流れます。

N_D：i領域のドナー濃度
n_{p0}：P^+領域の熱平衡状態の電子密度
p_{n0}：N^+領域の熱平衡状態の正孔密度
n：電子密度
p：正孔密度
V_{ON}：オン電圧
V_{P+}：P^+N接合電圧
V_{N+}：N^+N接合電圧
V_M：ドリフト領域の電圧降下

伝導度変調がある場合の電流と電圧の関係

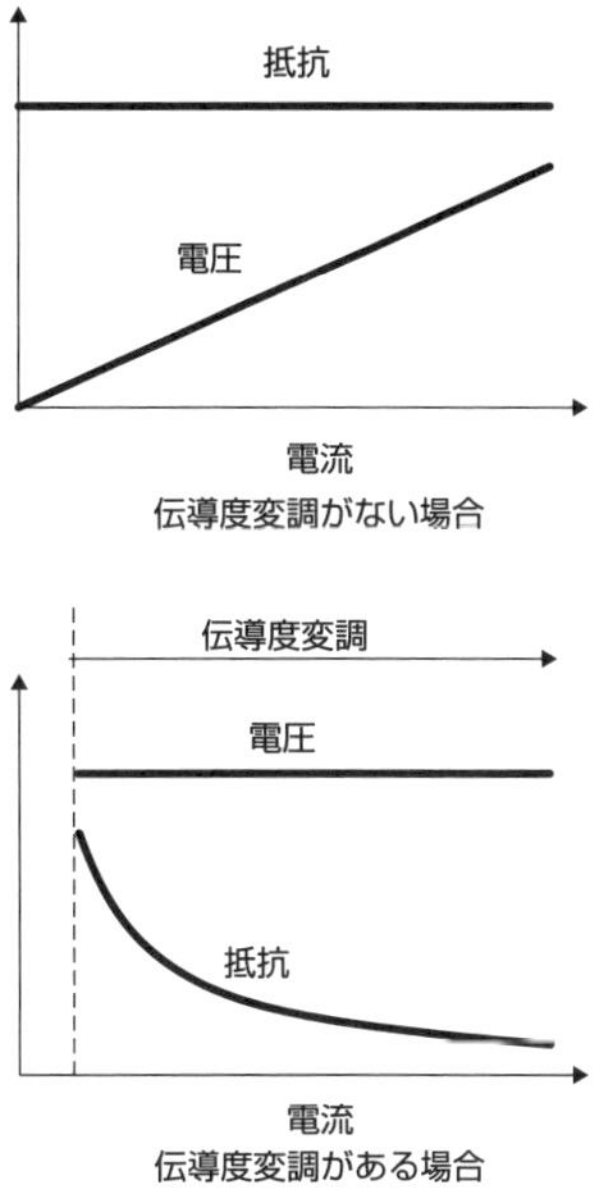

（注）伝導度変調がない場合、抵抗は電流に対して一定になり、電圧は電流に比例します。しかし、伝導度変調がある場合、抵抗は電流に反比例するので、電圧は一定になります。PiNダイオードに順方向電流が流れると、i(N)領域に後者の現象が起こります。

オン電圧の規格化されたドリフト領域長依存性

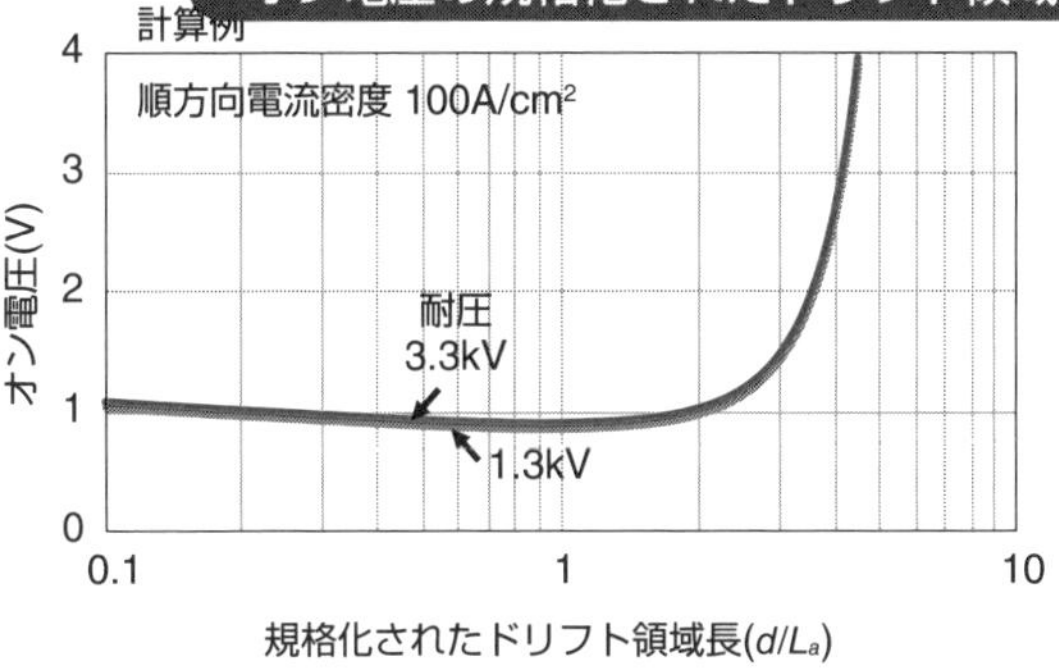

d: i(N)領域（ドリフト）の半分の長さ
L_a: 両極性拡散長

（注1）両極性拡散長がi(N)領域の半分になるとオン電圧は最低になります。
（注2）耐圧が変わってもオン電圧はほとんど変わりません。

（注）計算例では参考文献（2）で提示されている計算条件を参考に計算しました。

28 PｉNダイオードの逆方向リーク電流の成分は何？

拡散電流と発生電流

PｉNダイオードに逆方向電圧を印加してリーチスルーが発生した場合、リーク電流の成分には、①P^+アノード領域内での電子の拡散電流、②N^+カソード領域内での正孔の拡散電流、③ｉ(N)領域内での発生電流の3成分があります。これらを見てみましょう。なおPｉNダイオードに逆方向電圧を印加すると、27項に示した栓①と栓②は閉まっています。

まず、P^+アノード領域内での電子の拡散電流を考えてみます。この電流は、PN接合ダイオードの逆電圧印加時に、P^+領域の電子がP^+領域内で拡散し、空乏領域を電界により通過してN型領域へ流れるものと同じになり(15項参照)、栓④はごく僅かに開きます。このため、非常に低いレベルのリーク電流(飽和電流)になります。

N^+カソード領域内での正孔の拡散電流も、P^+アノード領域内での電子の拡散電流とキャリアが異なるだけで同様のメカニズムで発生します。このため、栓③はごく僅かに開き、この場合も非常に低いレベルのリーク電流(飽和電流)になります。

ｉ(N)領域内での発生電流は、空乏領域内の電子正孔対の発生によって起こります。この発生により栓⑤が開き、発生した電子は空乏領域内の電界によりN^+カソード側へ流れ、正孔はP^+アノード側へ流れます。電子と正孔の流れを合わせてN^+カソードからP^+アノードへのリーク電流になります。発生電流の大きさは空乏領域の長さに比例します。PｉNダイオードのｉ(N)領域は長いので、発生によるリーク電流は大きくなります。

室温レベルでは、一般に、この発生電流はP^+アノード領域内及びN^+カソード領域内の拡散電流より大きくなります。高温になると、発生電流と拡散電流が同等レベルになってきます。これは、発生電流より拡散電流の温度依存性が大きいことに起因します。高温でのリーク電流が熱暴走に繋がります。

要点BOX
- ●リーク電流成分には空乏領域内の発生、P^+とN^+領域での拡散がある
- ●高温では発生電流と拡散電流が同等レベル

逆方向リーク電流（空乏領域がi領域全体に広がった場合）

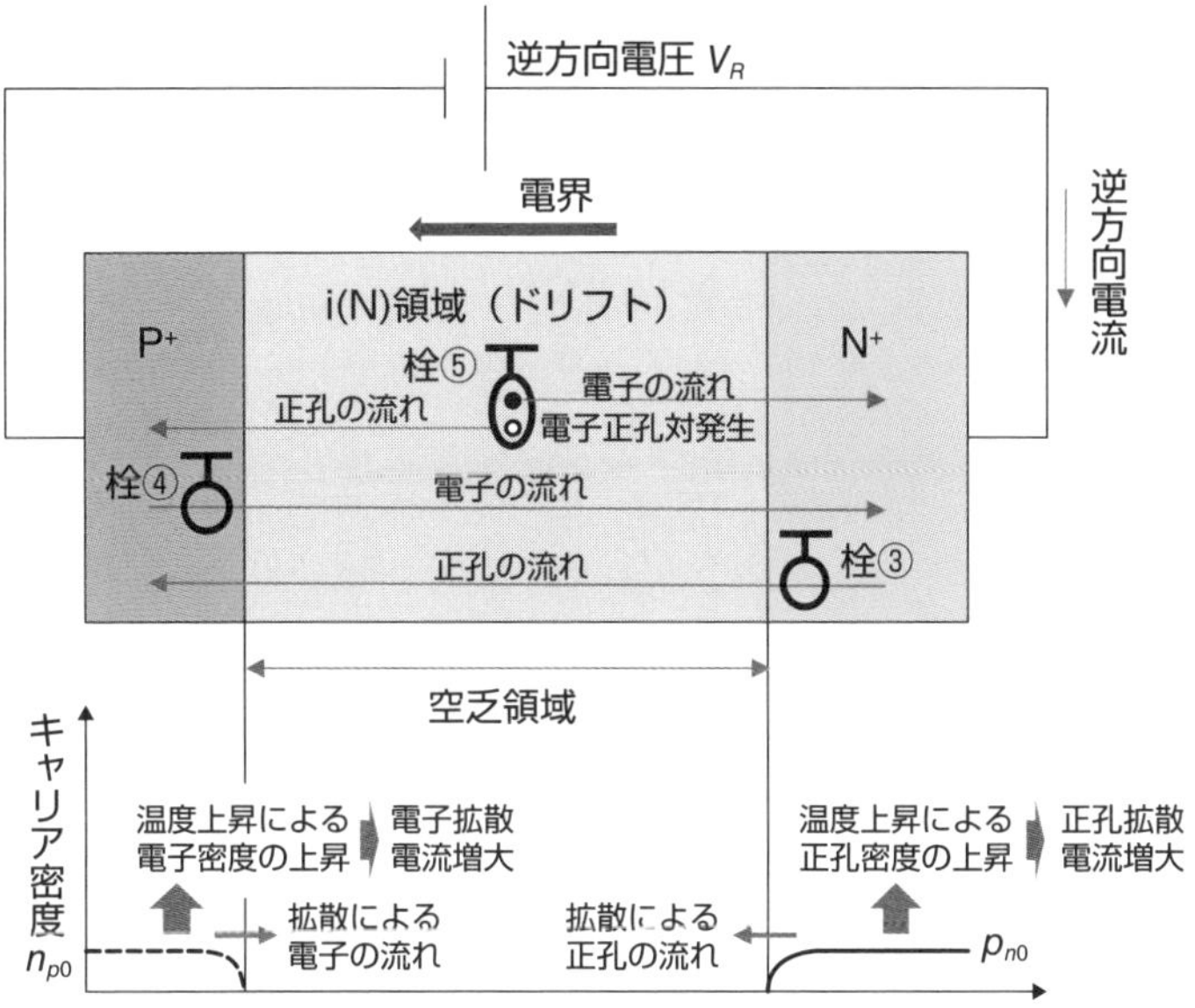

n_{p0}: P^+領域の熱平衡状態の電子密度
p_{n0}: N^+領域の熱平衡状態の正孔密度

（注）PiNダイオードでは、i(N)領域が長く、発生電流成分が大きくなるので、その電流を流す栓⑤を設けてあります。

PiNダイオードは、パワーデバイスの一種で、本文でも紹介しているように、高電流整流動作用のパワーデバイスとしてよく使われています。通信用途の非常に低い電流で使う場合、高周波の可変抵抗器や、逆電圧を掛けた時の容量が非常に低いことから高周波信号のスイッチングにも使われます。これらはパワーデバイスとしての使い方ではありません。そのため、本書ではこのような用途については紹介していません。パワーデバイスは「パワー（制御）用途しかないデバイスとは限らない」のです。

29 ＰｉＮダイオードのターンオフ過程で何が起こる？

ＰｉＮダイオードのターンオフ過程では、オン時にＰｉＮダイオード内にあるキャリアを全て除去しなければなりません。どのように除去するのでしょうか。

誘導負荷（コイル：負荷インダクタンス）の還流電流（一定）がＰｉＮダイオードに流れている状態で、ＰｉＮダイオードがターンオフする過程を考えます。スイッチＳがオフからオンに切り替わった直後、ＰｉＮダイオードはすぐにオフしないので、電流が供給電源から、ＰｉＮダイオード、寄生インダクタンスを介して接地方向に流れます。この電流は、時間tと共に線形で逆方向に増大し、ＰｉＮダイオードに逆方向電圧が掛かった状態でも流れ、ＰｉＮダイオード内のキャリアが全て除去された段階で流れなくなります。この過程を逆回復過程と言います（上図）。

逆回復過程の電流電圧特性を詳細に見てみましょう。時刻t_0でスイッチＳがオンしたとします。t_0～t_1の期間で、順方向電流がオン電流I_{ON}からゼロになり、P^+N接合近傍のドリフト領域内の電荷Q_0が除去されます。t_1～t_2の期間になると、逆方向電流が流れますが、オン電圧V_{ON}は低いままです。これは、この期間にP^+N接合近傍のドリフト領域内の電荷Q_1が除去されるだけで、ドリフト領域全体にオン時のキャリアがまだ残留していることに起因します。t_2～t_3の期間では、空間電荷領域がP^+N接合部からｉ（Ｎ）領域内部に向かって広がり、空間電荷領域の電荷Q_2が除去されます。この期間の終了時に、逆方向電流はピークに達し、逆方向電圧は供給電圧V_Sになります。t_3～t_4の期間では、空間電荷領域の広がらなかったｉ（Ｎ）領域に残留するオン時のキャリアが、そのキャリア形状の傾きに起因する拡散と再結合により除去されます。t_1～t_4の期間が逆回復時間になります。逆回復時間の間に大きな損失が発生します。

要点BOX

- 逆回復過程のキャリアは拡散により除去され、t_3後は再結合によるキャリア消滅が追加
- 逆回復過程で大きな損失が発生

PiNダイオードのターンオフ過程の検討

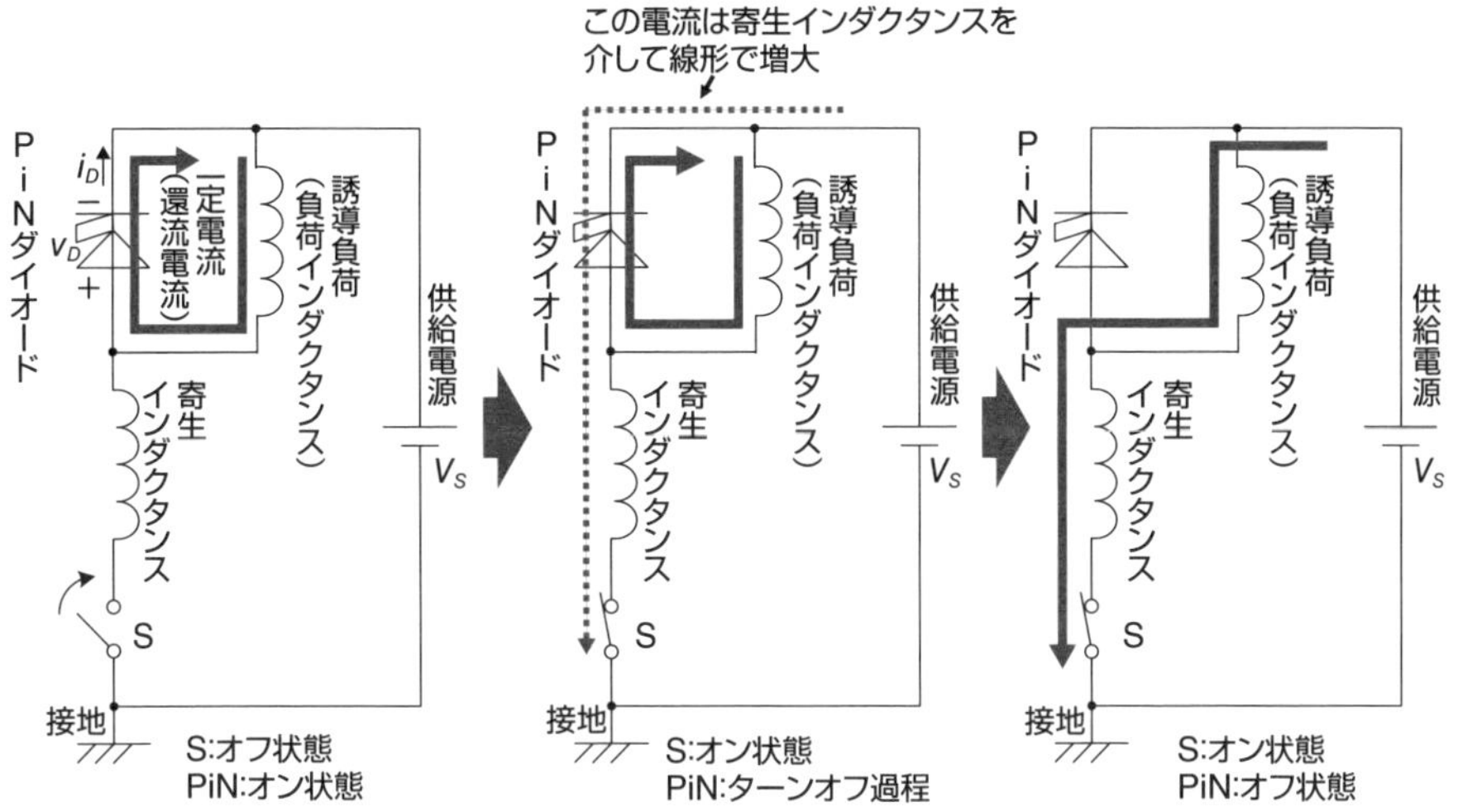

ターンオフ過程の電流電圧特性

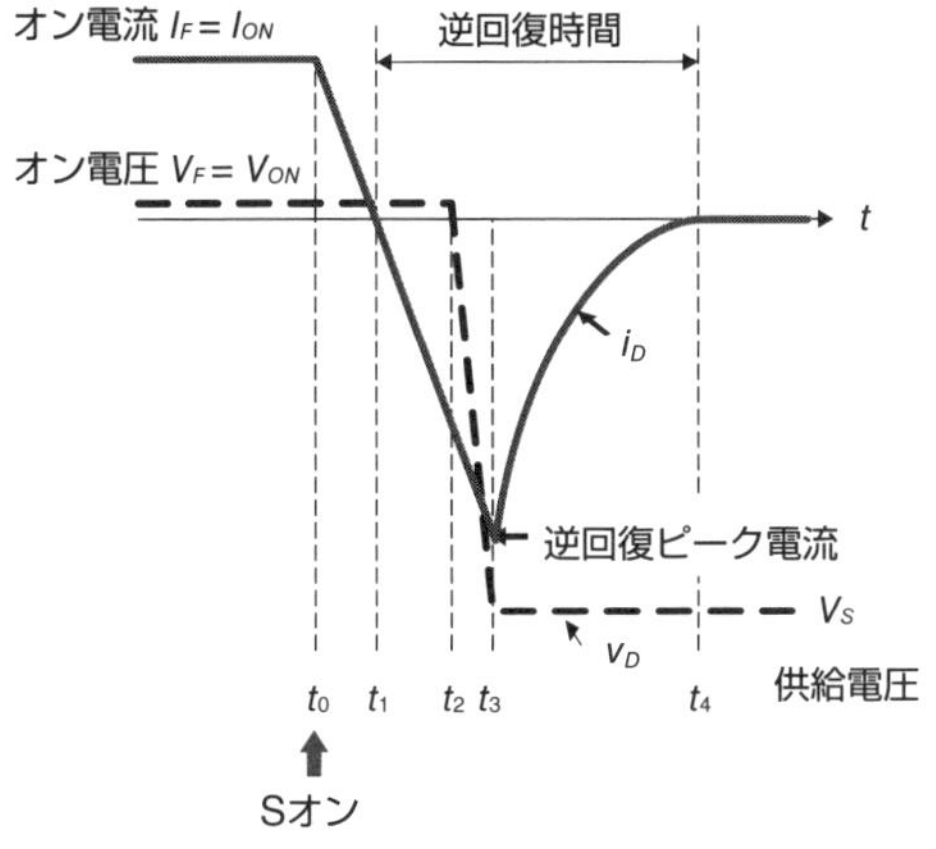

（注）リーチスルーが発生しない場合

ターンオフ過程のi領域（N-ドリフト領域）のキャリア分布

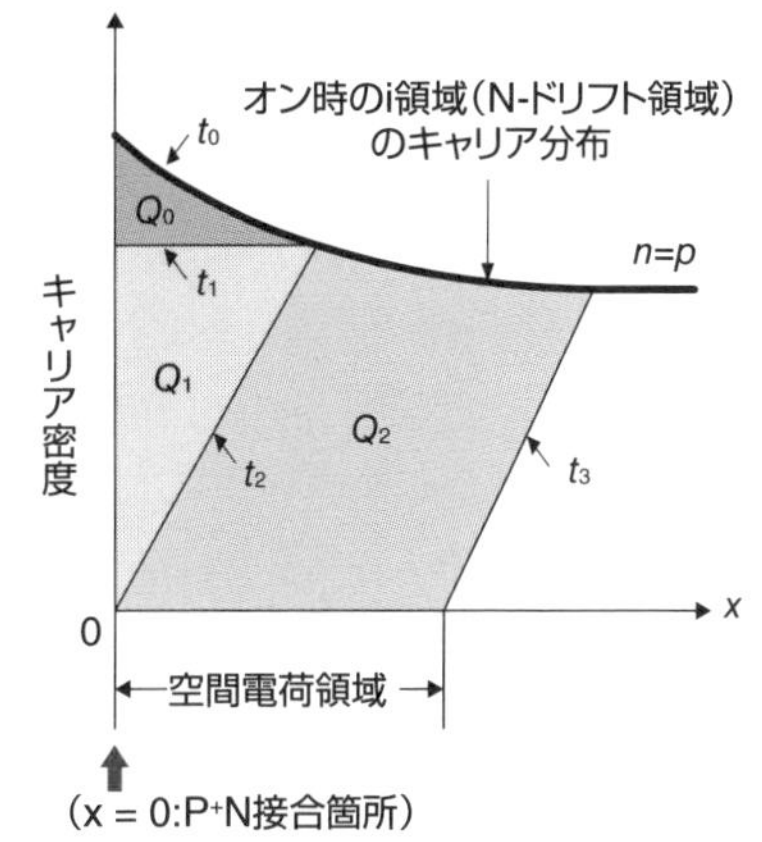

（注1）t_3～t_4の期間が短く、再結合を無視できる場合、その間の残留キャリアは拡散により除去されます。
（注2）t_3～t_4の期間が短いと、PiNダイオードに直列接続する寄生インダクタンスとそのダイオードの接合容量により、リンギング（振動波形）が逆方向電圧や逆回復電流に発生する場合があります。
（注3）t_4に到達すると、空間電荷領域は空乏領域になります。

30 Ｐ・ｉ・Ｎダイオードを高温で使うとどうなる？

熱暴走

Ｐ・ｉ・Ｎダイオードを実使用状態で温度を上げていくと消費電力がどのように変わるか、ショットキーバリアダイオードの場合と同じように考えてみましょう。

いま、耐圧１・３kVのＰ・ｉ・Ｎダイオードを、順方向電流密度を１００Ａ／cm^2で一定とし、逆方向電圧６００V、時比率50％でオン・オフ動作をさせた場合の消費電力の温度依存性を見てみましょう（上図左）。温度の低い領域では、消費電力は温度上昇に伴い低下していきます。これは、温度上昇に伴う真性キャリア密度の増大がP^+N接合部の電圧を低下させることに起因します。なお、この場合、キャリア移動度の低下によるi（N）領域の電圧の増大、ほぼ温度に比例したN^+N接合部の電圧の増大もありますが、これらの影響は小さいです。温度が上昇してくると、消費電力は１４７℃で最小値を通過後、リーク電流の急激な増大に伴い上昇に転じます。これによりショットキーバリアダイオードと同じように熱暴走に至る場合があります。

このＰ・ｉ・Ｎダイオード（チップ）を熱抵抗２・０℃／Ｗのモジュールに入れた場合の熱暴走を見てみましょう。この場合の熱暴走は、周囲温度１１０℃（接合温度２１０℃）で起こります（上図）。逆方向電圧を６００Ｖから１kVにすると、オフ時の消費電力増大により熱暴走を発生する温度は低下し、周囲温度95℃（接合温度１９５℃）になります。また、逆方向電圧を１kVの状態で時比率を50％から80％にすると、オン時の消費電力増大により熱暴走を発生する温度はさらに低下し、周囲温度82℃（接合温度２２２℃）になります。この状態で、モジュールの熱抵抗を１・６℃／Ｗにすると、熱暴走を起こす周囲温度を１１０℃（接合温度２３０℃）に戻せます。モジュールの熱抵抗も考慮し、熱暴走を発生させない動作範囲での使用が重要です。

要点BOX

●PiNダイオードでも熱暴走が起こる
●モジュールの熱抵抗も考慮し、熱暴走を起こさない動作範囲で使用すること

消費電力の温度依存性(1)

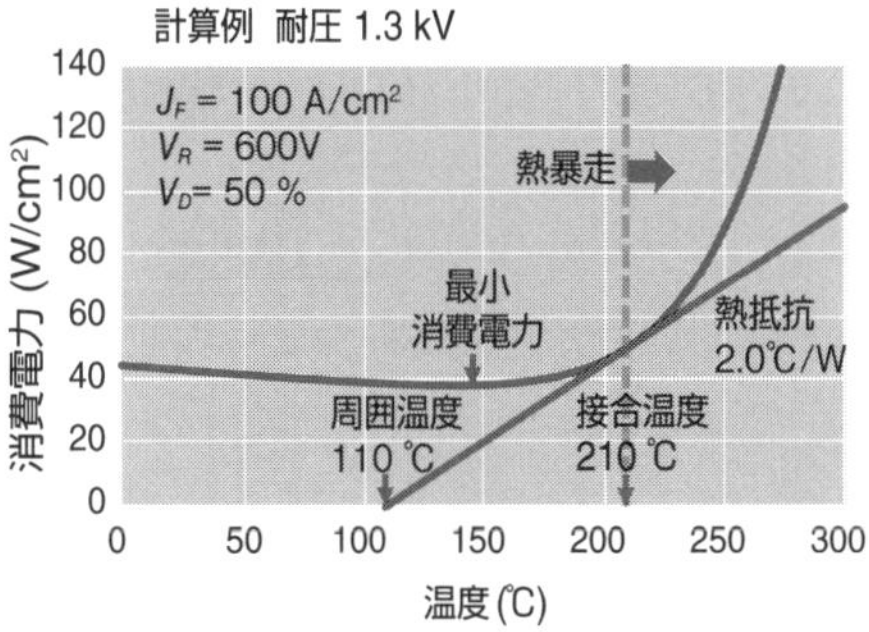

消費電力の温度依存性(2)

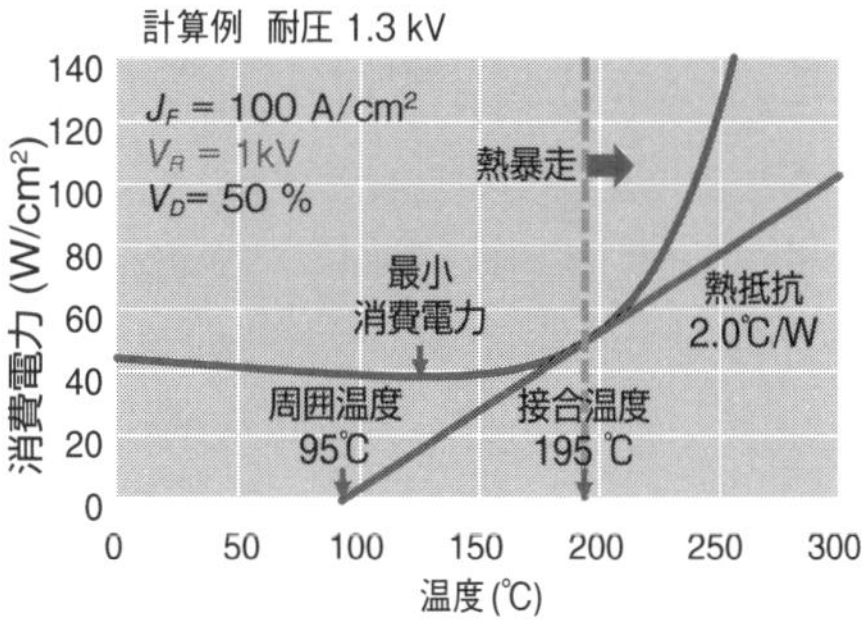

逆方向電圧600Vで空乏領域がN^+領域にリーチスルーしているため、これを1kVにしてもリーク電流は変わりません。この場合、オフ時の消費電力は逆方向電圧の上昇分により増大します。

消費電力の温度依存性(3)

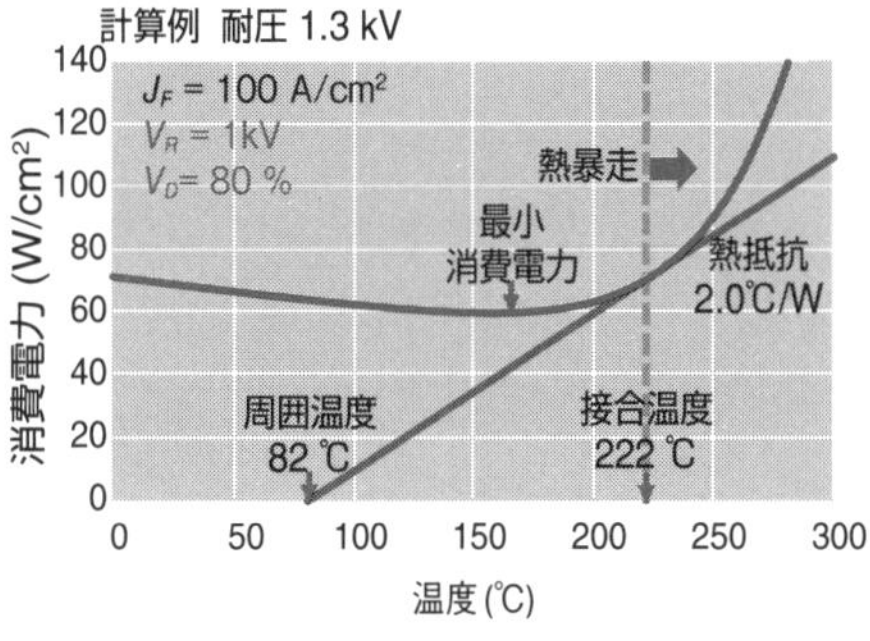

消費電力の温度依存性(4)

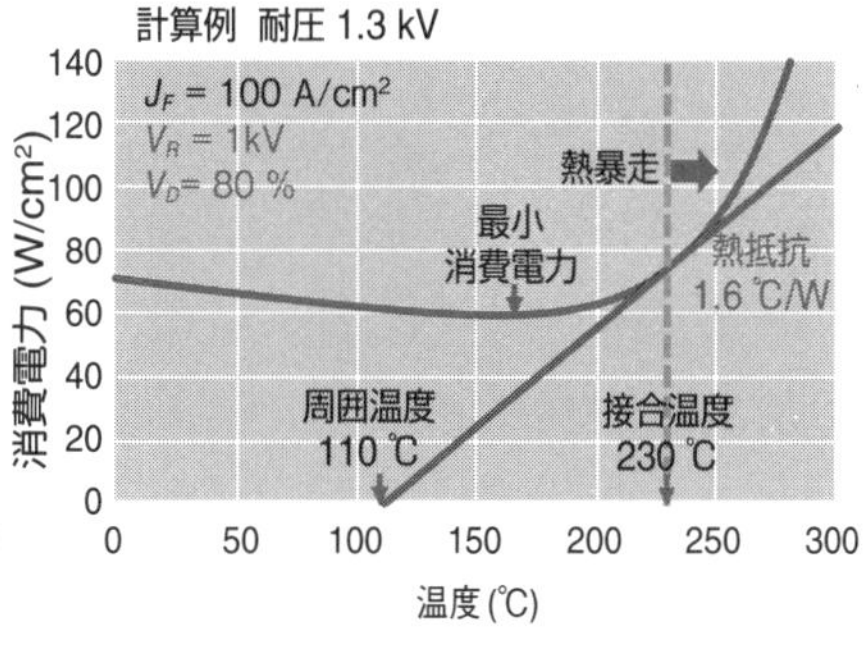

モジュールの熱抵抗を下げると放熱しやすくなるので、接合温度及び周囲温度を上げることができます。

31 PiNダイオードの性能を上げるには？

MPS[Merged PiN/Schottky]ダイオード

ＰｉＮダイオードのオン電圧は、ショットキーバリアダイオードのものに比べて少し高くなります。これを下げるために、ＰｉＮダイオードのP^+Ｎ接合の一部にショットキー接触を設け、ＪＢＳダイオードと似たＭＰＳダイオードを考えます。

ＭＰＳダイオードでは、順方向電圧の低い段階でショットキーバリアダイオードがオンし、順方向電圧を高くしていくとＰｉＮダイオードがオンします。ＭＰＳダイオードは、オン開始の段階ではユニポーラデバイスですが、ＰｉＮダイオードのオン後にバイポーラデバイスになり、N^-ドリフト領域に伝導度変調が起こります。ショットキー接触を介して十分な電流がN^-ドリフト領域に供給されるため、伝導度変調はより強くなり、ＭＰＳダイオードのオン電圧はＰｉＮダイオードのものより低くなります。

ＭＰＳダイオードのショットキー接触は少数キャリアを注入しないので、キャリア密度はショットキー接触近傍で低く、N^-ドリフト／N^+基板接合近傍で高くなります。一方、ＰｉＮダイオードのキャリア密度はN^-ドリフト内でほぼ均一になっています。このため、ＭＰＳダイオードのN^-ドリフト内の蓄積電荷量はＰｉＮダイオードのものに対して少なくなります。これにより、ＭＰＳダイオードのターンオフ過程では、逆回復ピーク電流をより低く、逆回復時間をより短くできます。結果として、ＭＰＳダイオードのスイッチング損失はＰｉＮダイオードのものより低減します。

ＭＰＳダイオードでは、比較的低い逆方向電圧でP^+領域間に横方向に延びる空乏領域が接触し、ショットキー障壁がシールドされます。その後の逆方向電圧の増大に対し、このシールドがショットキー障壁に掛かる縦（深さ）方向電界の上昇を抑制します（ＪＢＳと同じ）。これにより、ショットキー障壁の低下が抑制され、リーク電流が低減します。

要点BOX

●MPSダイオードはPiNダイオードに対して、オン電圧、スイッチング損失を低減できる

順方向電圧印加のMPS

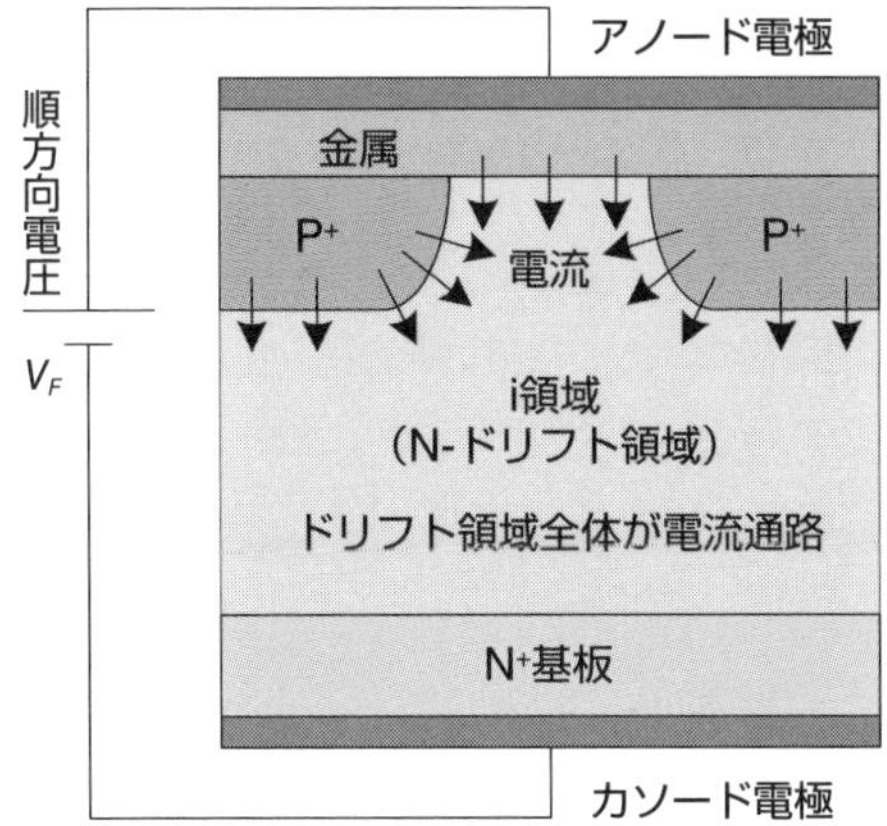

(注)金属/ P^+接合はオーミック接触、
金属/N接合はショットキー接触です。

逆順方向電圧印加のMPS

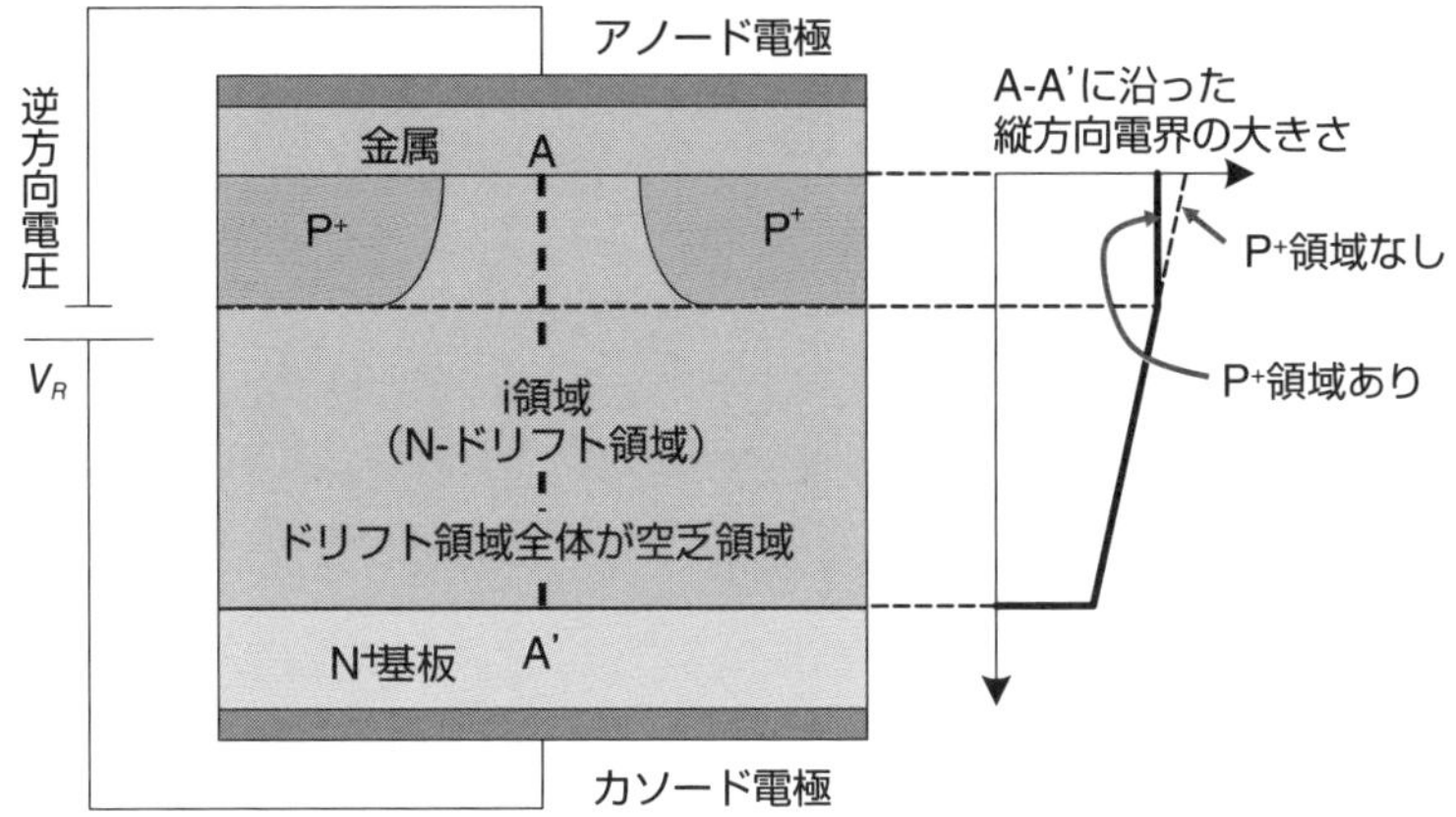

(注)P^+領域によりショットキー障壁がシールドされ、
表面電界が緩和されます。

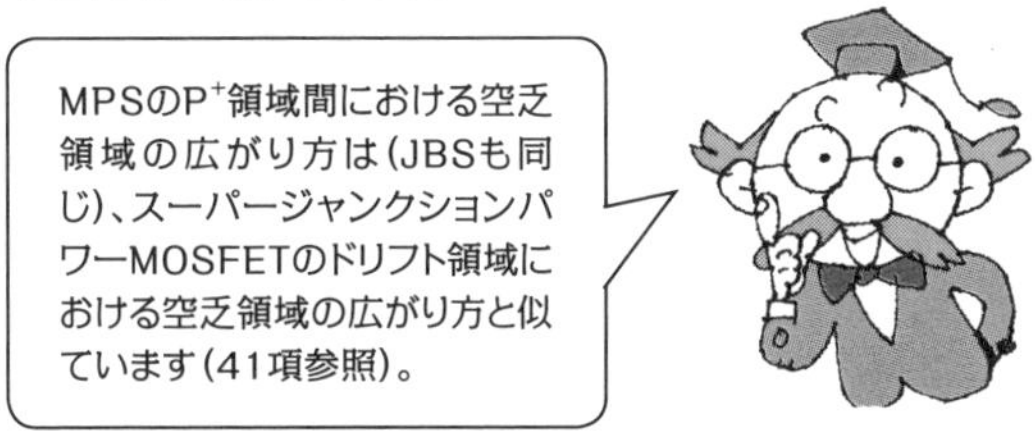

32 ワイドギャップ半導体を使うとPiNダイオードの特性はどうなる?

4H-SiC PiNダイオード

半導体材料がSiから4H-SiCに変わると、PiNダイオードの電気特性はどのように変わるでしょうか。10kV耐圧のPiNダイオードでその特性の違いを見てみましょう。

順方向電流密度を100A／cm^{2}とした場合、オン電圧が最小となる箇所（dとL_aが等しいところ）では、4H-SiCのオン電圧は約3・3V、Siのものは約1・0Vとなります。4H-SiCのオン電圧が高くなる主要因は、P$^+$N接合部での4H-SiCの電圧降下がSiのものに対して大きいことです。ドリフト領域の電圧降下は伝導度変調により4H-SiCとSiで同程度になって非常に低くなります。N$^+$N接合部における4H-SiCの電圧降下はSiのものより低くなります。

オン電圧が最小となるところでの高レベルライフタイムτ_{HL}は、4H-SiCで2μs、Siで100μsになります。4H-SiCでτ_{HL}が短いのは、4H-SiCのドリフト長がSiのものに比べて短く、それに応じて4H-SiCの両極性拡散長がSiのものより短くなることに起因します。また、τ_{HL}に起因して、4H-SiCのドリフト領域内の蓄積電荷密度はSiのものに比べて低くなります。これにより、4H-SiCでは逆回復時間が短くなり、スイッチング損失が低減し、高速スイッチングが可能になります。

しかしながら、4H-SiCでは、約500Vの逆方向電圧でリーチスルーが発生し、逆方向電圧が急峻に増大し、逆回復電流は急峻に低下します。この電流の急峻な低下が、回路内の寄生インダクタンスに過剰な電圧を発生し、デバイスに悪影響を与える可能性があります。

オン電圧と逆回復時間にはトレードオフの関係があります。Siでτ_{HL}をいくら小さくしてもSiのトレードオフ関係は4H-SiCのものに届かず、4H-SiCはSiに比べて良いトレードオフ関係を持ちます。

要点BOX

●4H-SiCのPiNダイオードはSiのものに対して、高オン電圧であるが高速

オン電圧の規格化されたドリフト領域長依存性

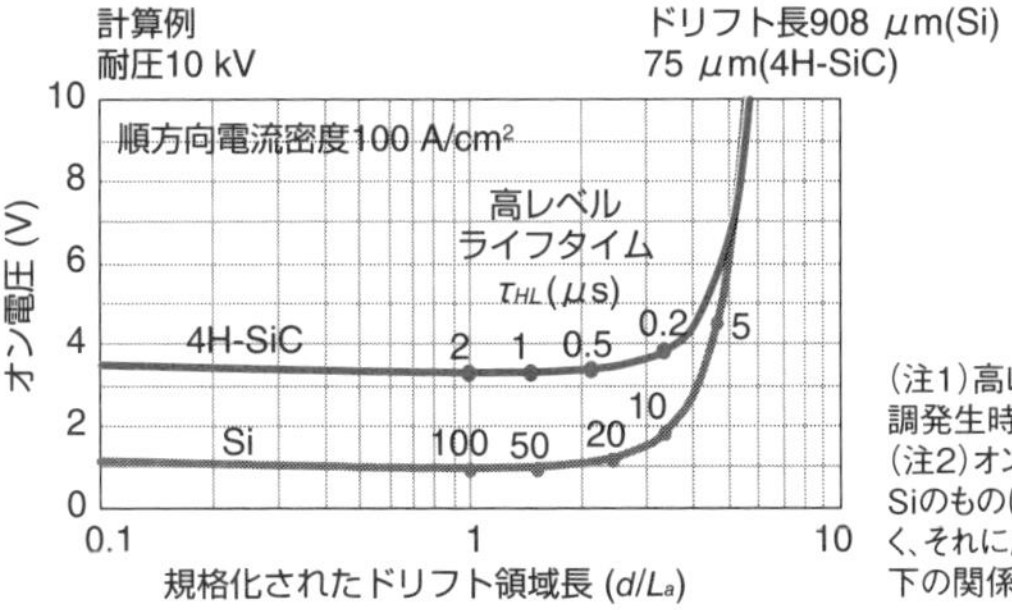

ドリフト領域内の蓄積電荷密度

順方向電流密度100 A/cm²

材料	高レベルライフタイム τ_{HL}(μs)	蓄積電荷密度 (C/cm²)
Si	100	1×10^{-2}
4H-SiC	2	2×10^{-4}

(注1)高レベルライフタイムτ_{HL}は高レベル注入時(伝導度変調発生時)のキャリアライフタイムです。
(注2)オン電圧最小の箇所(d/L_a=1)では、4H-SiCのτ_{HL}がSiのものに対して短くなっています。これは、4H-SiCのdが短く、それに応じてL_aも短くなるためです。なお、L_aとτ_{HL}には、以下の関係があります。

$$L_a=\sqrt{D_a\tau_{HL}}$$

d：ドリフト長の半分の長さ
L_a：両極性拡散長
D_a： 両極性拡散係数

オン電圧とその内訳

順方向電流密度100 A/cm²

材料	高レベルライフタイム τ_{HL}(μs)	P^+N接合電圧降下(V)	ドリフト領域電圧降下(V)	N^+N接合電圧降下(V)	オン電圧(V)
Si	100	0.59	0.04	0.35	0.98
4H-SiC	2	3.09	0.04	0.20	3.33

オン電圧と逆回復時間のトレードオフ

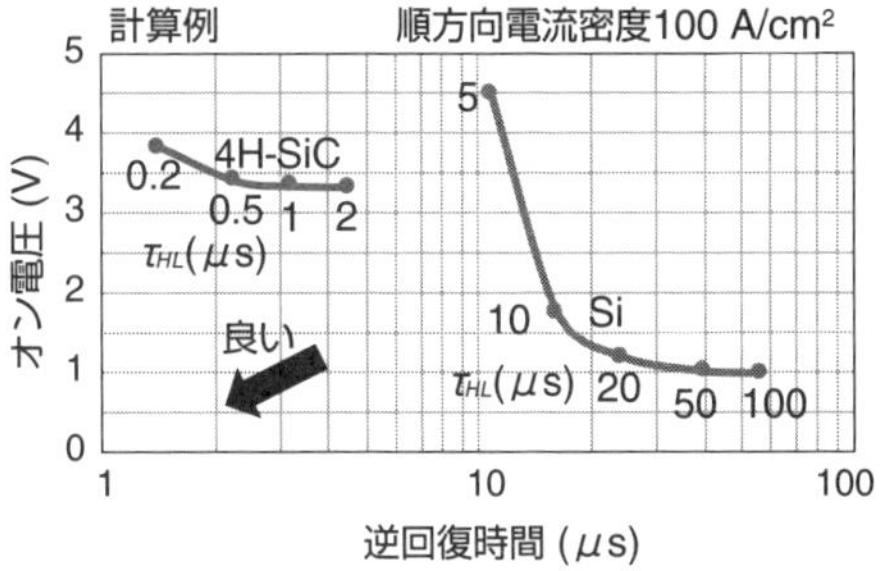

(注)オン電圧が低いと逆回復時間が長くなりますが、オン電圧が高いと逆回復時間は短くなります。これらのバランスを考慮して最適なτ_{HL}を選んでオン電圧と逆回復時間を決めます。

Siと4H-SiCの逆回復過程

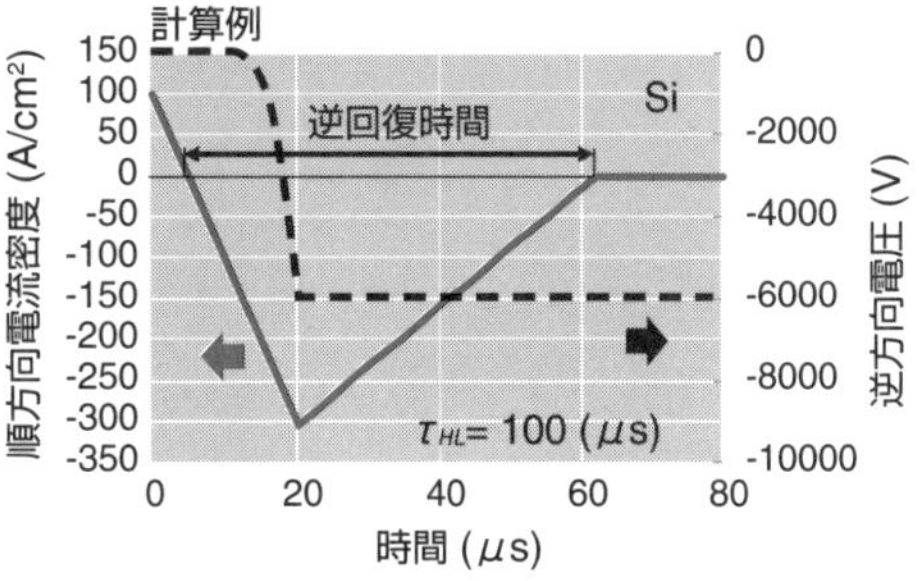

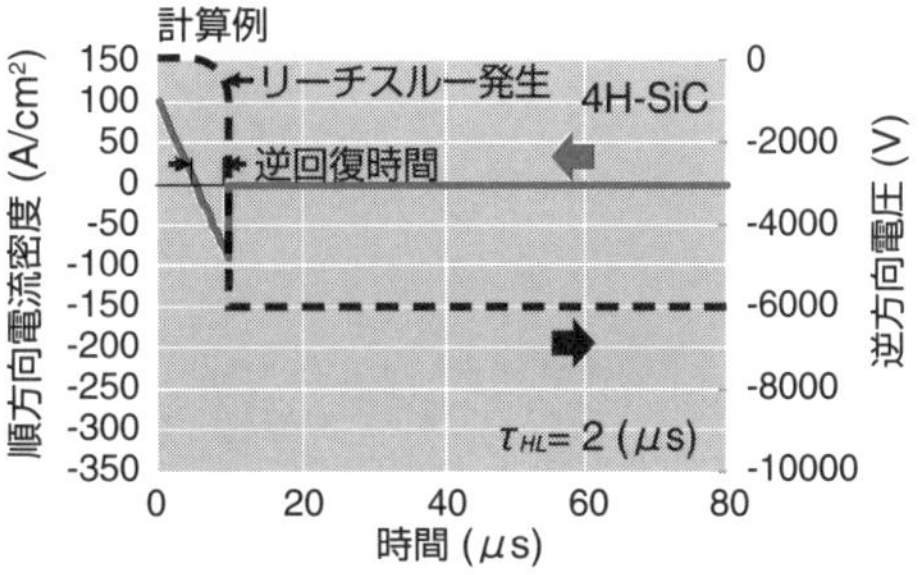

(注)計算例では参考文献(3)で提示されている計算条件を参考に計算しました。

Column

シミュレータを用いたデバイス設計

パワー半導体デバイスの開発では、試作を繰り返して所望のデバイス特性を得るように最適化をしていきます。通常、試作に1～2ケ月程度掛かるので、1回当たりの試作の完成度を上げ、試作回数を減らして開発期間を短縮するとともに、開発コストの削減を図ります。このために、試作前にプロセスシミュレータとデバイスシミュレータを統合したシミュレータであるTCAD(Technology Computer Aided Design)を用いて、デバイス構造を決めてデバイス特性を予測します。この予測に基づいて試作し、試作の完成度を上げていきます。

図は100V用LDMOS(36項と42項参照)のブレークダウン時における正孔電流密度分布のシミュレーション例です。

100V用LDMOSブレークダウン時の正孔電流密度分布例

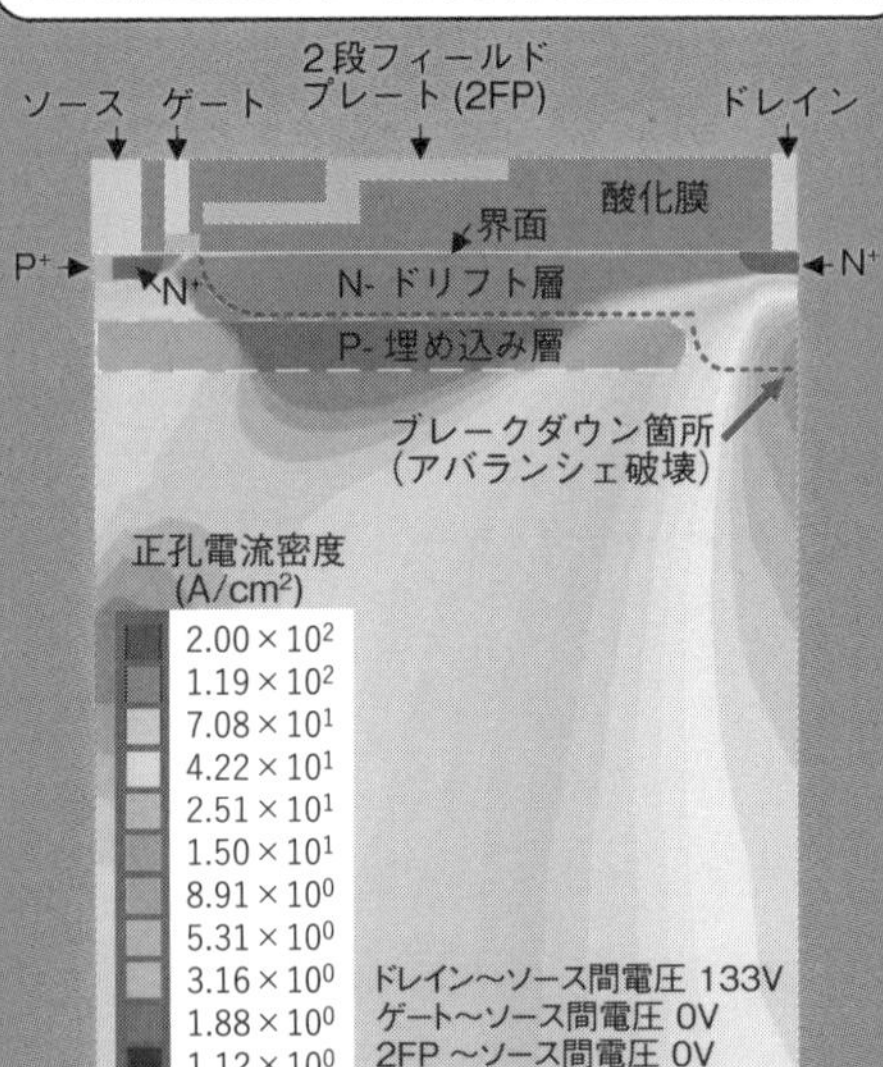

(注1)アドバンスソフト社の 3次元 TCADの中のデバイスシミュレータを使って著者が計算しました。
(注2)フィールドプレートを2段にし、N-ドリフト層下にP-埋め込み層を入れてRESURFを最適化してあります。(42項参照)
(注3)アバランシェ破壊を起こすと電子正孔対が発生し、正孔電流密度が高くなるので、その箇所がアバランシェ破壊箇所になります。この例では、ドレイン下方にその破壊箇所があります。RESURFを最適化してないと、アバランシェ破壊箇所がゲート側N-ドリフト端近傍にあり、耐圧が低く、アバランシェ発生後すぐにデバイス破壊に至る可能性があります。

シミュレーションでフィールドプレート形状とN-ドリフト下のP-埋め込み層でRESURFを最適化してあり、理想的なアバランシェ破壊箇所を得ております。このシミュレーション条件に基づいて試作すれば、シミュレーション結果に近い特性が得られます。

このようにTCADを使うと、試作の完成度は確実に上がるので、TCADはパワー半導体デバイス開発に必須のツールになっています。

第6章

低電圧スイッチングに使うパワーMOSFET

33 パワーMOSFETはどのように開発された？

パワーMOSFET開発の歴史

パワートランジスタとして、1970年代バイポーラトランジスタが主に使われていました。しかしながら、このトランジスタでは、電流駆動のため消費電力が大きく、高速スイッチング動作ができませんでした。これらを改善するために、ユニポーラデバイスである縦型のパワーMOSFETが1970年代中頃に開発されました。パワーMOSFETは電圧駆動のため、消費電力は低く、高速スイッチング動作が可能です。この当時、パワーMOSFETのスイッチング周波数は10～50kHzでした。現在、この縦型パワーMOSFETは動作電圧を200V程度以下にして広く使われています。

1990年代、集積デバイスのプロセスで用いたトレンチ技術（Si内に深い溝を作る技術）を用いて、トレンチゲートパワーMOSFET（U-MOSFET）が開発され、特性オン抵抗が低減しました。また、スイッチング周波数は1MHz程度まで上昇しました。

1990年代後半に、特性オン抵抗を低く維持して、耐圧を上げるために、スーパージャンクション（SJ）構造のパワーMOSFETが開発されました。これにより600Vの動作が可能になりました。

現在、ワイドギャップ半導体の4H-SiC MOSFETがすでに開発されており、これにより、1.2kV動作が可能になっています。

後続の項目で、MOSFETの基本構造（34項）と基本特性（35項）を説明後、パワーMOSFETの種類（36項）、オン抵抗（37項）を述べます。引き続き、スイッチングに影響する寄生容量（38項）、独特のスイッチング特性（39項）、スイッチングの失敗例（40項）を説明します。その後、スーパージャンクションMOSFET（41項）、集積型パワーMOSFET（42項）を述べ、最後に4H-SiC MOSFETについて解説します（43～46項）。

要点BOX

- パワーMOSFETは低消費、高速スイッチングを可能とする
- トレンチゲートとSJで特性改善

パワーMOSFETの開発

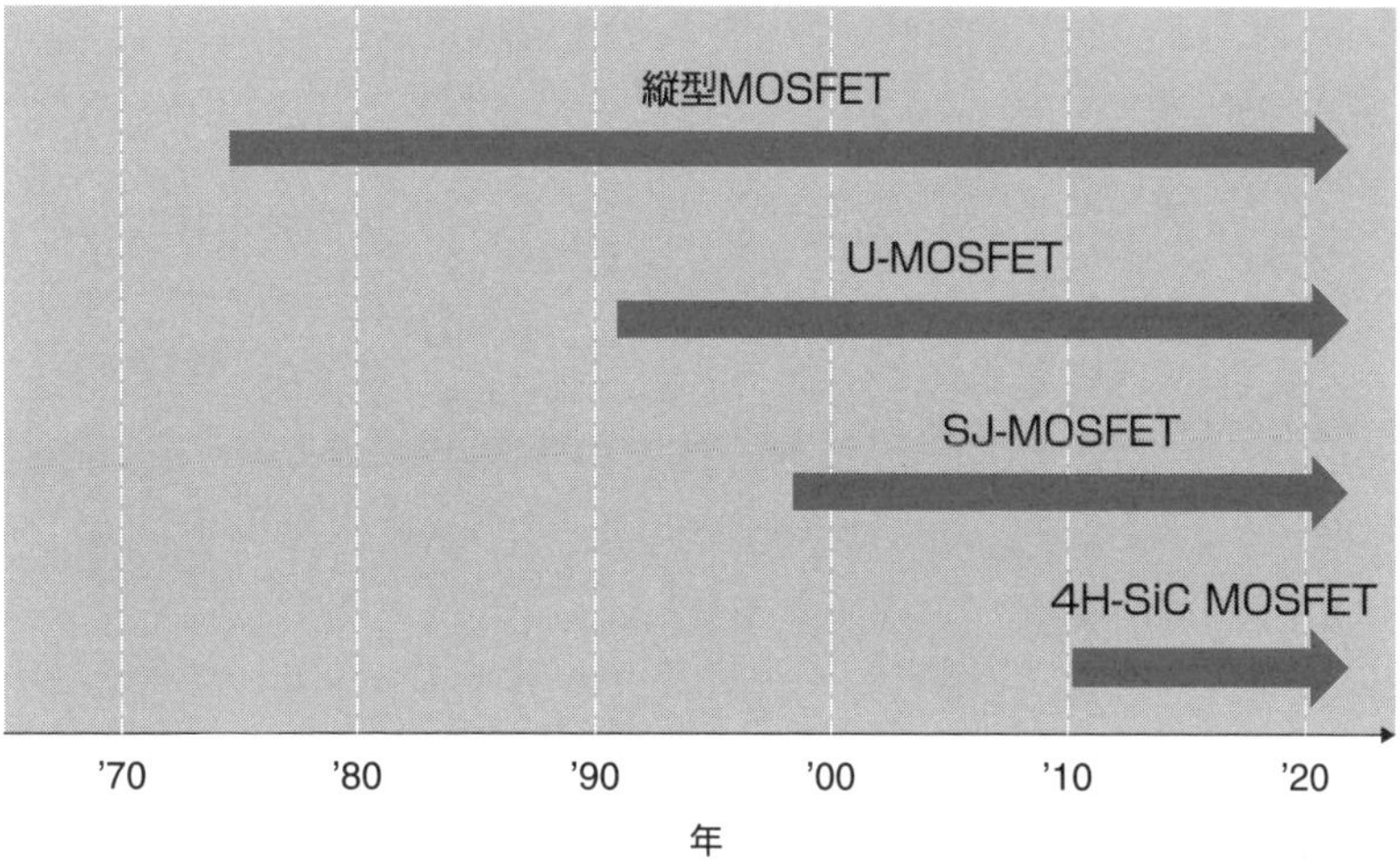

（注）縦型MOSFETは、D (Double Diffused)-MOSFETです（36項参照）。

MOSFET（Metal Oxide Semiconductor Field Effect Transistor）は絶縁ゲート電界効果トランジスタのことで、ゲート金属（現状ではN型多結晶シリコン）[注1]と半導体の間を酸化膜[注2]で絶縁しているトランジスタ構造。バイポーラトランジスタに比べてスイッチング速度が高く、低電圧（～200Vくらいまで）においてはオン抵抗も低いため、スイッチング電源等で広く一般的に使われています。

（注1）ゲートに金属を使ったのはMOSFETが開発された1970年代中頃までで、その後主に「N型多結晶シリコン」が使われています。最初、ゲートに金属を使ったので、その名前が残ったということです。
（注2）ゲートとその上の配線との間の酸化膜を一般に層間膜と言います。ゲートと基板間の酸化膜を一般にゲート酸化膜と言います。

34 MOSFETの基本構造は？

　MOSFETは、ゲート、ドレイン、ソース、基板の4端子からなるスイッチングデバイスですが、パワーデバイスとして使う場合、ソースと基板を接続し、3端子にして使います。ゲートが入力になり、ドレインが出力になります。ゲートと基板間には絶縁膜（ゲート酸化膜）があるため、ゲートから基板へ静的な電流は流れません。MOSFETには、Nチャネル型とPチャネル型がありますが、パワーデバイスとしては、Nチャネル型を使います。Nチャネル型の基板はP型で、ソースとドレインはN^+層になります。（Pチャネル型では、PとNが逆になります。）Nチャネル型は、ゲート電圧（ゲート～ソース間電圧）とドレイン電圧（ドレイン～ソース間電圧）が正で動作します（上図左）。

　Nチャネル型の基本動作（エンハンスメント型）を見てみましょう。ドレインに低い電圧が掛かった状態で、ゲート電圧をゼロから上昇させていきます。ゲート電圧がゼロではMOSFETはオフ状態にありますが、ゲート電圧がしきい値電圧以上になると、ゲート下の界面近傍に電子からなる層（Nチャネル反転層）が形成され、MOSFETはオン状態になって、ドレインからソースへ電流（ドレイン電流）が流れます。ドレイン電流は、ゲート電圧の上昇に伴いほぼ線形で上昇します。電子のみの電流が流れますから、MOSFETはユニポーラデバイスになります（上図右）。（ゲート電圧ゼロでオン状態にあるデプレッション型はパワーデバイスとしては使われません。）

　ゲート電圧を一定にしてドレイン電圧を上げていくと、ドレイン電流は、はじめ線形的に上昇しますが（線形領域）、やがて飽和します（飽和領域）。オン時の動作点は線形領域にあり、低いドレイン電圧で高いドレイン電流の箇所になります。オフ時の動作点は電流ゼロで高いドレイン電圧の箇所になります。スイッチングでこの2箇所が交互に行き来します。

要点BOX

- Nチャネルのエンハンスメント型MOSFETをパワーデバイスに使う
- しきい値電圧以上でMOSFETはオン状態

NチャネルMOSFETの断面図

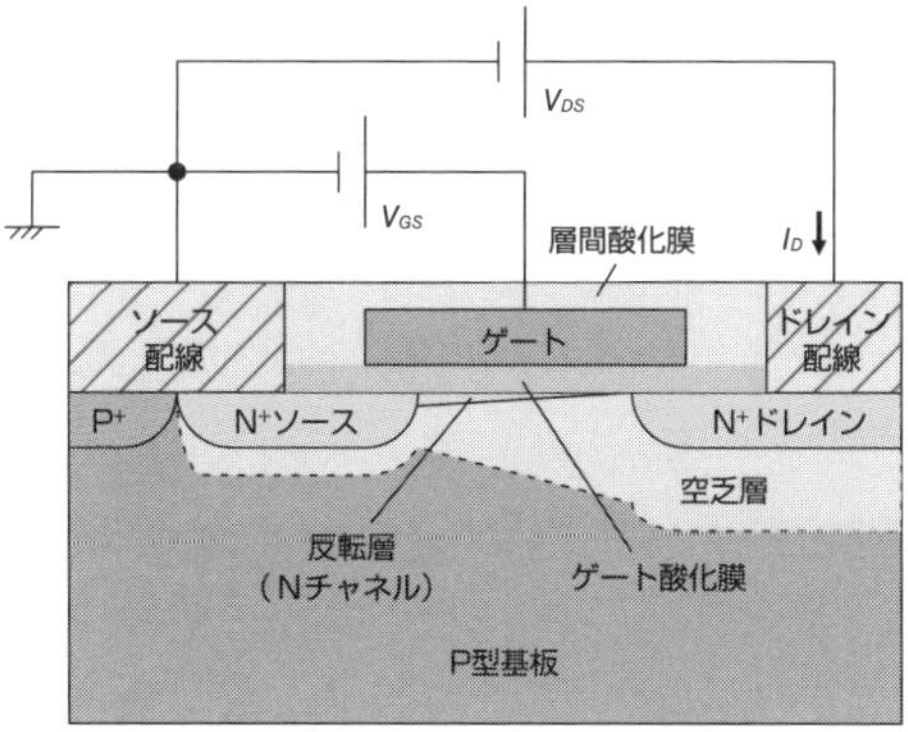

V_{GS}:ゲート～ソース間電圧
V_{DS}:ドレイン～ソース間電圧
I_D: ドレイン電流

集積回路上で使われるNチャネルMOSFETの記号

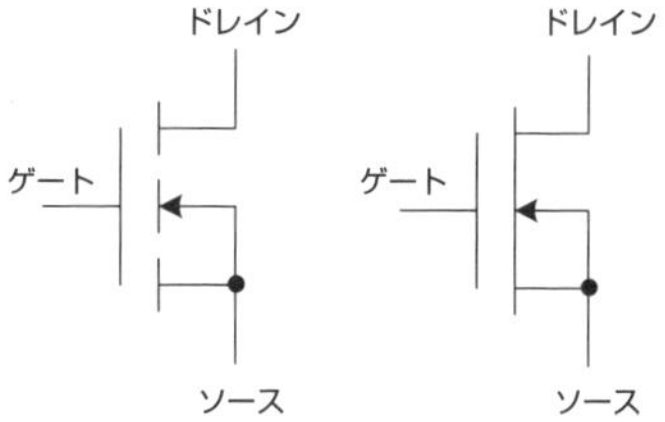

エンハンスメント型
（ノーマリオフ
⇒ゲート電圧ゼロでオフ）

デプレッション型
（ノーマリオン
⇒ゲート電圧ゼロでオン）

パワーデバイスでは、エンハンスメント型が使われます。

I_D ーV_{GS} 特性（線形動作）

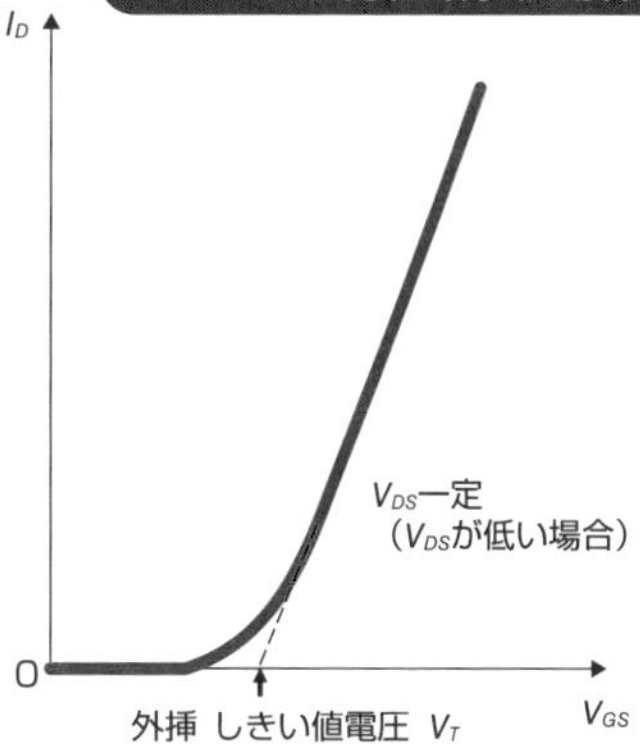

図のそれぞれの記号の左側ゲートの引き出し線は、図のように真中に付いても下側でもどちらでもよい。下側に付くものは、パワーMOSFETではゲートの引出し電極がチップの端にあるので、それをイメージしたらしい。集積回路の中で使われるMOSFETの記号では、この引出し線は真中にある。

I_D ーV_{DS} 特性

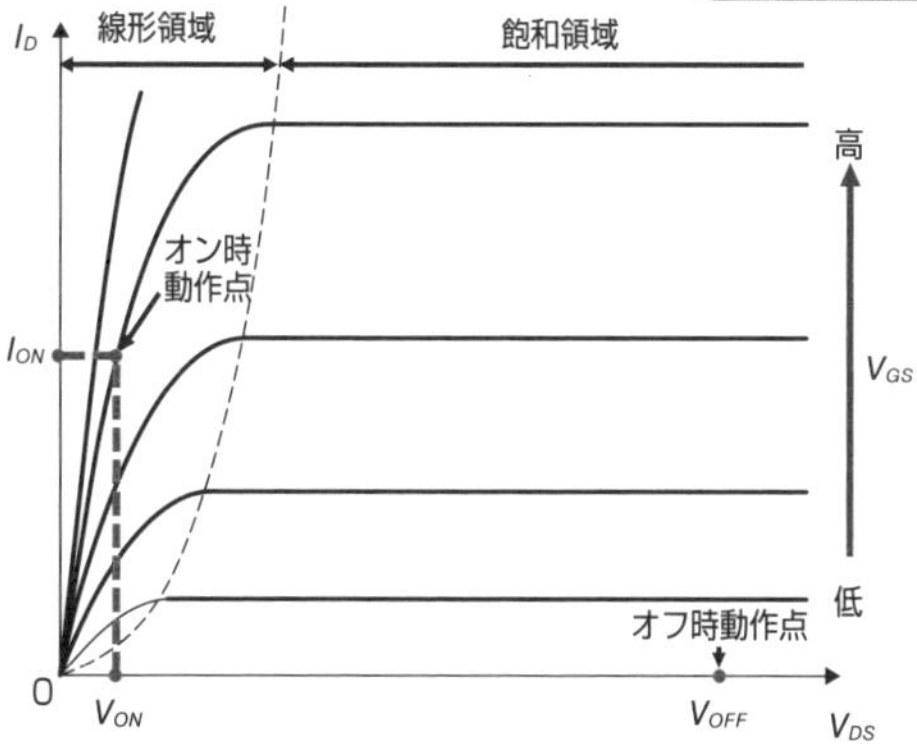

I_{ON} ：オン時のドレイン電流
V_{ON} ：オン時のドレイン電圧
V_{OFF}：オフ時のドレイン電圧（ドレインへの供給電圧）

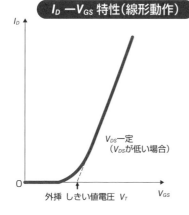

35 パワーMOSFETの基本特性は何？

しきい値電圧とチャネル抵抗

パワーMOSFETの静的な電気特性を決める重要なパラメータに、しきい値電圧とチャネル抵抗があります。

まず、NチャネルMOSFETのしきい値電圧を考えてみましょう。ゲート電圧（ゲート～ソース間電圧）をゼロ、ドレイン電圧（ドレイン～ソース間電圧）をゼロ、基板電圧（基板～ソース間電圧）をゼロとした場合、ソース～基板間とドレイン～基板間には、拡散電位が掛かっており、これによる空乏層①が形成されます。また、ゲート～基板間にもゲートと基板の材料に違いによる内部電位が発生しており、主にこれによって空乏層②がゲート酸化膜と基板との界面から基板領域側に形成されます。この状態で、ゲート電圧を上げていくと、空乏層①は変わりませんが、空乏層②は基板側に延びていきます。ゲート電圧がしきい値電圧に到達すると、界面近傍に電子の層（反転層）が形成され、ソースとドレインが繋がり（スイッチオン開始）、空乏層②の延びはほぼ止まります。パワーMOSFETのしきい値電圧は、動作電圧100Vクラスでは通常2V程度であり、動作電圧600Vクラスでは通常3V程度に上昇します。

次に、チャネル抵抗について考えてみましょう。ゲート電圧がしきい値電圧より高くなると、反転層の電子密度はゲート電圧に比例して上昇していきます。つまり、ゲート電圧の上昇に伴ってチャネル抵抗は低下していきます。ゲート電圧を動作電圧まで印加すると、チャネルのシート抵抗は、通常3～5kΩ／□になります。導通時の損失低減のためにはチャネル抵抗低減が必要です。薄いゲート酸化膜でチャネルシート抵抗を下げるとチャネル抵抗を低減できますが、これには信頼性上の観点から下限があります。短いゲート長はチャネル抵抗低減に寄与しますが、これも信頼性上の観点から下限があります。通常、広いゲート幅でチャネル抵抗を低減します。

要点BOX

●動作電圧上昇に伴いしきい値電圧は高くなる
●広いゲート幅でチャネル抵抗を低減

しきい値電圧印加時の反転層形成

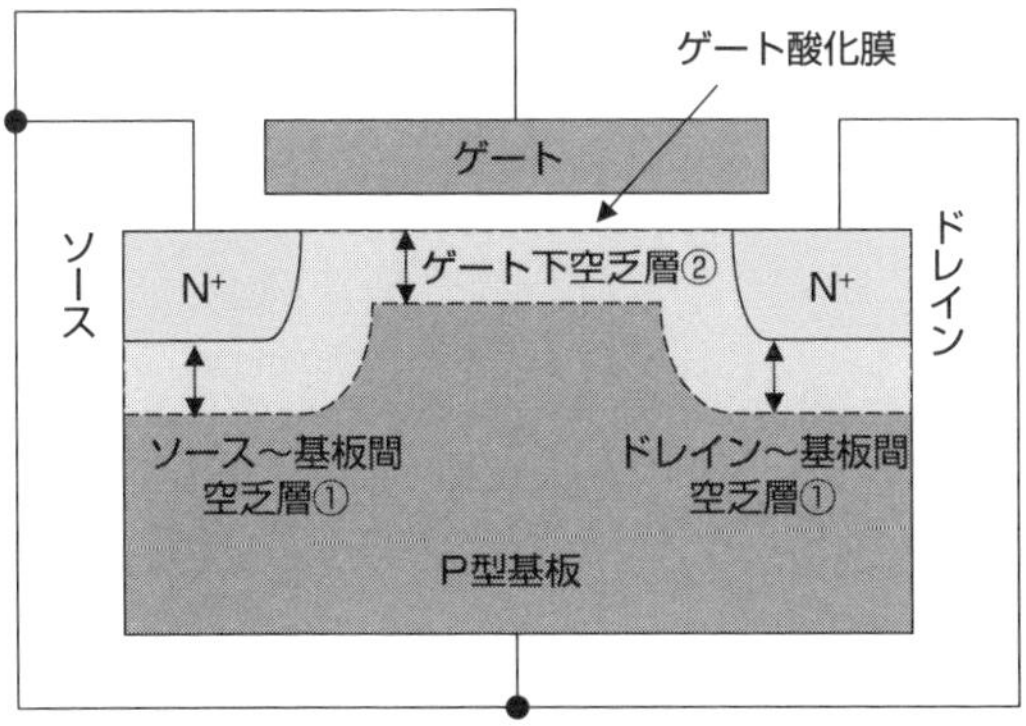

ゲート電圧ゼロの場合

(注1)空乏層①は拡散電位によって形成されます。
(注2)空乏層②は主にゲートと基板の材料の違いによって形成されます。

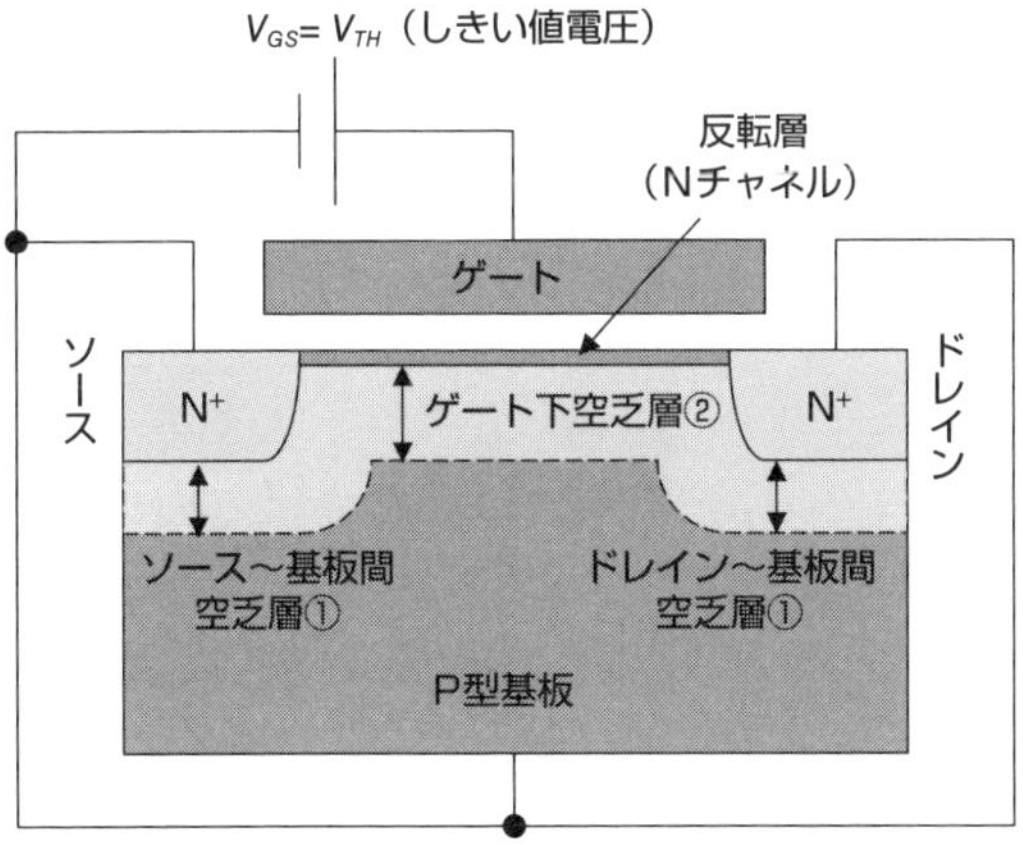

ゲートにしきい値電圧を印加した場合

(注3)ゲート電圧をゼロから上昇させていくと、ゲートに電荷+Q_1が溜まり、ゲート下の空乏層②が延びてその層に電荷−Q_1が溜まります。ゲート電圧がしきい値電圧に達すると、空乏層②の延びははほぼ止まり、反転層が形成されます。ゲート電圧がしきい値電圧より高くなると、空乏層②は延びず、ゲート電圧の高くなった分、ゲートに電荷+Q_2が溜まり、反転層に電荷−Q_2が溜まります。

チャネル抵抗を低減する方法

(1)ゲート酸化膜厚を薄くする
　(ゲート酸化膜厚を薄くし過ぎると長期動作で酸化膜破壊に繋がるため、この信頼性確保の観点から下限あり)
(2)ゲート長(チャネル長)を短くする
　(チャネル長を短くし過ぎると、長期動作でしきい値電圧を含む特性が変化し、実質的にチャネル抵抗が増大するため、この信頼性確保の観点から下限あり)
(3)ゲート幅(チャネル幅)を広くする
　(信頼性上の問題はないが、寄生容量が増える(38項参照))

(注)ゲート長はソースからドレイン方向のゲートの長さです。
ゲート幅はゲート長の方向に直交するする方向のゲートの長さです。

36 MOSFETをパワー化するにはどうする？

パワーMOSFETの種類

通常のMOSFETのドレイン側チャネル端からドリフト領域(不純物ドーピング濃度の低い領域)を設けてドレイン電極に繋ぐと、その領域に高電圧が掛かるようになり、MOSFETを高耐圧にしてパワー化できます。

この構造のパワーMOSFETには、縦型の①D(Double-diffused)-MOSFETと②U-MOSFET、横型の③LD(Lateral Double Diffused)MOSFET(FETを省略して簡単にLDMOSとも言います)の3種類があります。

縦型のパワーMOSFETは個別型(デバイス単体で使用)であり、デバイス表面側にゲートとソース電極があり、ドリフト領域、N$^+$(高濃度N型)基板を経て裏面側にドレイン電極があります。電流はデバイスの縦方向(図の矢印)に流れます。D-MOSFETは、N$^+$ソースとP$^-$ベースが二重拡散で作製されます。二重拡散では、N$^+$ソースとP$^-$ベースへの各不純物を1つのマスクでイオン注入し、高温で同時に拡散します。この時、各不純物の拡散係数の違いからP$^-$ベース長(チャネル長)が決まります。この構造では、チャネルが表面にできます。また、この構造では、電流がP$^-$ベース間(J(Junction)-FET)を通過しなければならなく、抵抗の増加になります。一方、U-MOSFETでは、ゲートがトレンチ構造になっており、チャネルがゲート側壁にできます。このため、この構造では、JFETはできなく、U-MOSFETのオン抵抗はD-MOSFETのものより低下します。

横型のLDMOSは集積型(集積回路の中で使用)であり、個別型に比べると、低パワーになります。ソース、ゲート、ドレインの各電極は全て表面側にあります。したがって、チャネルとドリフト領域は表面に形成され、電流はデバイス表面を横方向に流れます。

要点BOX
- ●MOSFETにドリフト領域を設けると、高耐圧にしてパワー化できる
- ●個別使用の縦型と集積使用の横型がある

各種のNチャネルパワーMOSFETの断面

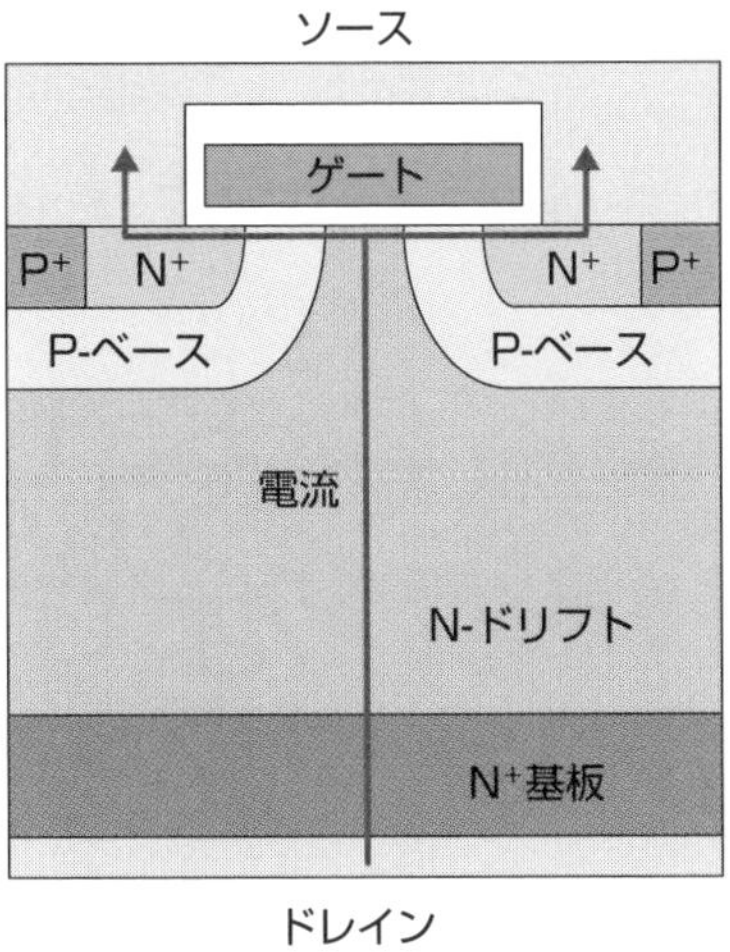

(a) D-MOSFET（縦型）
（個別デバイス）

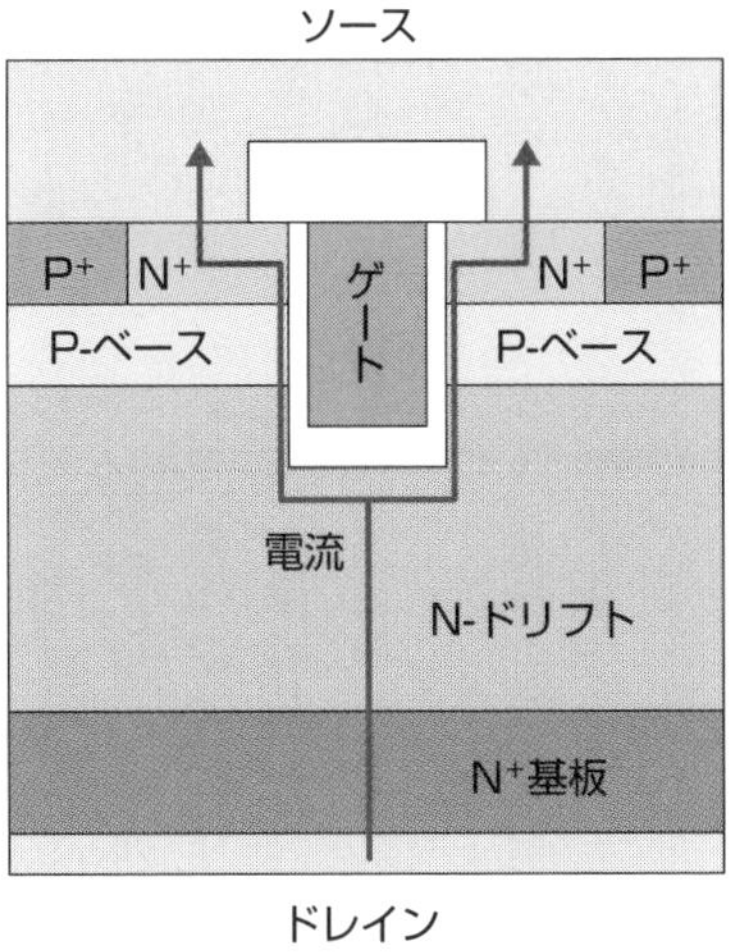

(b) U-MOSFET（縦型）
（個別デバイス）

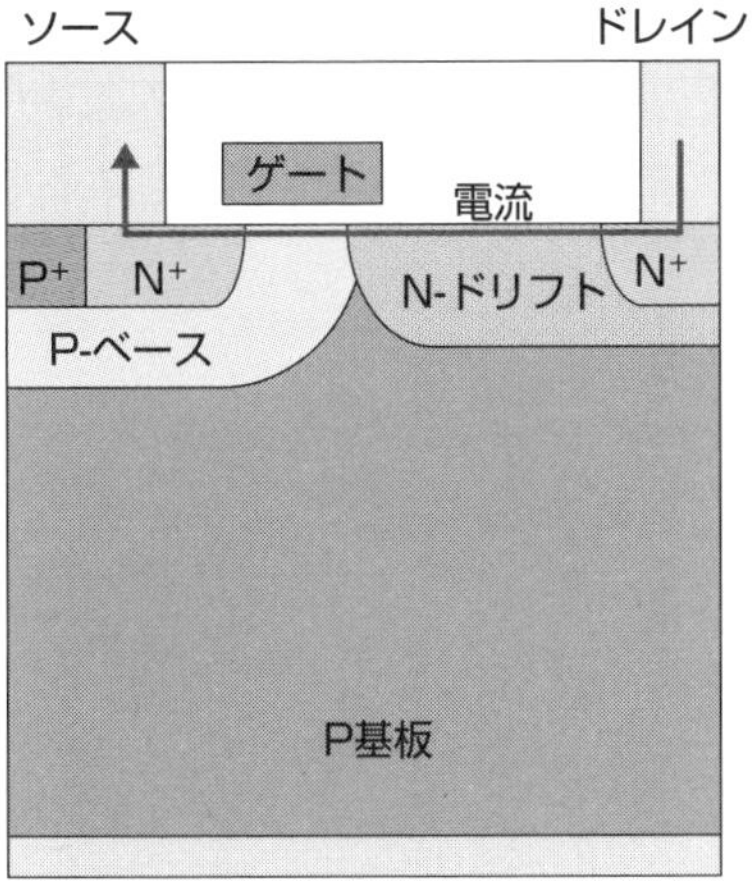

(c) LDMOS（横型）
（集積デバイス）

37 パワーMOSFETのオン抵抗はどのような成分からなる?

特性オン抵抗の成分

オン抵抗成分は、パワーMOSFETの電流経路に依存して決まります。これを調べてみましょう。

D-MOSFETでは、ドレイン電極からの電流は、①ドレイン・コンタクト抵抗、②基板抵抗、③ドリフト抵抗、④JFET抵抗、⑤蓄積抵抗、⑥チャネル抵抗、⑦ソースN^+抵抗、⑧ソース・コンタクト抵抗を介して、ソース電極へ流れます。蓄積抵抗は、オン時のゲート電圧により表面に電子が蓄積されることにより発生します。この構造では、1セルがゲート中心に対して対称なので、特性オン抵抗は、⑤～⑧までの抵抗の直列接続を並列接続し、それに①～④までの抵抗を直列接続した全抵抗に1セル面積を掛けたものになります。

U-MOSFETでは、ドレイン電極からの電流は、①ドレイン・コンタクト抵抗、②基板抵抗、③ドリフト抵抗、④蓄積抵抗、⑤チャネル抵抗、⑥ソースN^+抵抗、⑦ソース・コンタクト抵抗を介して、ソース電極へ流れます。この構造では、JFETの抵抗が存在しません。特性オン抵抗は、D-MOSFETと同様に、④～⑦までの抵抗の直列接続を並列接続し、それに①～③までの抵抗を直列接続した全抵抗に1セル面積を掛けたものになります。

LDMOSでは、ドレイン電極からの電流は、①ドレイン・コンタクト抵抗、②ドリフト抵抗、③チャネル抵抗、④ソースN^+抵抗、⑤ソース・コンタクト抵抗を介して、ソース電極へ流れます。この構造では、U-MOSFETに対して、基板抵抗と蓄積抵抗がありません。特性オン抵抗は、①～⑤までの抵抗を直列接続した全抵抗に1セル面積を掛けたものになります(数式は**下図**参照)。いずれのパワーMOSFETにおいても、高耐圧になるほどドリフト領域の抵抗成分が増大します。これによりオン電圧が上昇するので、通常構造のパワーMOSFETでは最大動作電圧は200V程度になります。

要点BOX

- U-MOSFETにはJFETがないので、D-MOSFETよりオン抵抗が低下
- 高耐圧ではドリフト領域の抵抗成分が増大

D-MOSFETのオン抵抗

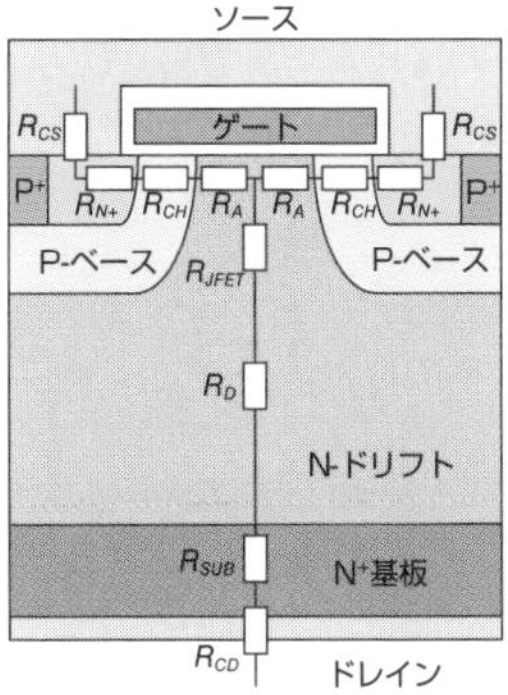

U-MOSFETのオン抵抗

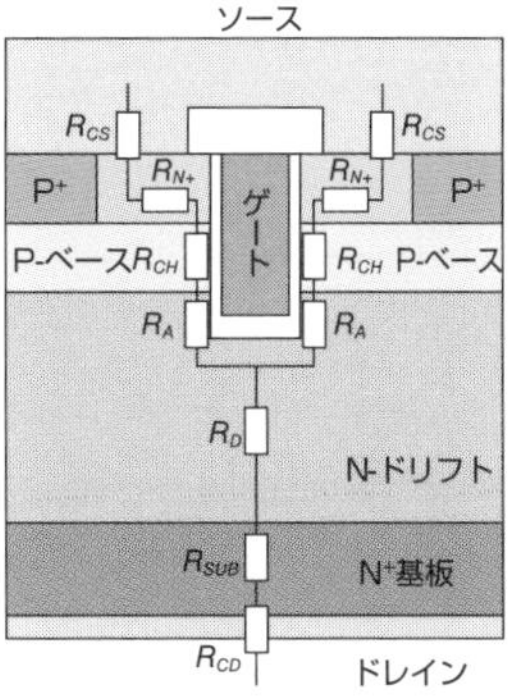

LDMOSのオン抵抗

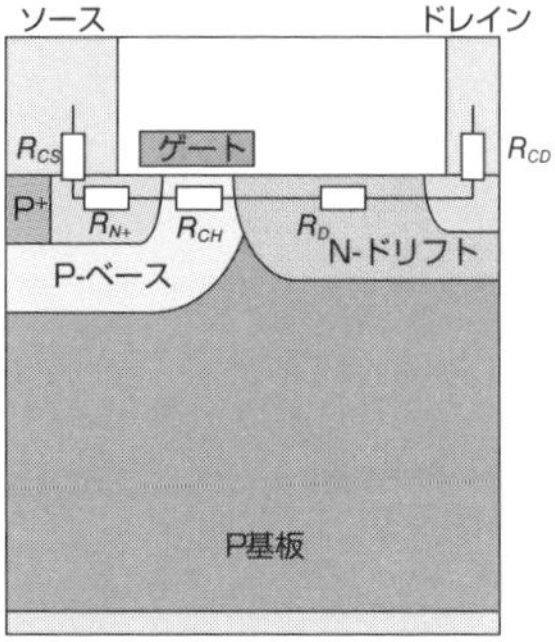

●D-MOSFETの特性オン抵抗 $R_{ON_SP_D}$

$$R_{ON_SP_D} = [(R_{CS} + R_{N+} + R_{CH} + R_A)/2 + R_{JFET} + R_D + R_{SUB} + R_{CD}]\,A$$

●U-MOSFETの特性オン抵抗 $R_{ON_SP_U}$

$$R_{ON_SP_U} = [(R_{CS} + R_{N+} + R_{CH} + R_A)/2 + R_D + R_{SUB} + R_{CD}]\,A$$

●LDMOSの特性オン抵抗 $R_{ON_SP_L}$

$$R_{ON_SP_L} = (R_{CS} + R_{N+} + R_{CH} + R_D + R_{CD})\,A$$

R_{CS} ：ソース・コンタクト抵抗
R_{N+} ：ソースN^+抵抗
R_{CH} ：チャネル抵抗
R_A ：蓄積抵抗
R_{JFET}：JFET抵抗
R_D ：ドリフト抵抗
R_{SUB}：基板抵抗
R_{CD} ：ドレイン・コンタクト抵抗
A ：1セル面積

38 パワーMOSFETの寄生容量にはどのようなものがある?

寄生容量の成分

パワーMOSFETのゲートは酸化膜(絶縁膜)によりソース及びドレインと絶縁されているため、寄生容量が存在します。また、ドレインと接続しているN-ドリフトは、縦型ではソースと接続しているP-ベース(横型ではP-基板)とPN接合しているため、寄生容量が存在します。これらの**寄生容量を各電極から見た場合**、**①ゲート～ソース間容量C_{GS}**、**②ドレイン～ソース間容量C_{DS}**、**③ゲート～ドレイン間容量C_{GD}**があります(上図左)。ゲート～ソース間容量は、その容量に印加される電圧に依存しません。ドレイン～ソース間容量は、縦型ではP-ベース/N-ドリフト(横型ではP-基板/N-ドリフト)のPN接合容量になり、電圧依存性を持ち、ドレイン電圧の上昇に伴って低下します。ゲート～ドレイン間容量は、縦型では酸化膜容量とドリフト内に形成される空乏層容量の直列接続になって電圧依存性を持ち、ドレイン電圧の上昇に伴って低下します。横型ではこの容量は、電圧依存性を持ちません。

MOSFETをスイッチング動作させた場合、寄生容量を入力側から見てみます。**入力容量C_{iss}**は、**C_{GS}とC_{GD}の和になり、スイッチングの遅延時間に影響**します。C_{iss}が大きいと、遅延時間が長くなります。寄生容量を出力側から見ると、**出力容量C_{oss}**は、**C_{DS}とC_{GD}の和になり、ターンオフ特性に影響**します。C_{oss}が大きいと、ドレイン電圧の立ち上りが低下してノイズ抑制に有利ですが、軽負荷時(出力抵抗が大きい場合)には、特にこの特性に影響し、ターンオフ時間が長くなり、スイッチング損失が増大します。寄生容量のC_{GD}は、帰還容量C_{rss}になります。**C_{rss}はターンオン(またはターンオフ)時のスイッチングに影響**します。C_{rss}が大きいと、ドレイン電圧の立ち下がり(または立ち上がり)が緩やかになり、スイッチング損失が増大します。

要点BOX

- 寄生容量には、C_{GS}、C_{DS}、C_{GD}がある
- C_{iss}はC_{GS}とC_{GD}の和、C_{oss}はC_{DS}とC_{GD}の和、C_{rss}はC_{GD}

パワーMOSFETの寄生容量

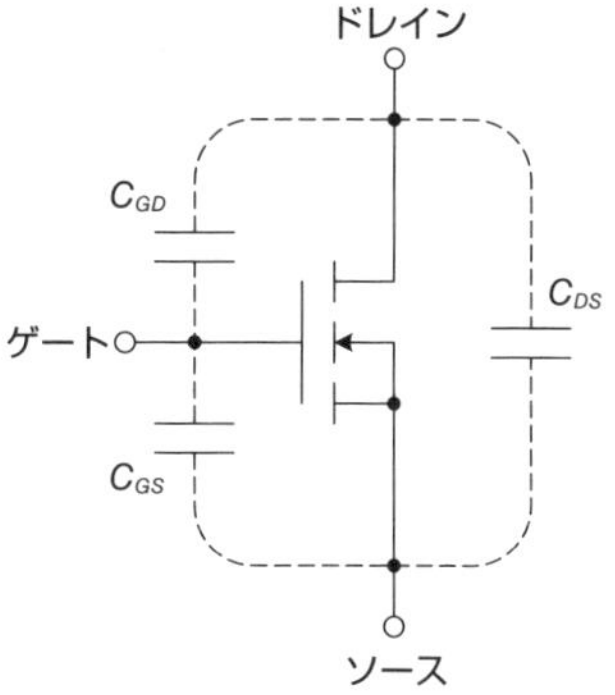

C_{GS}:ゲート〜ソース間容量
C_{GD}: ゲート〜ドレイン間容量
C_{DS}: ドレイン〜ソース間容量
入力容量　C_{iss}: $C_{GS} + C_{GD}$
出力容量　C_{oss}: $C_{DS} + C_{GD}$
帰還容量　C_{rss}: C_{GD}

D-MOSFET(縦型)の寄生容量

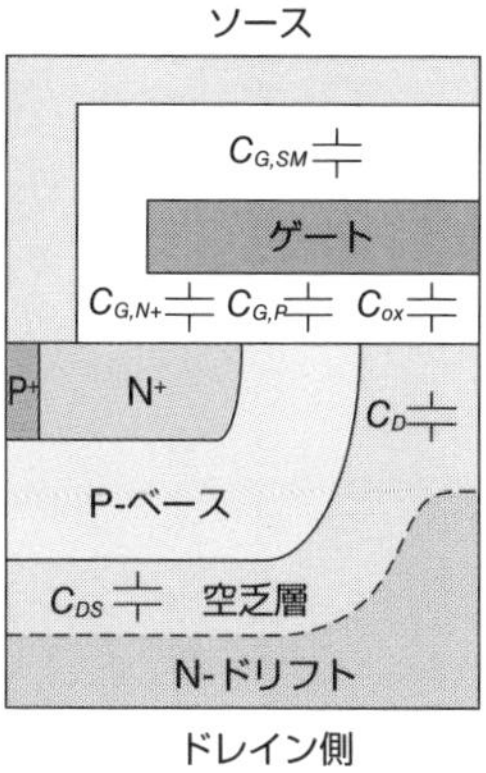

$C_{G,SM} = C_{S,M} + C_{G,N+} + C_{G,P}$
($C_{G,SM}$、$C_{G,N+}$、$C_{G,P}$の並列接続容量)

$C_{G,SM}$: ゲート〜ソースメタル間容量
$C_{G,N+}$: ゲート〜ソースN+間容量
$C_{G,P}$: ゲート〜P-ベース間容量

$$C_{GD} = \frac{C_{OX}C_D}{C_{OX} + C_D}$$

(C_{ox}とC_Dの直列接続容量:
D-MOSFETとU-MOSFET)
C_{ox}: ゲート酸化膜容量
C_D: 空乏層容量(ゲート酸化膜下)

U-MOSFET(縦型)の寄生容量

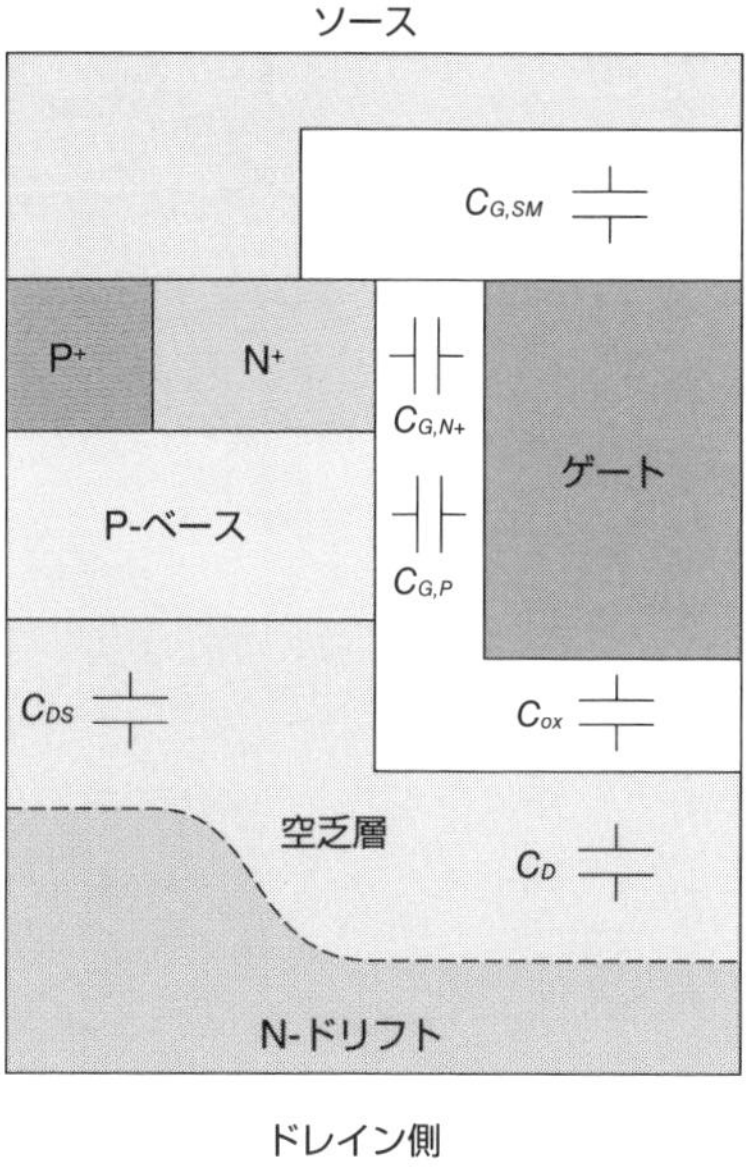

LDMOS(横型)の寄生容量

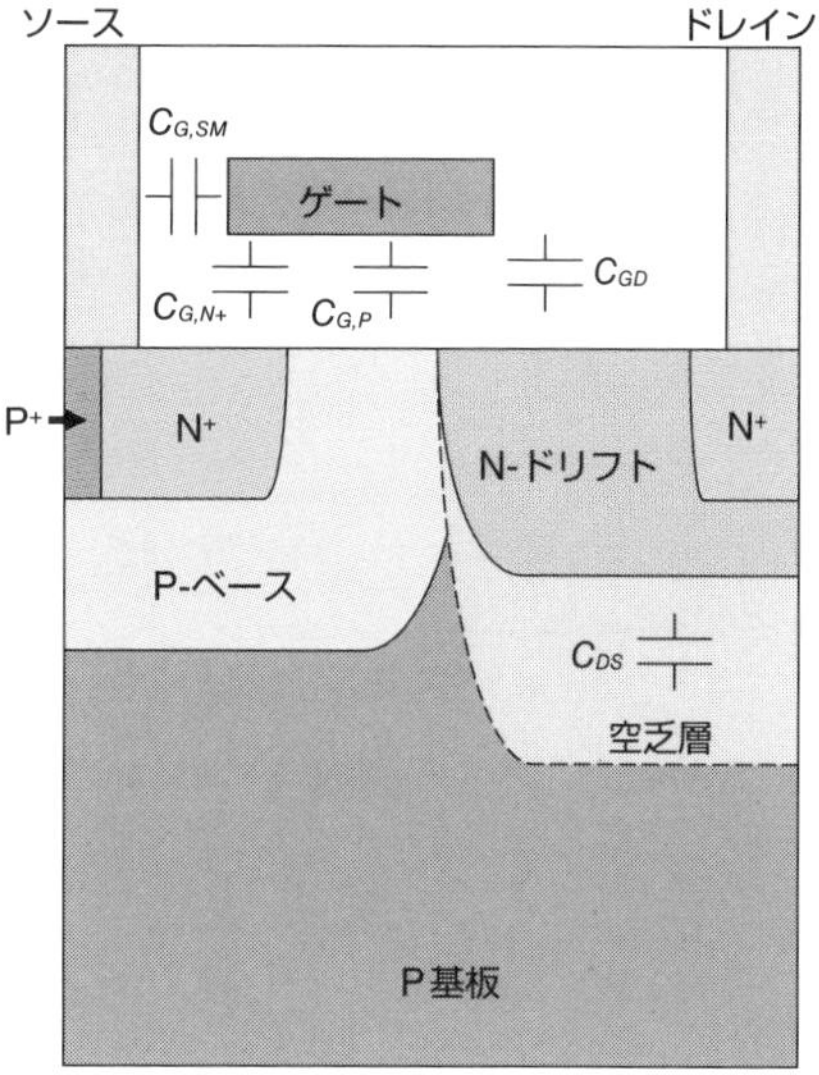

39 パワーMOSFETのスイッチングはスムーズなの？

誘導負荷を持つパワーMOSFETに定電流を入力した場合のスイッチング特性を考えてみましょう。最初に、スイッチSをオンからオフ（MOSFETオン）にして、誘導負荷Lに電流を流し、所定の電流に達した時点でSをオフからオン（MOSFETオフ）に切り替えます。その時、FWD（Free Wheeling Diode）がオンし、一定の還流電流がLとFWDに流れます。この状態でMOSFETのスイッチング（ターンオン過程）を考えます（上図）。

時刻t_0でSをオンからオフに切り替え、ゲートに定電流I_Gを流します。t_0〜t_1の期間にI_Gは入力容量C_{iss}を充電し、ゲート電圧v_Gは線形で上昇します。時刻t_1でv_{GS}がしきい値電圧に達すると、パワーMOSFETはオンします。

t_1〜t_2の期間にI_Gは引き続きC_{iss}を充電して、v_{GS}は上昇します。この間ドレイン電流i_Dは上昇し、還流電流に達しますが、FWDがオン状態にあるためドレイン電圧v_{DS}は低下しません。

t_2〜t_3の期間にv_{GS}は還流電流に対応して平坦（ゲートプラトー）になります（下図）。また、i_Dが還流電流に到達したので、FWDがオフになり、v_{DS}が供給電圧V_Sからオン電圧V_{ON}まで低下します。この間I_Gは帰還容量C_{rss}に流れ込み、C_{rss}を放電します。また、v_{DS}の低下によるドレイン〜ソース間容量C_{DS}の放電も同時に起こります。したがって、この期間に出力容量C_{oss}の放電が起こります。

t_3〜t_4の期間にI_GがC_{iss}を再度充電して、v_{GS}が上昇し、時刻t_4でv_{GS}は動作電圧V_{GS}に到達します。t_0〜t_4の全ターンオン期間にI_Gが充電した全ゲート電荷はQ_Gになります。

前記のゲートプラトーは、ターンオフ過程にも同様に発生します。ゲートプラトー期間の消費電力は大きいので、出力容量を小さくして、この期間を短縮する必要があります。

要点BOX

- ターンオン（オフ）過程のゲートプラトー期間にC_{oss}の放電（充電）が起こる
- ゲートプラトー期間の消費電力は大きい

定電流印加のスイッチング回路

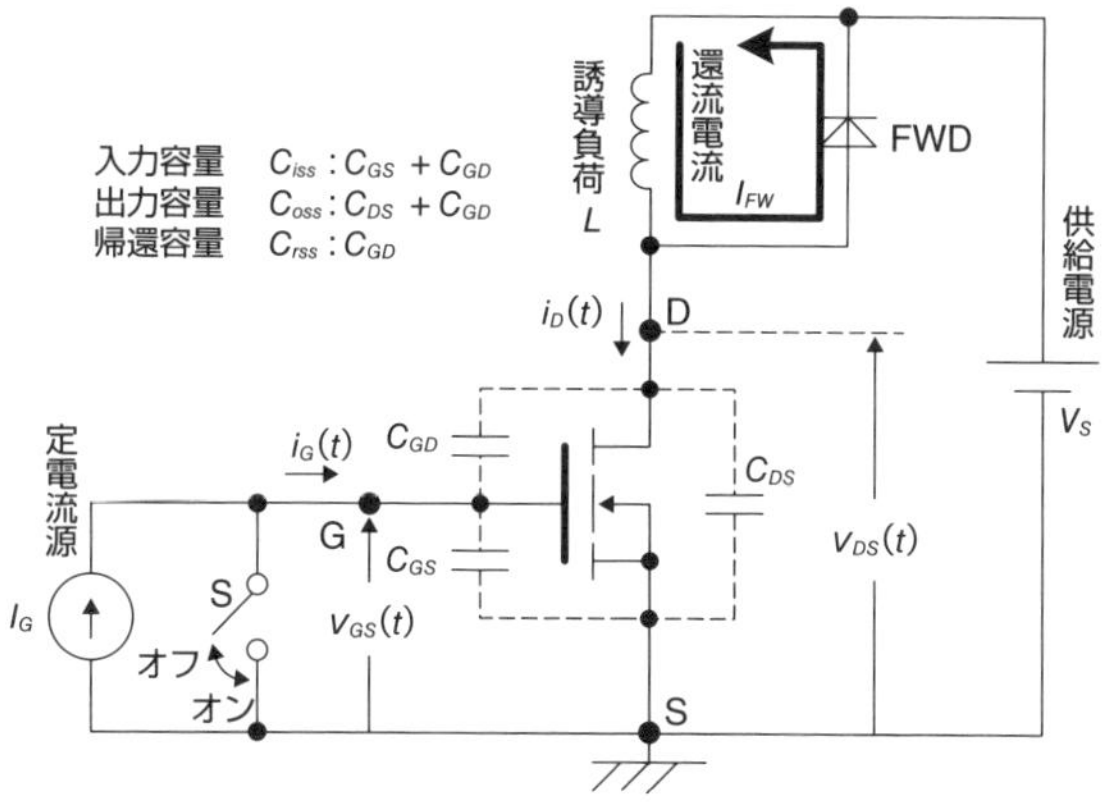

（注1）ゲート～ソース間にツェナーダイオード（定電圧ダイオード）を入れ、ゲートへの定電流印加により、ゲート電圧がある電圧以上にならないようにします。
（注2）FWDはPiNダイオードまたはショットキーバリアダイオードからできています。

定電流印加時のスイッチング波形

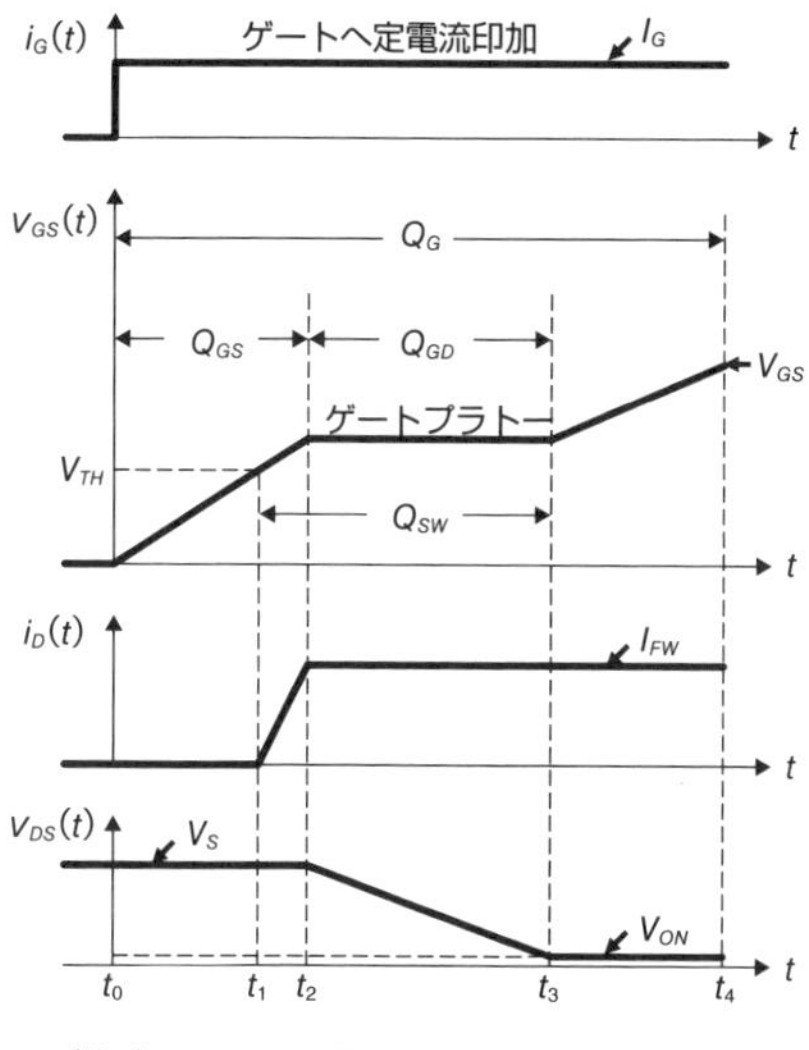

（注1）t ＝ t_2～t_4の間、Lに電圧が掛かりi_Dは上昇しますが、ターンオンの短期間では、i_D はほぼ一定と見なせます。
（注2）I_Gに時間 t を掛けたものは電荷になります。

ゲートプラトーのほとんどの期間でMOSFETは飽和状態にあります。この状態では、ドレイン電圧v_{DS}の変化に関係なく、ドレイン電流i_Dによりゲート電圧v_{GS}が決まります（34項参照）。つまり、i_Dが一定なのでv_{GS}がプラトーになります。

Q_{GS} ： ゲート電荷
Q_{GD} ： ゲート・ドレイン電荷
Q_{SW} ： ゲート・スイッチング電荷
Q_G ： 全ゲート電荷

40 高速スイッチングでターンオフに失敗することがあるの？

高dV_D/dtによる誤動作

簡単な降圧型DC-DCコンバータにスイッチとして用いられているMOSFETのターンオフの失敗（誤動作）事例を見てみましょう。

降圧型DC-DCコンバータは、入力電圧に対し出力電圧を低下（降圧）させます。制御MOSFETがオンの時、同期整流MOSFETはオフになり、入力からのエネルギーをコイルに溜めます。制御用MOSFETがオフの時、同期整流MOSFETはオンになり、コイルに溜まったエネルギーを出力します。これを繰り返すと、入力電圧に時比率を掛けた（降圧した）出力電圧が得られます。ここで、制御MOSFETと同期整流MOSFETが同時にオンすると、入力電源が短絡してデバイス破壊に至る可能性があるので、それらが同時オンしないようにデッドタイムが設けられています。

いま、同期整流MOSFETがオフ（デッドタイム中）で制御MOSFETがオンする時、制御MOSFETのスイッチングが高速で行われ、同期整流MOSFETのドレイン電圧の立ち上がりが急峻になる場合（高dV_D/dt）を考えてみます。**ゲート抵抗が大きい場合**、ドレイン電圧の立ち上がりによるドレイン電流は、C_{GD}からC_{GS}へ流れます（電流経路①）。この時、ゲート電圧が持ち上がり、ゲート電圧がしきい値電圧を超えると同期整流MOSFETはオフからオンに変わり誤動作します。**誤動作を回避するには、C_{GS}に対するC_{GD}の比を小さくすることが必要です。**また、**ゲート抵抗が小さい場合**には、ドレイン電流は、C_{GD}からゲートへ流れます（電流経路②）。この場合、ゲート抵抗によりゲート電圧が持ち上がり、ゲート電圧がしきい値電圧を超えると、電流経路①の場合と同様に同期整流MOSFETは誤動作します。これを避けるには、**C_{GD}を小さくして（インピーダンスを大きくして）C_{GD}に電流が流れ込まないようにします。**

要点BOX

●高dV_D/dtによる誤動作を抑制するには、R_G大ではC_{GD}/C_{GS}を小さく、R_G小ではC_{GD}を小さくする

降圧DC-DC動作

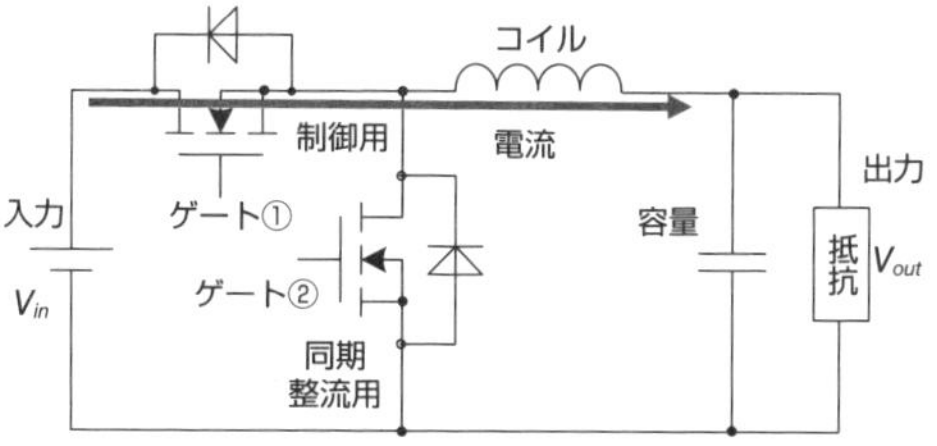

(a) T_{ON} 期間

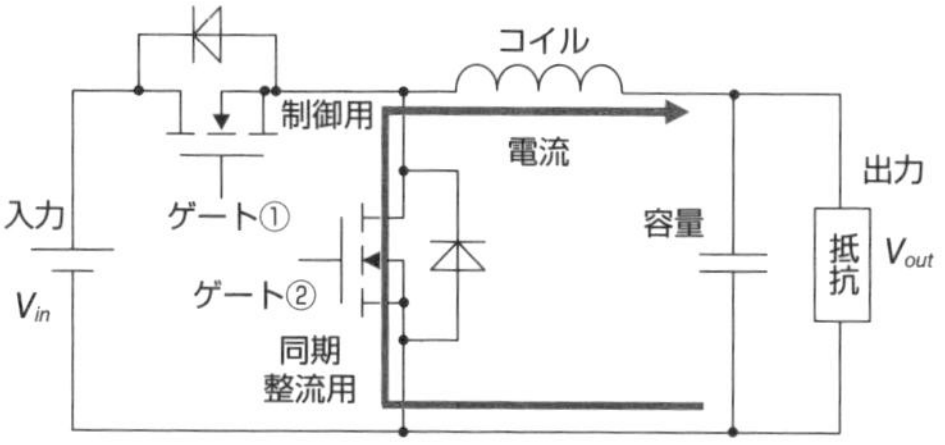

(b) T_{OFF} 期間

降圧DC-DC動作の制御信号

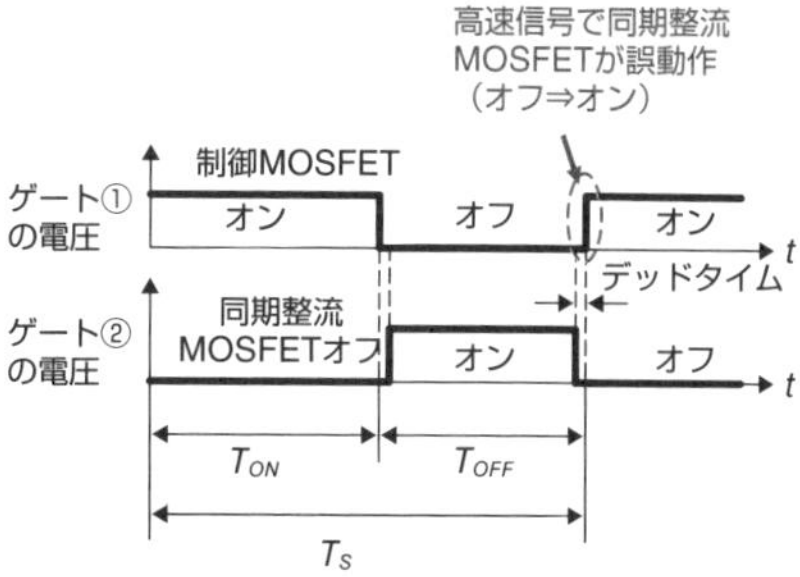

T_{ON} ：制御MOSFETのオン時間
T_{OFF}：制御MOSFETのオフ時間
T_S ：制御MOSFETの周期

(注)制御用と同期整流用のMOSFETがどちらもオフの場合、コイルを流れる電流は同期整流用MOSFETに並列接続されているダイオード(還流ダイオード)を流れます。

制御MOSFET高速ターンオンによる同期整流MOSFETの誤動作

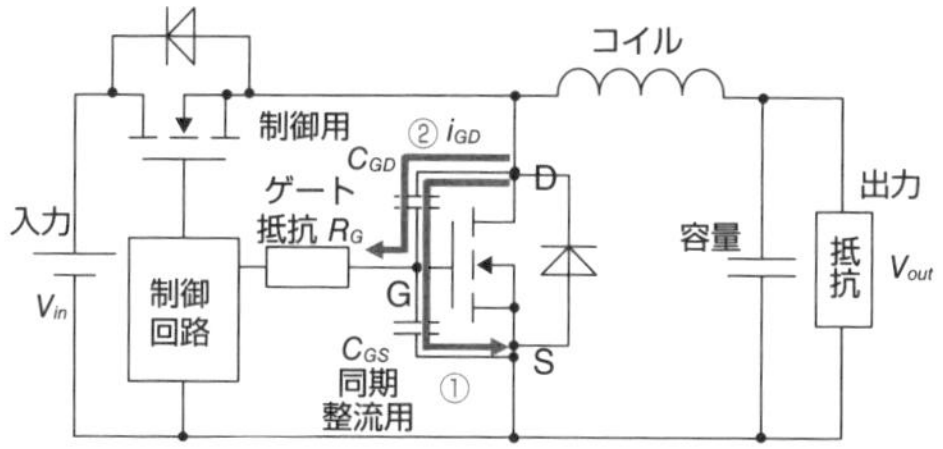

(1)ゲート～ソース間容量のインピーダンス ≪ ゲート抵抗 R_G

電流経路①の電流が流れる

⇒ゲートに誘起される最大電圧 $V_{G,MAX} = \dfrac{C_{GD}}{C_{GD}+C_{GS}} V_{in}$

⇒ $V_{G,MAX} > V_{TH}$ の場合、同期整流MOSFET誤動作（オフ⇒オン）

誤動作の回避 ⇒ C_{GD}/C_{GS}の低減

(2) ゲート～ソース間容量のインピーダンス ≫ ゲート抵抗 R_G

電流経路②の電流が流れる

⇒ゲートに誘起される電圧 $V_G = R_G i_{GD} = R_G C_{GD}\left(\dfrac{dV_D}{dt}\right)$

⇒ $V_G > V_{TH}$ の場合、同期整流MOSFET誤動作（オフ⇒オン）

誤動作回避 ⇒ C_{GD}の低減　　　V_{TH}：しきい値電圧

41 さらに高耐圧にするにはどうする？

スーパージャンクション

従来型パワーMOSFETでは、特性オン抵抗―耐圧の特性に関し、シリコンリミットが限界でした。この限界を超える構造を考えます。

従来型パワーMOSFETのP-ベースから縦（深さ）方向にP-ドリフト領域をN-バッファ層まで設けると、それは**スーパージャンクション（SJ）-MOSFET**になります。オフ状態にあるSJ-MOSFETのドレイン電圧を上昇させていった場合の空乏領域の広がりを見てみます。ドレイン電圧が低い段階では、P-ドリフト／N-ドリフト接合から横方向に空乏領域が広がっていきます。ここで、P-ドリフトとN-ドリフトの不純物ドーズ量（単位面積当たりの不純物の個数）が同じであれば、この横方向広がりでPとNのドリフト領域全体が空乏化します（**上図**）。この時点で、空乏領域は横方向に広がらず、横方向電界の上昇は止まります。さらにドレイン電圧が上昇すると、均一形状の縦方向電界がドリフト内に成長します。この縦方向電界（実際には横方向と縦方向の合成電界）が臨界電界に達するとアバランシェ破壊が発生します。この均一形状電界により、耐圧を上げることができます。ここで、SJ-MOSFETと従来型パワーMOSFETで耐圧を同じにすると、前者のドリフト長は後者のものより短くなります。

特性オン抵抗―耐圧の特性をSJ-MOSFET（ドリフト領域の抵抗のみ考慮）と従来型パワーMOSFETとで比較してみましょう（**下図左**）。この特性の変化率に関して、従来型パワーMOSFETの方がSJ-MOSFETより大きくなっています。このことにより、高耐圧領域では、SJ-MOSFETの特性オン抵抗が従来型パワーMOSFETのものより低くなり、シリコンリミットを超えます。しかしながら、低耐圧領域では、逆になります。そのため、SJ-MOSFETは高耐圧領域で有用です。

要点BOX

- **SJドリフト内の空乏広がりは2次元的**
- **SJ-MOSFETは高耐圧領域でシリコンリミットを超える**

スーパージャンクションMOSFET断面

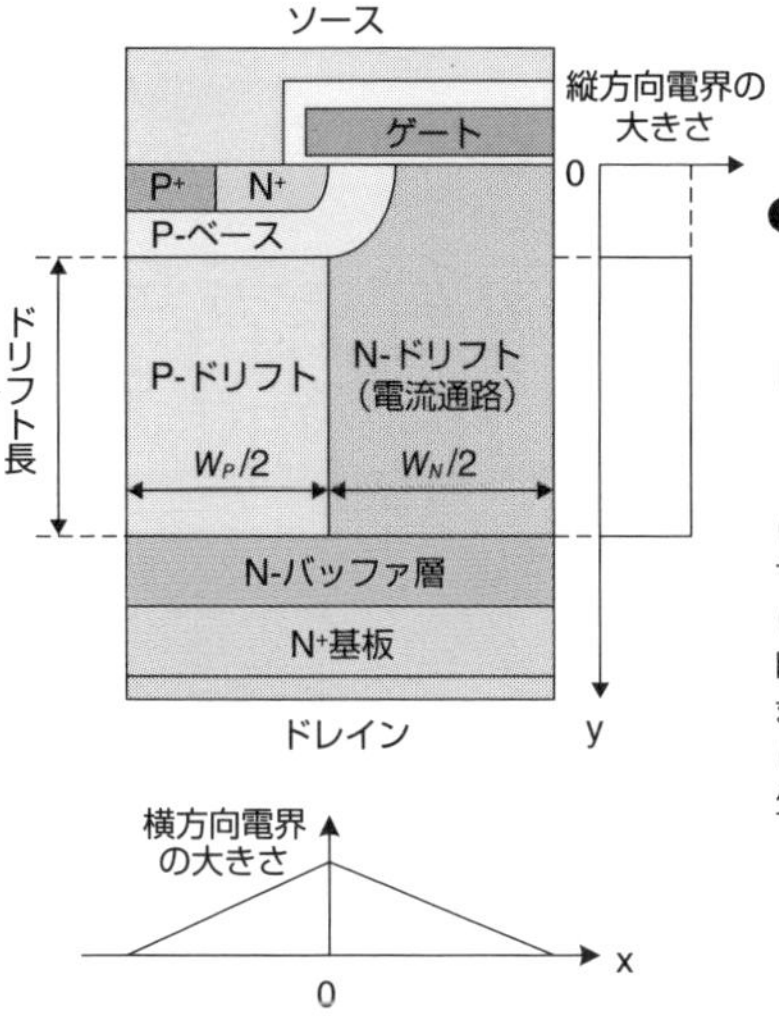

●P-ドリフトとN-ドリフトの不純物ドーズ量の関係

$$\underbrace{N_D W_N}_{\text{N-ドリフトのドーズ量}} = \underbrace{N_D W_P}_{\text{P-ドリフトのドーズ量}}$$

N_A : P-ドリフト領域のアクセプタ濃度
N_D : N-ドリフト領域のドナー濃度
W_P : P-ドリフト領域幅
W_N : N-ドリフト領域幅

(注1)P-ドリフトとN-ドリフトの不純物ドーズ量が等しいと、横方向電界でドリフト領域が全て空乏化します。
(注2)横方向電界が臨界電界近くまでいくように設定すると、N-ドリフトの不純物ドーズ量を増大させることができ、特性オン抵抗を低減できます。
(注3)縦方向最大電界が臨界電界に達するとアバランシェ破壊が発生します。

特性オン抵抗ー耐圧の特性

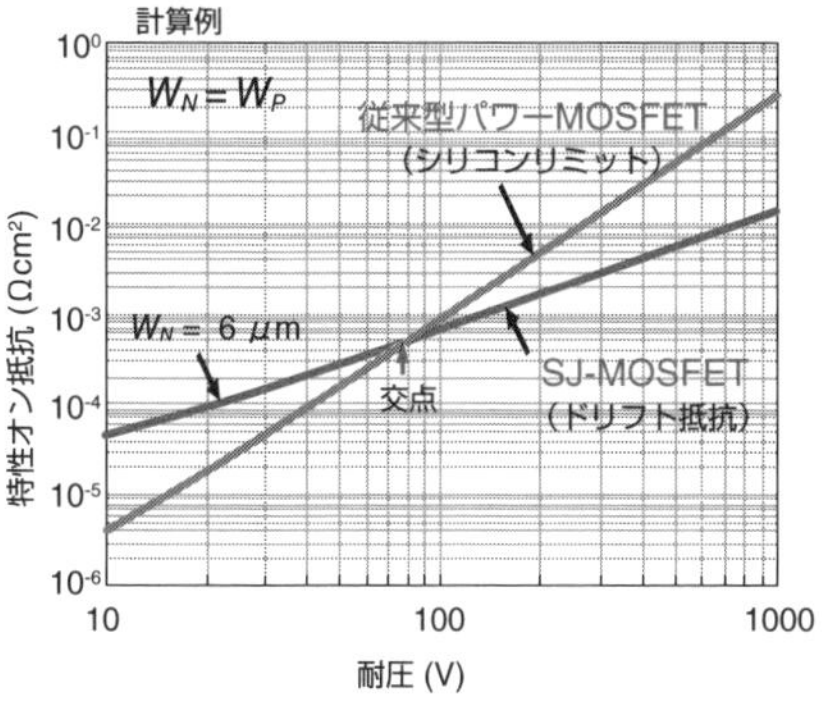

(注)耐圧が低下すると、従来型パワーMOSFETでは、ドリフトの不純物ドーピング濃度が上がり、ドリフト長L_Dが短くなって、ドリフト領域の抵抗が低下します。一方、SJ-MOSFETでは、ドリフトの不純物ドーピング濃度が変わらないで、L_Dが短くなってドリフト領域の抵抗が低下します。したがって、特性オン抵抗ー耐圧特性の変化率に関し、従来型パワーMOSFETの方がSJ-MOSFETより大きくなります。

交点の耐圧とN-ドリフト幅の関係

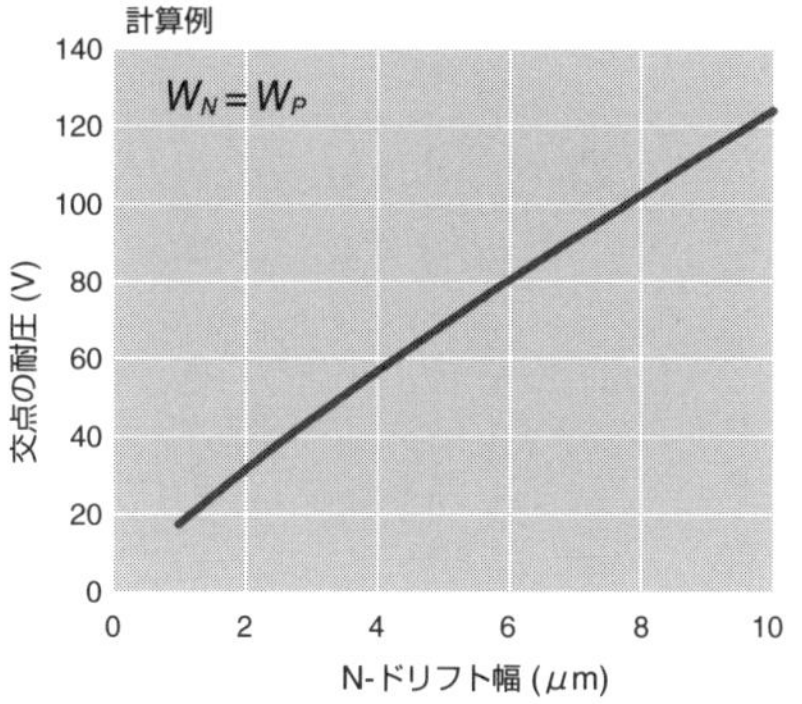

(注)特性オン抵抗ー耐圧の特性に関し、SJ-MOSFETと従来型パワーMOSFETの交点の耐圧は、W_Nが狭くなるとより低くなります。これは、W_Nが狭くなると、N-ドリフトの不純物ドーピング濃度が高くなり、特性オン抵抗が低下することに起因します。

42 集積型(横型)パワーMOSFETも高耐圧にできるの?

LDMOS

LDMOSがオフ時、ドリフト領域に沿った横方向電界を、理想的にはスーパージャンクションのように均一な形状にすると、特性オン抵抗を低くして高耐圧化できます。どのようにするとこれを達成できるか考えてみましょう。

P-ベース、P-基板、N-ドリフトの各不純物ドーピング濃度を、それぞれN_{AP}、N_{AS}、N_{DD}とすると、これらには、前から後にいくにつれて濃度が低下するものとします。また、オフ状態で、ある正電圧がドレイン~ソース間に印加されているものとします。

この場合、N-ドリフトのP-ベース側とP-基板側からN-ドリフトの内部に向かって空乏領域が広がります。単純にそれぞれの方向から1次元的に空乏領域が広がったとすると、P-ベース側のN-ドリフト端コーナーにおいて、空乏領域の広がりが重複し、電荷バランスが取れない(P側とN側の電荷の総和がゼロになりません)ので、このようなことは起こりません。実際には、N-ドリフト内部の表面近傍の空乏領域が2次元的に広がって電荷バランスがとれるようになります(P側とN側の電荷の総和がゼロになります)。これにより、P-基板/N-ドリフト接合の電界は変わりませんが、P-ベース/N-ドリフト接合部の表面電界は低下します。これをリサーフ(RESURF: Reduced Surface Electric Filed)効果と言います(**上図**)。

ドレイン~ソース間電圧を上昇させ、N-ドリフト内部を全て空乏化させた場合、リサーフ効果が十分に機能していると、ドリフト界面に沿った横方向電界は均一形状に近づきます。この場合、短いドリフト長で高耐圧化できるので、特性オン抵抗—耐圧の特性を改善できます。リサーフ効果強化のために、ゲートに接続したフィールドプレートをN-ドリフト上に設ける、またN-ドリフト下にP-埋め込み層を設ける方法などがあります(**下図**)。

要点BOX

●N-ドリフト内に2次元的に空乏領域を広げるとリサーフ効果が得られる

●リサーフで特性オン抵抗—耐圧の特性を改善

RESURF効果

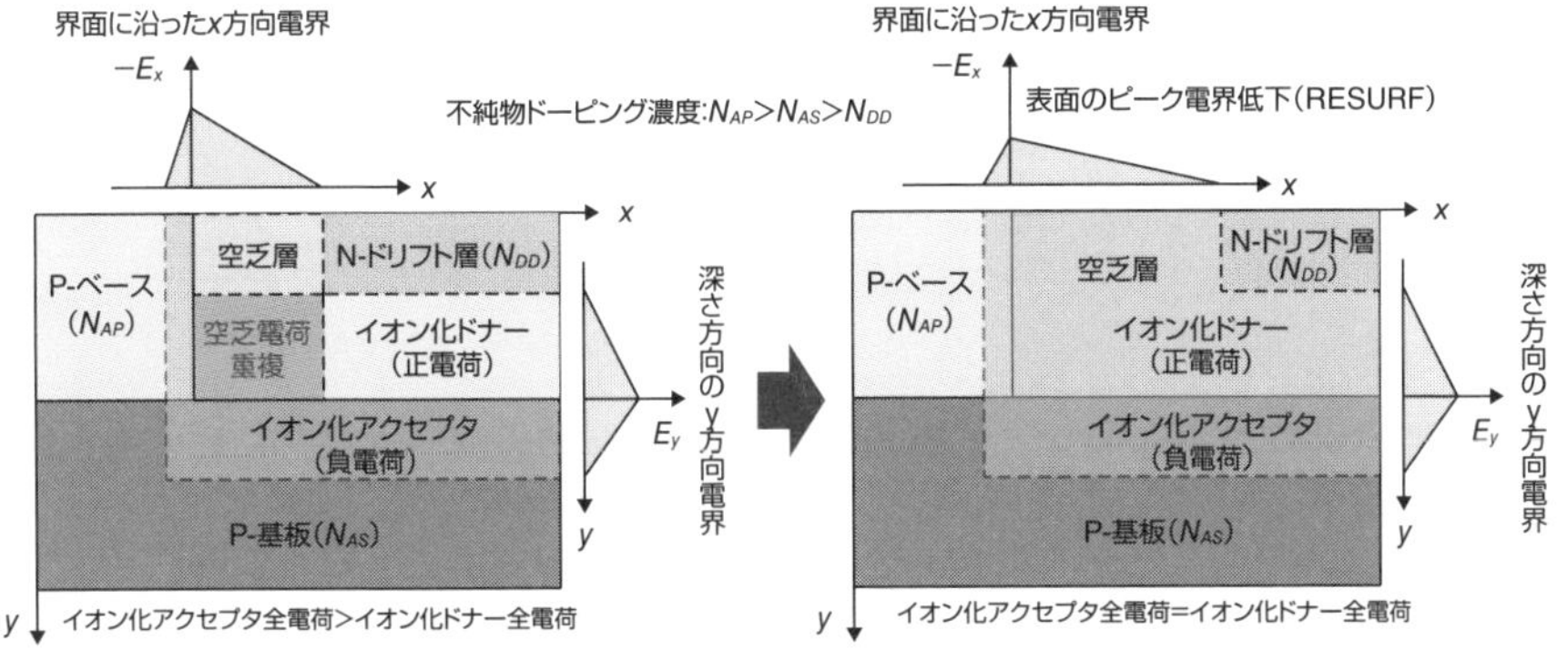

(a)N-ドリフト内の空乏領域に重複あり
(このようなことは起こりません。)

(b)N-ドリフト内の空乏領域に重複なし
(こちらが起こります。)

LDMOS断面と理想RESURFの形状

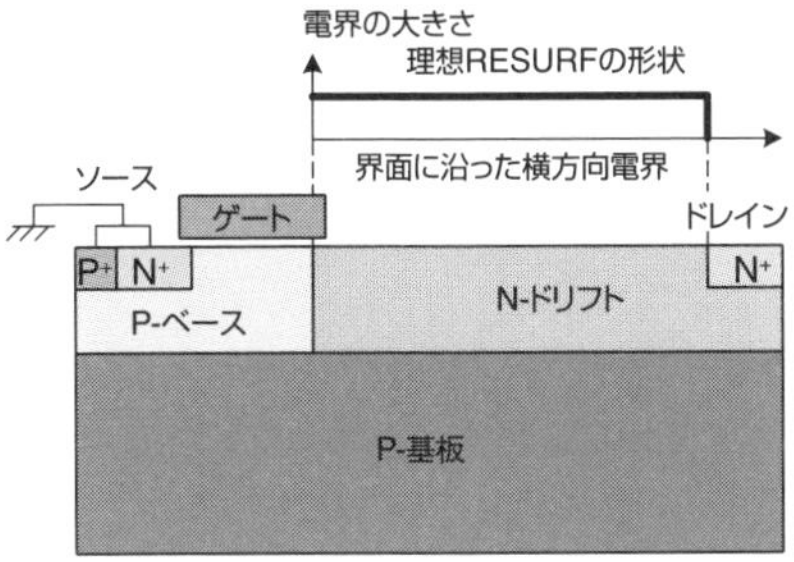

ゲートオフでドレイン～ソース間に正電圧印加

RESURF効果を高める方法

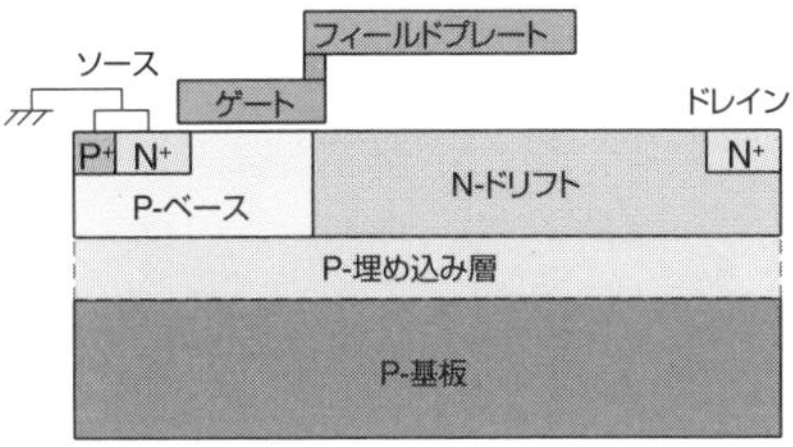

フィールドプレートやP-埋め込み層は、N-ドリフト内の深さ方向電界を強くするので、RESURF効果がいっそう強まります。フィールドプレートには、ゲートに接続するものと、ソースに接続するものがあります。

43 ワイドギャップ半導体を使うとパワーMOSFETはどうなる？

4H-SiCプレーナパワーMOSFET

4H-SiCを使ったプレーナパワーMOSFETの構造としきい値電圧を、SiのD-MOSFETのものと比較してみましょう。

4H-SiCプレーナパワーMOSFETの構造は、SiのD-MOSFETのものと似ていますが、半導体材料の違いから基本的構造が異なります。前者では、最小P-ベースを厚くしなければなりません。これは、P-ベース／N-ドリフト接合への高電界により、P-ベース内に広がる空乏領域がN^+ソースに接触（リーチスルー）してブレークダウンすることを避けるためです（**上図**）。前者では、この空乏領域がP-ベース内に広がりやすくなっています。

4H-SiCプレーナパワーMOSFETのP-ベースを厚くすることにより、そのデバイスのチャネル長はSiのD-MOSFETのものより長くなります。また、4H-SiCプレーナパワーMOSFETのチャネル反転層電子移動度は現状では100cm^2／Vs程度で、SiのD-MOSFETのもの（300～400cm^2／Vs程度）に比べるとかなり低くなっています。これらにより、4H-SiCプレーナパワーMOSFETのチャネル抵抗はSiのD-MOSFETのものに比べて非常に大きくなります。

特性オン抵抗を耐圧1kVで見てみると、4H-SiCプレーナパワーMOSFETの理想（ドリフト領域の抵抗のみ考慮）でのそれは、シリコンリミットに対し約3桁低下しますが、現状のデバイスでのそれは前記の低移動度により約2桁の低下になります（**下図左**）。

これらの対策として、P-ベースの不純物ドーピング濃度を上げると、P-ベースの厚さを薄くでき、チャネル長を短くできます。しかしながら、この場合、4H-SiCプレーナパワーMOSFETのしきい値電圧は、SiのD-MOSFETのものと比べていっそう高くなり、ゲート駆動能力の低下に繋がります（**下図右**）。

要点BOX

●4H-SiCプレーナパワーMOSFETはSiのD-MOSFETに対して、チャネル抵抗が高く、しきい値電圧も高い

4H-SiC プレーナパワーMOSFET断面（オン時の電流通路）

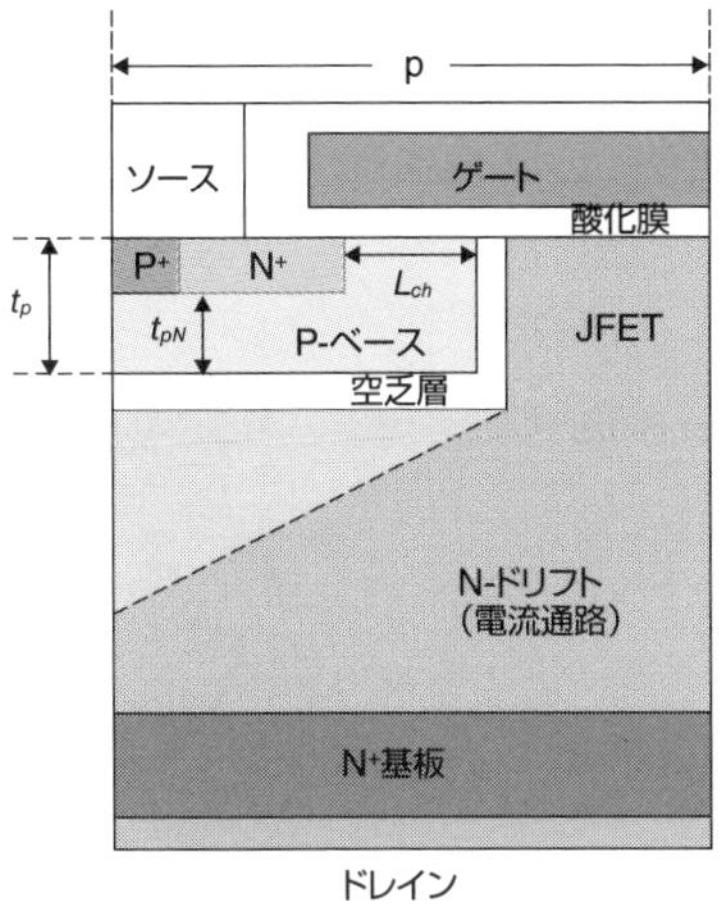

p　：セルピッチ
t_p　：P-ベース厚
t_{pN}：N+ソース下のP-ベース厚
L_{ch}：チャネル長

4H-SiC MOSFETオフ時の空乏領域広がり（ドレインに高電圧が掛かっている場合）

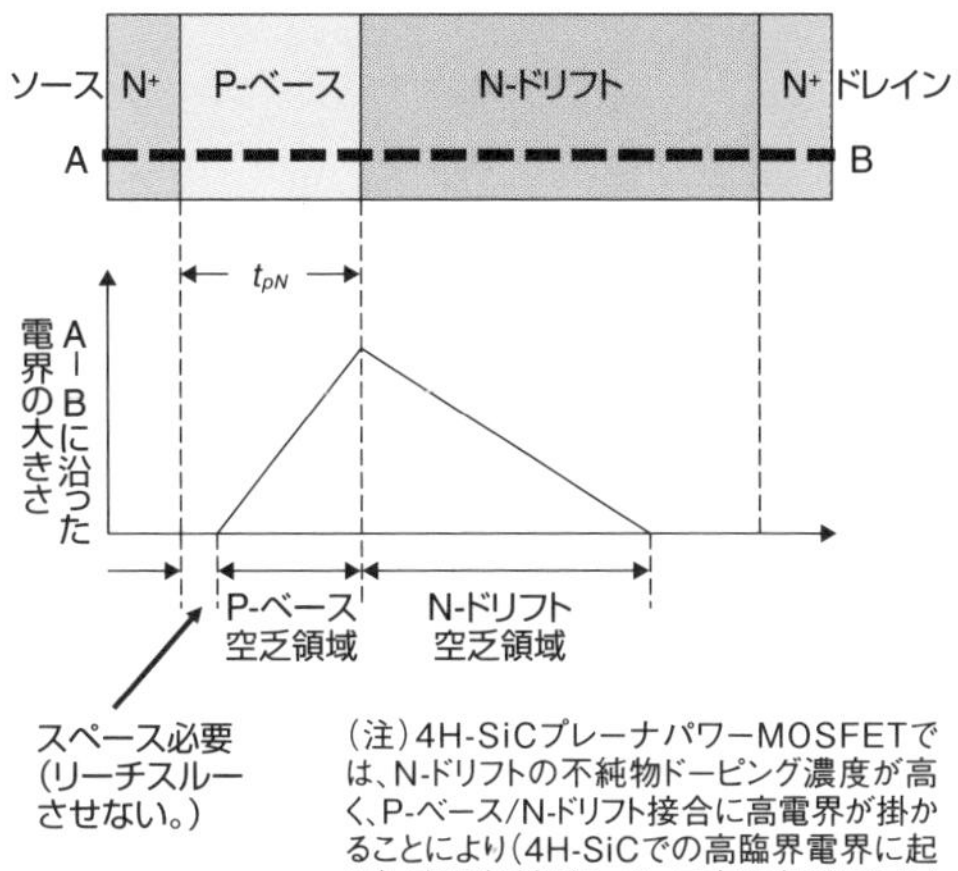

（注）4H-SiCプレーナパワーMOSFETでは、N-ドリフトの不純物ドーピング濃度が高く、P-ベース/N-ドリフト接合に高電界が掛かることにより（4H-SiCでの高臨界電界に起因）、空乏領域がP-ベース内に広がりやすくなります。

4H-SiCMOSFETの特性オン抵抗と耐圧の関係

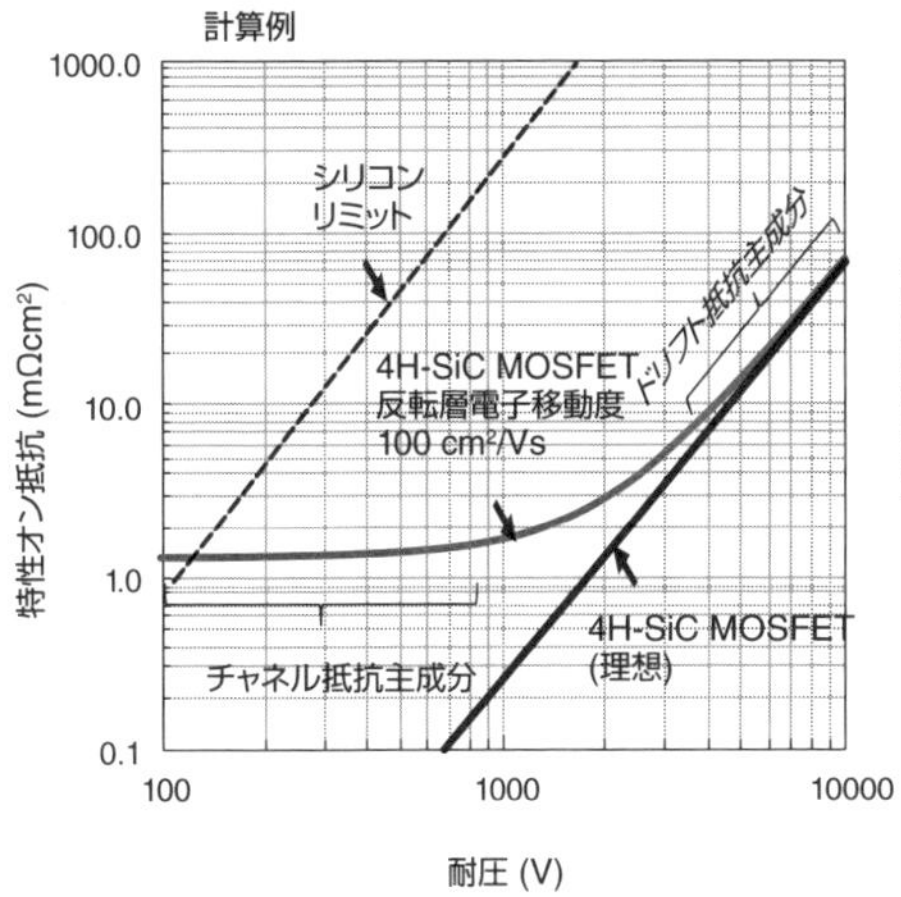

しきい値電圧のP-ベース不純物ドーピング濃度依存性

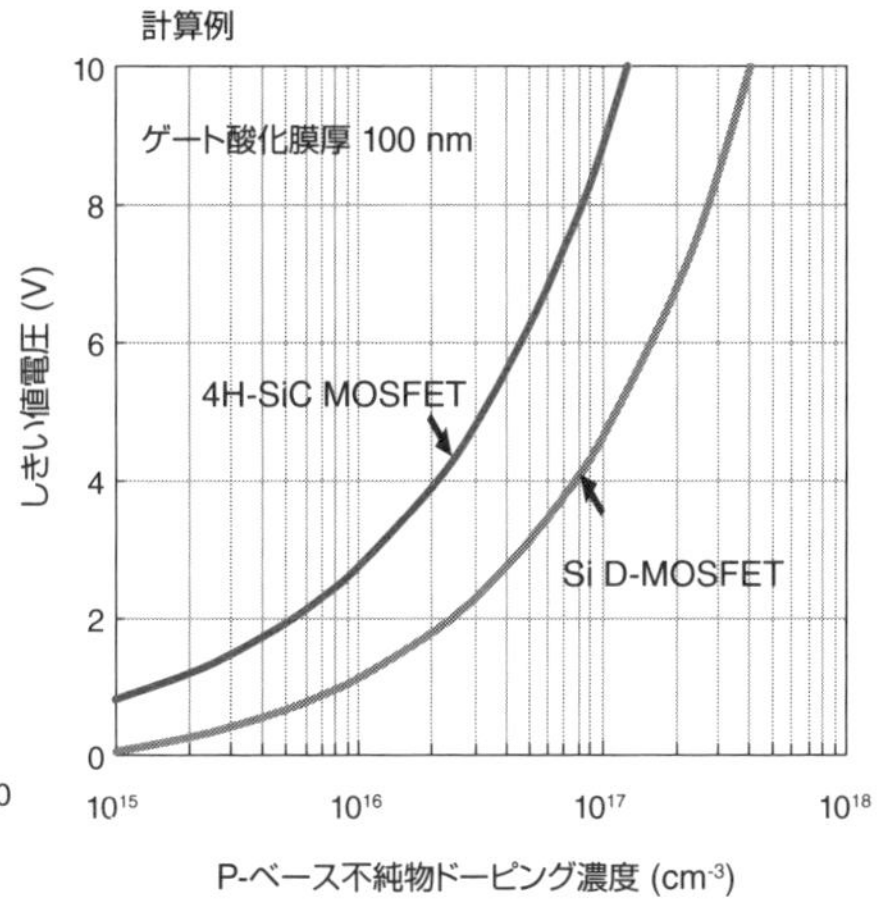

しきい値電圧⇒ 4H-SiC MOSFET>Si D-MOSFET

（注）4H-SiCプレーナパワーMOSFETのしきい値電圧は、P-ベースのフェルミ電位に起因してSiのD-MOSFETのものより高くなります。また、P-ベースの不純物ドーピング濃度の上昇に伴って、それらのしきい値電圧はいっそう高くなります。

44 4H-SiCシールド型プレーナパワーMOSFET

低しきい値電圧構造

4H-SiCのプレーナパワーMOSFETでは、**しきい値電圧が高い問題**がありました。これを低下させる方法をいくつか考えてみましょう。

まず、ゲート酸化膜厚を薄くする方法を考えます。例えば、P-ベースの不純物ドーピング濃度を1×10^{17}cm^{-3}にして、ゲート酸化膜厚を50㎚から15㎚に薄くすると、しきい値電圧は4・9Vから2・2Vに低下します。この低下後のしきい値電圧は、ゲート酸化膜厚50㎚でのSiのD-MOSFETのそれとほぼ等しくなります(**上図**)。しかしながら、**薄いゲート酸化膜では、信頼性の問題があります。**

次に、P-ベース下部にP^+シールド領域を設けた構造を考えます(反転モードMOSFET)(**下図左**)。この構造では、P-ベース表面の不純物ドーピング濃度を低くして、しきい値電圧を下げることができます。例えば、ゲート酸化膜厚50㎚でも、その濃度を1.5×10^{16}cm^{-3}にすれば、しきい値電圧が2・2Vになり、ゲート酸化膜の信頼性を確保できます。また、この構造では、P^+シールドによりリーチスルーを防止でき、P^+シールドから横方向への空乏領域広がりにより、ドレイン電圧による高電界からゲート酸化膜を保護できます。

さらに、**P-ベースをN-ベースに変えて、P^+シールド領域のある構造**を考えます(蓄積モードMOSFET)(**下図右**)。この構造では、ゲート下がN型なのに、ゲート電圧ゼロでもオフ状態です。これは、P^+シールド/N-ベース接合の拡散電位が高いことにより、N-ベース領域全体が空乏化することに起因します。例えば、ゲート酸化膜厚を50㎚、N-ベース厚を0・15㎛、N-ベースの不純物ドーピング濃度を1.5×10^{16}cm^{-3}にすれば、しきい値電圧は2・2Vになります。なお、この構造では、チャネルのキャリア移動度が反転モードMOSFETのものより高くなります。

要点BOX

- しきい値電圧の低減には、ゲート酸化膜厚の薄化、P-ベースまたはN-ベースのP^+シールドがある

しきい値電圧のP-ベース不純物ドーピング濃度依存性(ゲート酸化膜厚パラメータ)

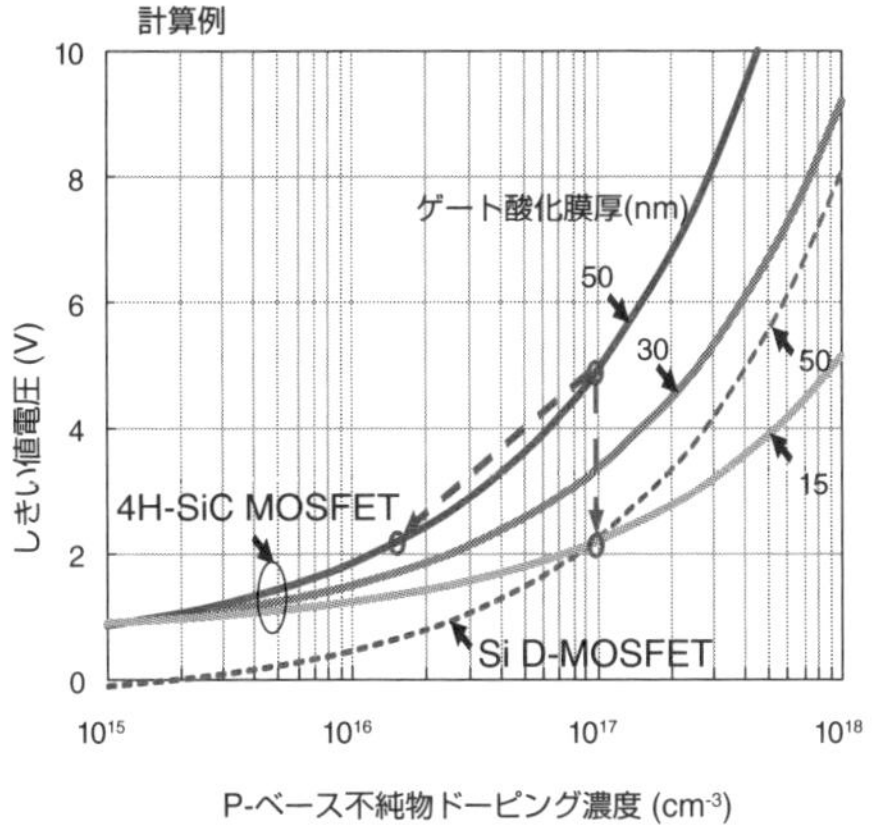

しきい値電圧のN-ベース不純物ドーピング濃度依存性(4H-SiC蓄積モードMOSFET)

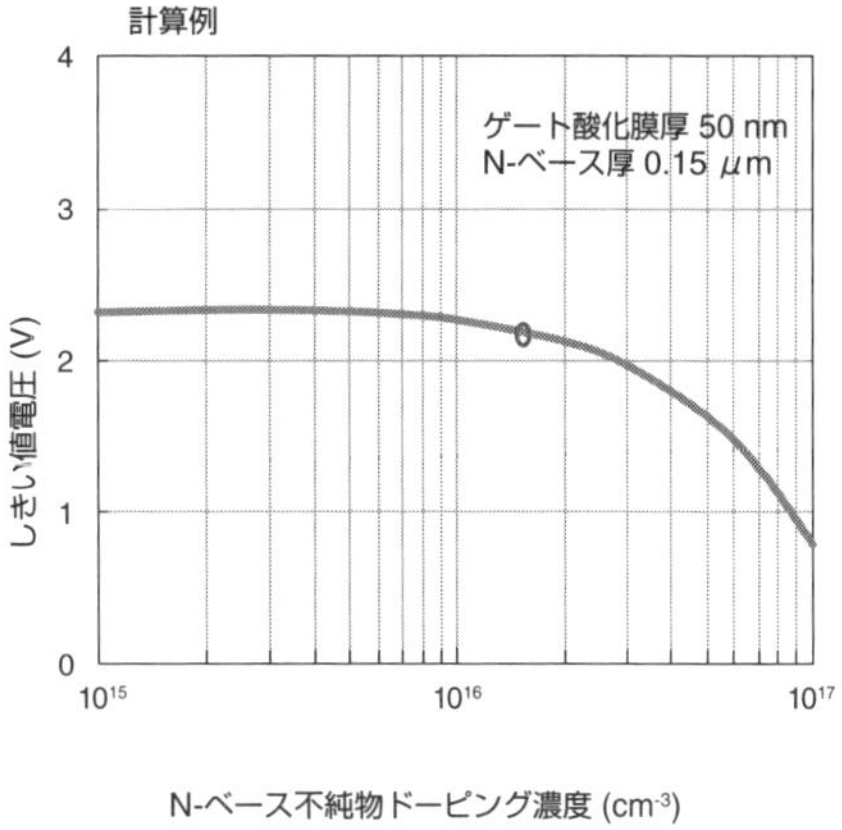

4H-SiCで、ゲート酸化膜厚を50 nm、不純物ドーピング濃度を1.5×10^{16} cm^{-3}とし、温度を300 Kから400 Kに上げると、しきい値電圧は2.2Vから2.0 Vへ低下しますが、問題となるレベルではありません。

反転モードMOSFET断面[1)]
(P-ベースをP^+でシールドする構造)

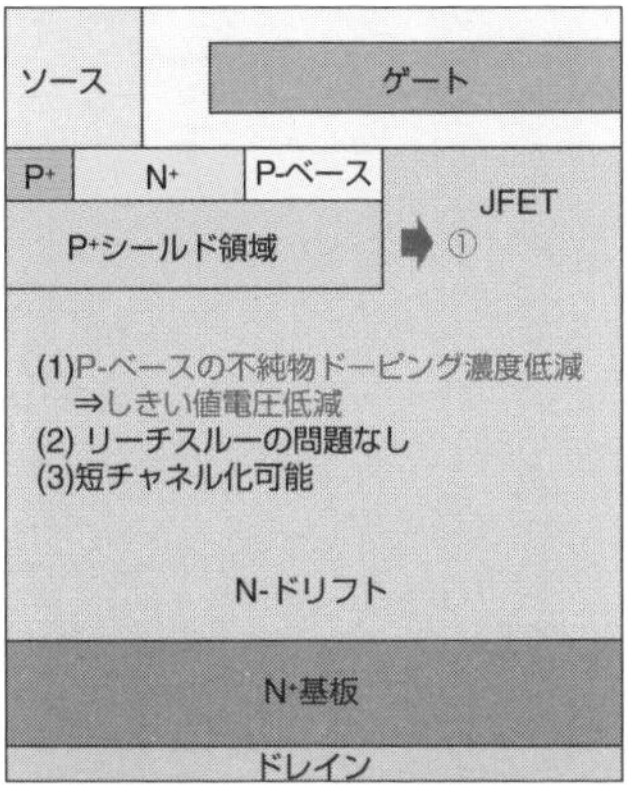

①横方向への空乏領域広がりによりドレイン電圧による高電界からゲート酸化膜を保護します。

蓄積モードMOSFET断面[1)]
(N-ベースをP^+でシールドする構造)

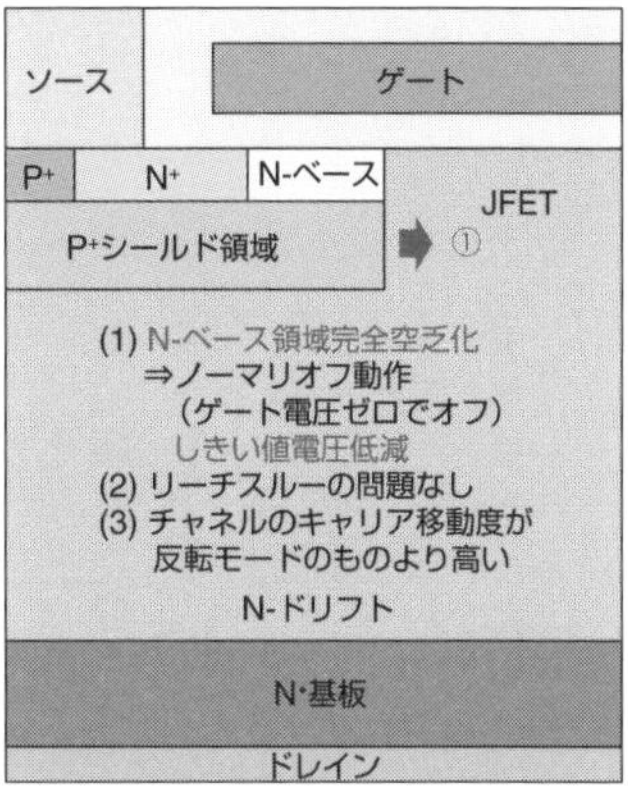

1) B. J. Baliga, "Silicon Carbide Semiconductor Devices having Buried Silicon Carbide Conduction Barrier Layers Therein", U, S. Patent 5,543,637, Issued August 6, 1997.

45 4H-SiC トレンチゲートパワーMOSFET

低オン抵抗構造

トレンチゲートにすると、JFETがないのでオン抵抗は低下します。また、チャネルが縦方向になるので、**チャネル長が変わってもセル面積(またはセルピッチ)一定の利点があります(上図左)**。チャネル長を変えた場合に、特性オン抵抗がトレンチゲートパワーMOSFETとプレーナパワーMOSFETとでどのように異なるか調べてみましょう。

まず、耐圧1670VのプレーナパワーMOSFETのP-ベーススペース(JFET領域幅)を一定にしてチャネル長を変えた場合の特性オン抵抗を考えます。チャネル長の増大に伴い、チャネル抵抗とセルピッチpが増大し、チャネルの特性オン抵抗は上昇します。ドリフト抵抗は、pの増大に伴い低下しますが、pの増大割合が大きいので、この特性オン抵抗は上昇します。JFET抵抗と蓄積抵抗はpの増大で変わりませんが、その増大に伴い、これらの特性オン抵抗は上昇します。ただし、ここでの蓄積抵抗は無視できるほど小さな値です。また、基板の特性抵抗はpの増大に対して変化しません。全特性オン抵抗はチャネル長1㎛で約2・8mΩcm^{2}になります(**下図左**)。

次に、プレーナパワーMOSFETと同じ耐圧を持つトレンチゲートパワーMOSFETのチャネル長を変えた場合の特性オン抵抗を考えます。チャネル長の増大に伴い、チャネル抵抗の増大分だけ、この特性オン抵抗は上昇します。ドリフトの特性オン抵抗と基板の特性抵抗は、チャネル長の増大に対して変化しません。全特性オン抵抗はチャネル長1㎛で約1・4mΩcm^{2}となり、プレーナパワーMOSFETのそれの約半分になります(**下図右**)。特性オン抵抗と耐圧の関係を両者で比較すると、耐圧が700V以下の領域では、主にセルピッチに起因して後者の特性オン抵抗は前者のそれの約1/3まで低下します(**上図右**)。

要点BOX

●トレンチゲートでは、チャネル長はセルピッチに影響せず、セルピッチを狭くできるため、特性オン抵抗が低下する

4H-SiC トレンチゲートパワーMOSFET断面（オン時の電流通路）

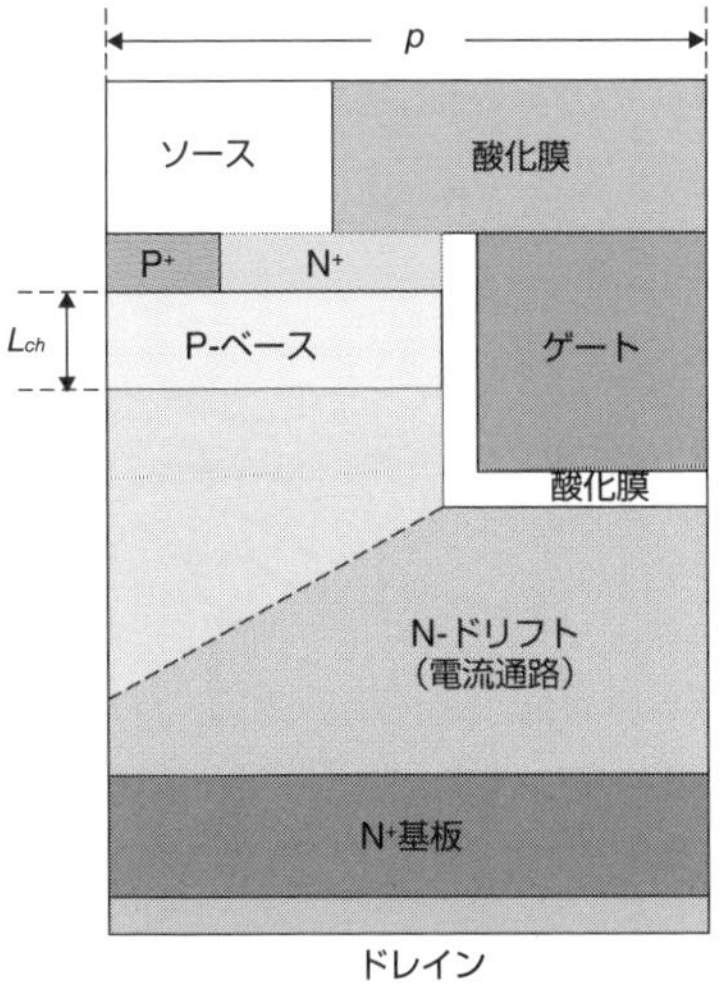

（注）トレンチゲートパワーMOSFETにはJFETがありません。また、チャネルは縦方向です。

p ： セルピッチ　L_{ch} ： チャネル長

4H-SiC トレンチゲートパワーMOSFETとプレーナパワーMOSFETの特性オン抵抗と耐圧の関係

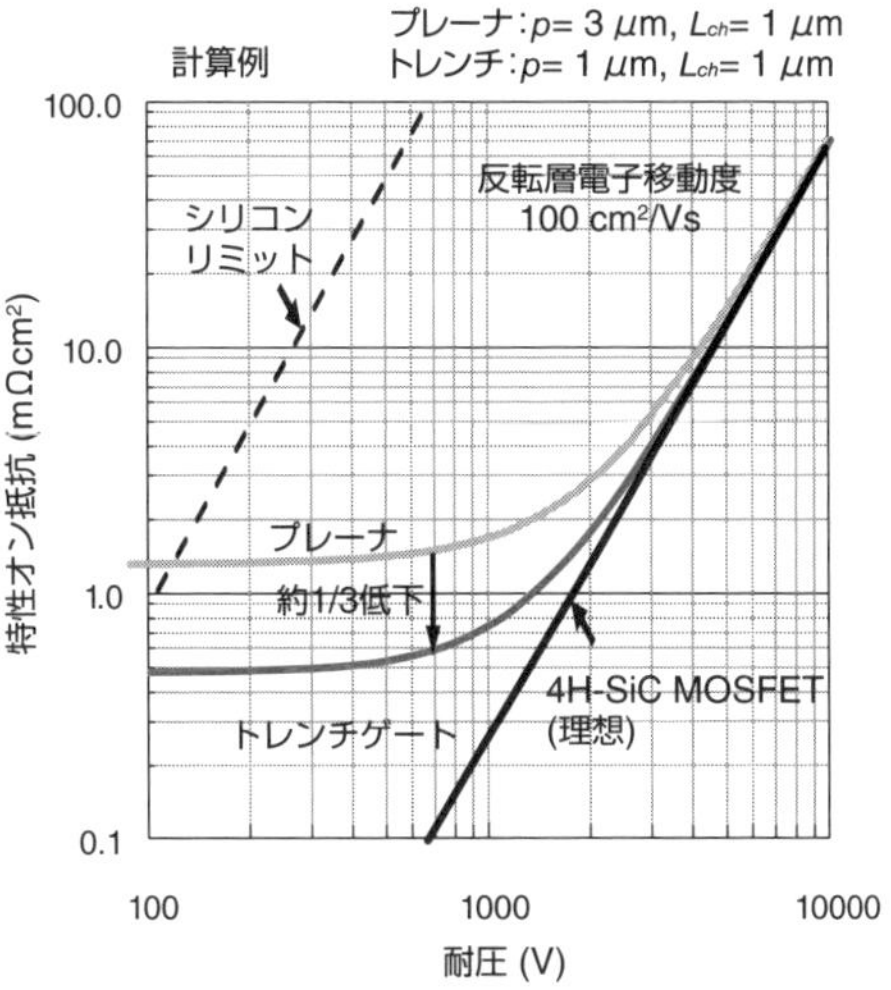

4H-SiC プレーナパワーMOSFETの特性オン抵抗とチャネル長の関係

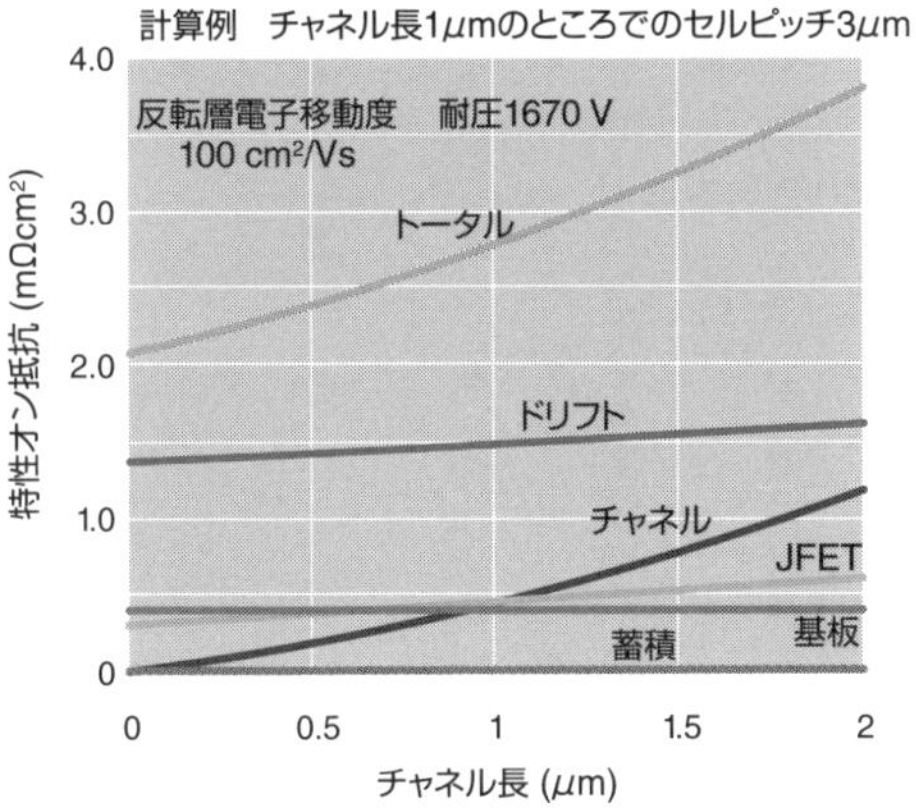

（注1）耐圧1670 Vはデバイス終端領域の耐圧低下を75% 見込むと耐圧1200 V相当になります。
（注2）4H-SiC プレーナパワーMOSFETのチャネル長とセルピッチの定義に関して、43項を参照して下さい。
（注3）セルピッチの増大に伴い、セル面積が増えるので、その分特性オン抵抗は上昇します（8項参照）。

4H-SiCトレンチゲートパワーMOSFETの特性オン抵抗とチャネル長の関係

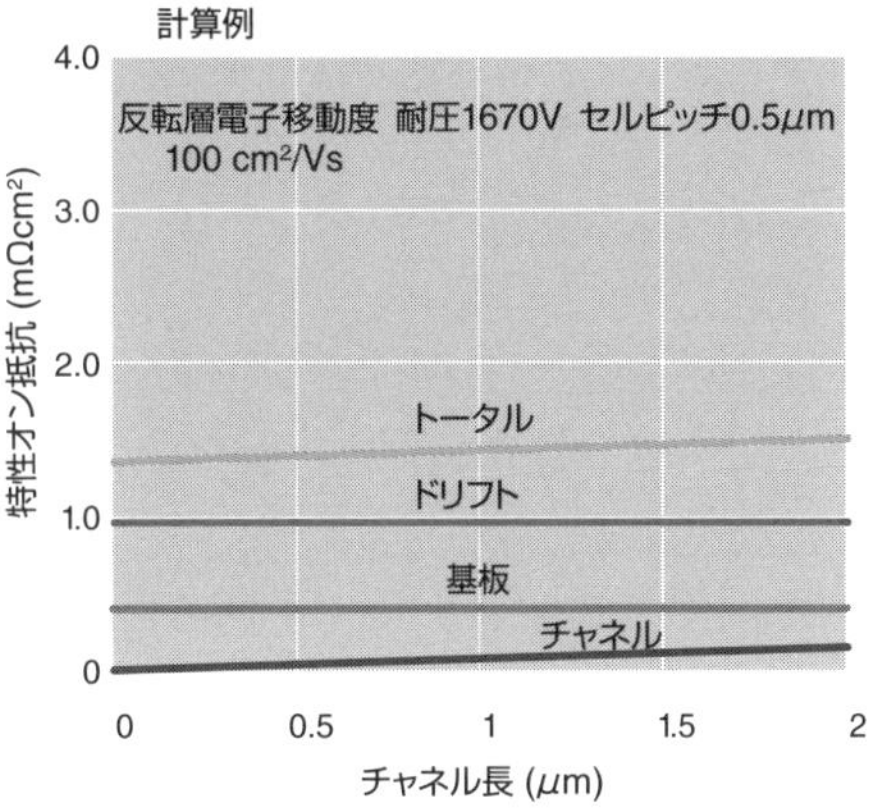

（注）計算例では参考文献（3）で提示されている計算条件を参考に計算しました。

46 4H-SiCシールド型トレンチゲートパワーMOSFET

高信頼性

4H-SiCトレンチゲートパワーMOSFETでは、オフ時の高いドレイン電圧でトレンチゲート底部（特にコーナー部）のゲート酸化膜に高電界が掛かり、信頼性の問題があります。この電界はSiのトレンチゲートの場合より高くなり、酸化膜を保護する必要があります。これを保護する方法を考えましょう。

トレンチゲート底部をソース端子に接続したP^+シールド領域で包む構造（シールド型トレンチゲートパワーMOSFET）を考えます。この構造では、トレンチゲート底部のゲート酸化膜にドレイン電圧による高電界が掛からなくなるので、信頼性の問題を解決できます（上図）。

この構造には、副次効果があります。オフ時の高いドレイン電圧でP^+シールドから横方向に延びる空乏領域でJFETがピンチオフし、P^-ベース領域をドレイン電圧による高電界からシールドします。その結果、高ドレイン電圧でもP^-ベース／N^-ドリフト接合は低電界を維持でき、P^-ベースのリーチスルーを緩和できます。また、P^+シールドは蓄積領域（A領域）のゲート酸化膜に掛かる電界を低減し、短チャネル化も可能になります。

シールド型トレンチゲートパワーMOSFETと45項のトレンチゲートパワーMOSFETの特性オン抵抗を比較してみます。前者では、オン時のP^+シールドから横方向への空乏領域の張り出しを考慮して、その分セルピッチpを大きくします。チャネル抵抗は、両者で変わりませんが、前者のチャネルの特性オン抵抗は、pの増分だけ増えます。ドリフトの特性オン抵抗と基板の特性抵抗は、両者で同じです。JFET1（P^+シールドからの空乏領域～P^-ベース間）とJFET2の特性オン抵抗は非常に低くなっています。前者の全特性オン抵抗はチャネル長1μmで約1・6mΩcm^2となり、後者の約1・4mΩcm^2（45項参照）より若干増えます。

要点BOX

●シールド型はゲート酸化膜及びP-ベース領域を高電界から保護するが、シールド型の特性オン抵抗はシールドなしより若干上昇

4H-SiC シールド型トレンチゲートパワーMOSFET断面[1]

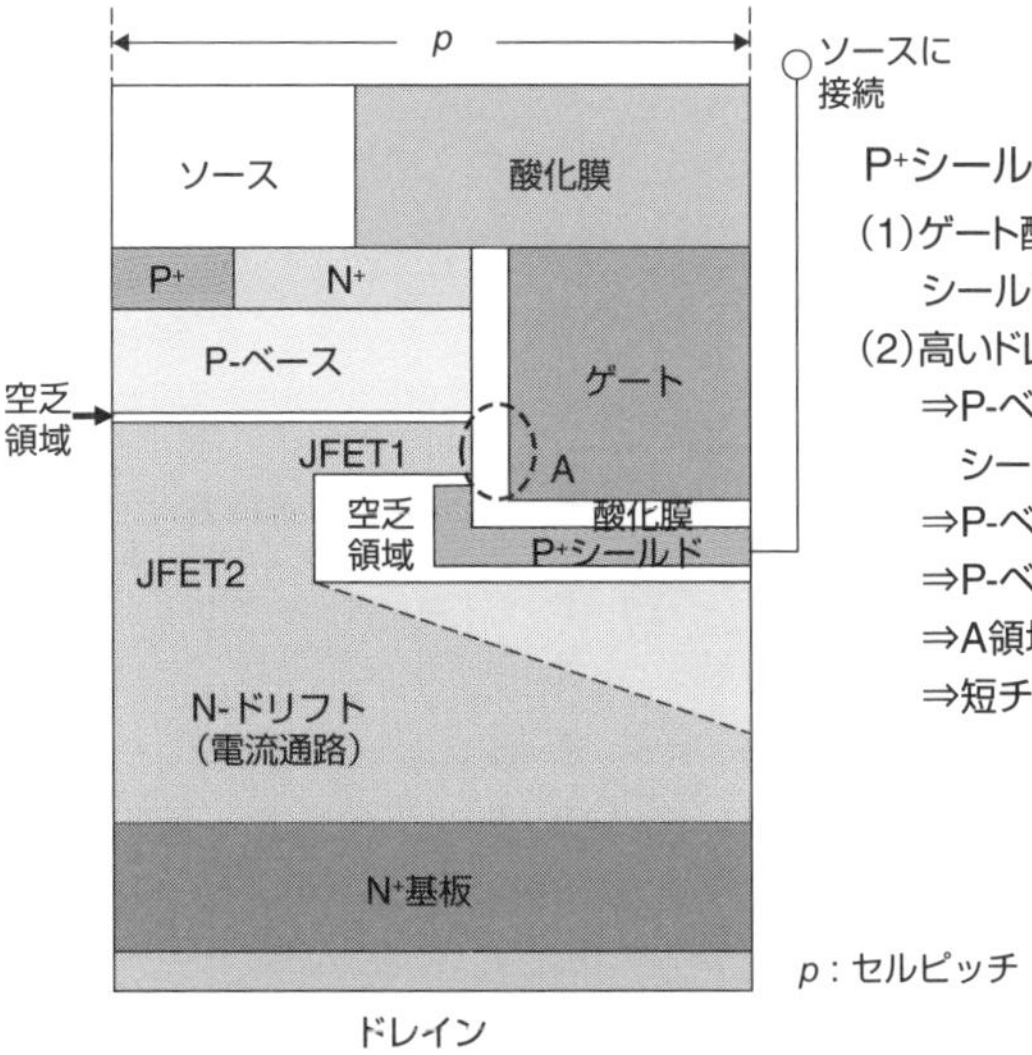

P^+シールドの効果（オフ時）

(1)ゲート酸化膜を高いドレイン電圧による高電界からシールド

(2)高いドレイン電圧でJFET1&JFT2をピンチオフ

⇒P-ベースをドレイン電圧による高電界からシールド

⇒P-ベース/N-ドリフト接合面は低電界維持

⇒P-ベースのリーチスルーを緩和

⇒A領域のゲート酸化膜電界の低減

⇒短チャネル化可能

1) B. J. Baliga, "Gallium Nitride and Silicon Carbide Power Devices", World Scientific, Massachusetts, 2017.

4H-SiC シールド型トレンチゲートパワーMOSFETの特性オン抵抗とチャネル長の関係

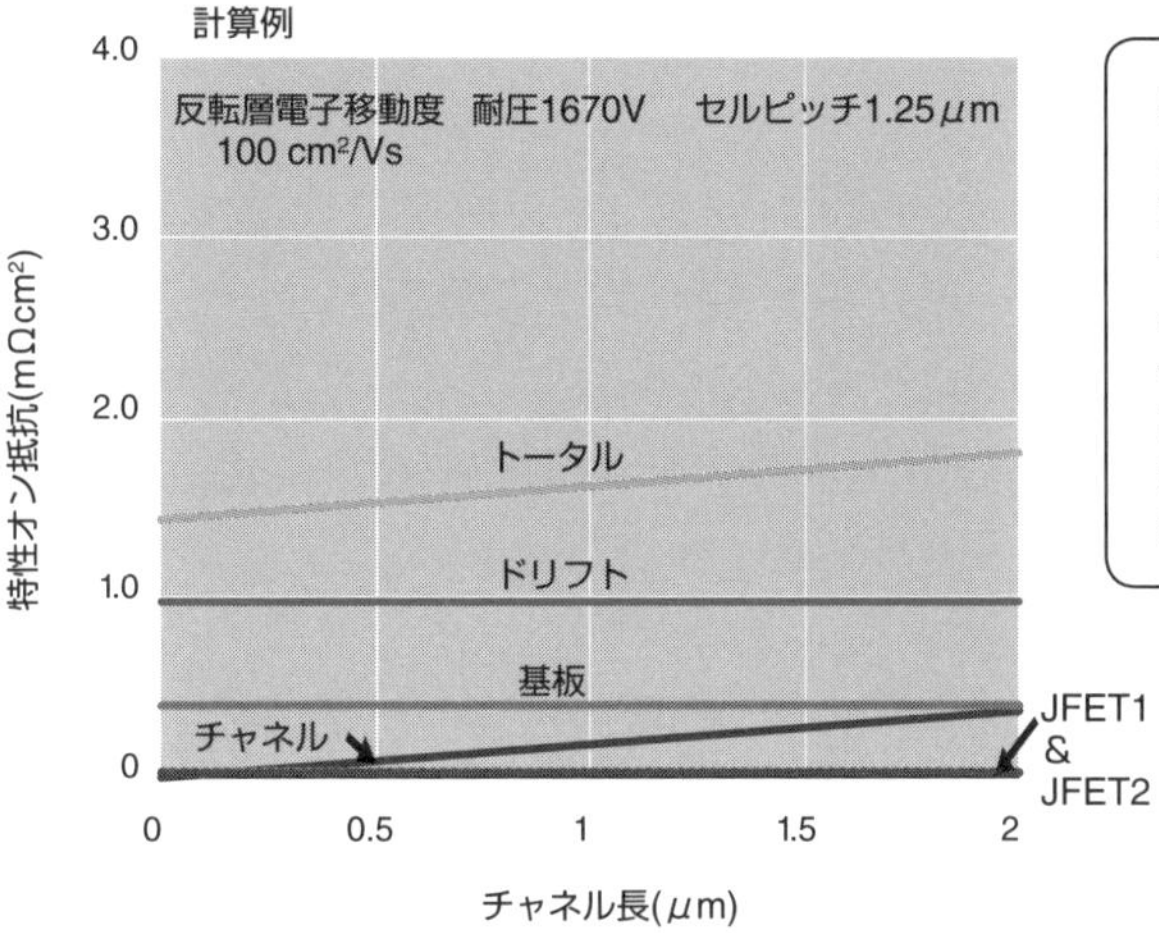

(注1)耐圧1670Vはデバイス終端領域の耐圧低下を75%見込むと耐圧1200 V相当になります。

(注2)4H-SiC シールド型トレンチゲートパワーMOSFETは45項の4H-SiCトレンチゲートパワーMOSFETと比べてセルピッチが異なります。

(注)計算例では参考文献(3)で提示されている計算条件を参考に計算しました。

Column

パワーMOSFETの製造方法

シリコン基板のNチャネルパワーMOSFETの概略製造方法を説明します。まず、N^+のシリコン基板上にN-ドリフト領域をエピタキシャル成長させます。エピタキシャル成長とは、基板の結晶上に結晶膜を成長させるプロセスです。次に、P型の不純物を表面からイオン注入し、熱拡散によりP-ベース層を形成します。その後、トレンチエッチにより深い溝を形成し、シリコンを熱酸化後、その溝にN^+ポリシリコンを埋め込み、ゲートを形成します。ソースとなるN^+領域とP-ベースの引き出しとなるP^+領域に、それぞれN型とP型の不純物をイオン注入し、熱処理を加えて活性化します。引き続き、層間絶縁膜（酸化膜）を堆積し、ソース電極及びゲート電極上の酸化膜を除去します。メタル（Al）配線を形成し、表面保護膜を堆積し、電極引出し領域を開口します。その後、裏面にドレイン電極を形成すると完成します。

パワーMOSFET概略製造方法

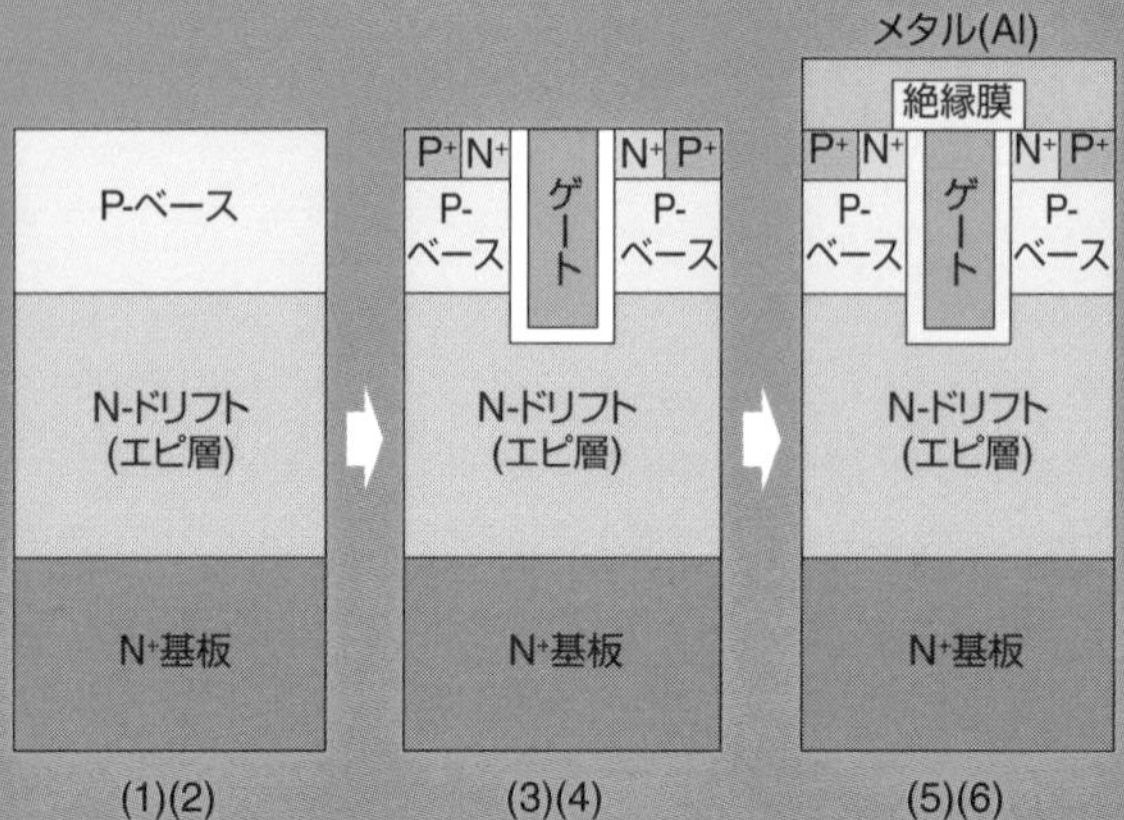

(1)シリコンのN^+基板にN-ドリフト領域をエピタキシャル成長（エピ層）
(2)P-ベース層を形成（イオン注入＋熱拡散）
(3)トレンチゲート形成
（トレンチエッチ＋Siの熱酸化＋N^+ポリシリコン埋め込み）
(4)N^+とP^+を形成（イオン注入＋熱処理）
(5)層間絶縁膜堆積と開口
(6)メタル(Al)配線形成
(7)表面保護膜堆積と開口
(8)裏面電極形成

第7章

高電圧スイッチングに使うIGBT

47 バイポーラトランジスタがＩＧＢＴ動作の鍵を握っている

NPNとPNPバイポーラトランジスタの基本動作

ＩＧＢＴはパワーバイポーラトランジスタに代わるトランジスタとして、１９８０年代初めにその概念が発表され開発されました。現在では、ＩＧＢＴは６００Ｖ～数kVのスイッチングを扱うパワーデバイスの主流になっています。

ＩＧＢＴは基本的にバイポーラトランジスタなので、まずこのトランジスタの動作を考えましょう。このバイポーラトランジスタには、ＮＰＮ型とＰＮＰ型があります（上図左）。ＮＰＮ型は、Ｎ型のエミッタ、Ｐ型のベース（入力）、Ｎ型のコレクタ（出力）からなり、ベース～エミッタ間電圧V_{BE}とコレクタ～エミッタ間電圧V_{CE}が正で動作します。つまり、ベース電流を流すことで駆動します。ＰＮＰ型は、ＮとＰを逆にし、V_{BE}とV_{CE}が負で動作します。したがって、ＮＰＮ型とＰＮＰ型では、半導体材料の極性が異なり、印加電圧が逆になるだけで、基本動作は同じです。

ＮＰＮ型で基本動作を見てみましょう。V_{CE}がV_{BE}より低い場合（飽和領域）、ベース／エミッタ接合とコレクタ／ベース接合は共に順方向にバイアスされます。このトランジスタをスイッチとして使う場合、オン状態はこの領域にあります。

V_{CE}がV_{BE}より高い場合（能動領域）、V_{CE}を大きくしてもコレクタ電流は一定です。スイッチの切替わりの過渡状態はこの領域にあります。

ベース電流ゼロと横軸の間では（遮断領域）、コレクタからエミッタへの僅かなリーク電流があります。スイッチのオフ状態はこの領域にあります。

後続の項で、ＩＧＢＴの基本構造と種類（48と49項）、耐圧（50項）、オン電圧（51～53項）、ターンオフ特性（54項）、トレンチゲートＩＧＢＴ（55項）、寄生のラッチアップ動作（56項）、安全使用範囲（57項）、モジュール化（58と59項）、最後に4H-SiC IGBT（60項）について説明します。

要点BOX

- バイポーラトランジスタはベース電流により駆動する
- オン状態が飽和領域、オフ状態が遮断領域になる

NPNとPNPバイポーラトランジスタの記号

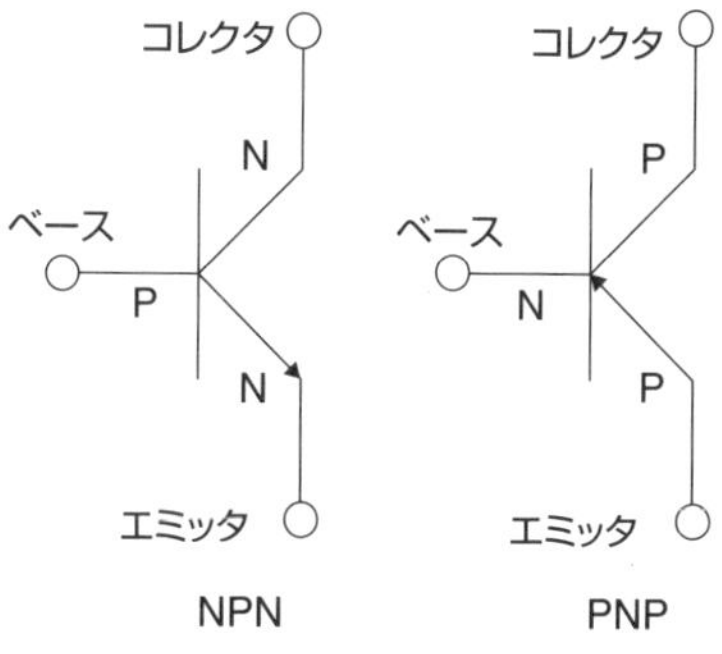

(矢印は電流の方向を示します。)

NPNバイポーラトランジスタの出力特性

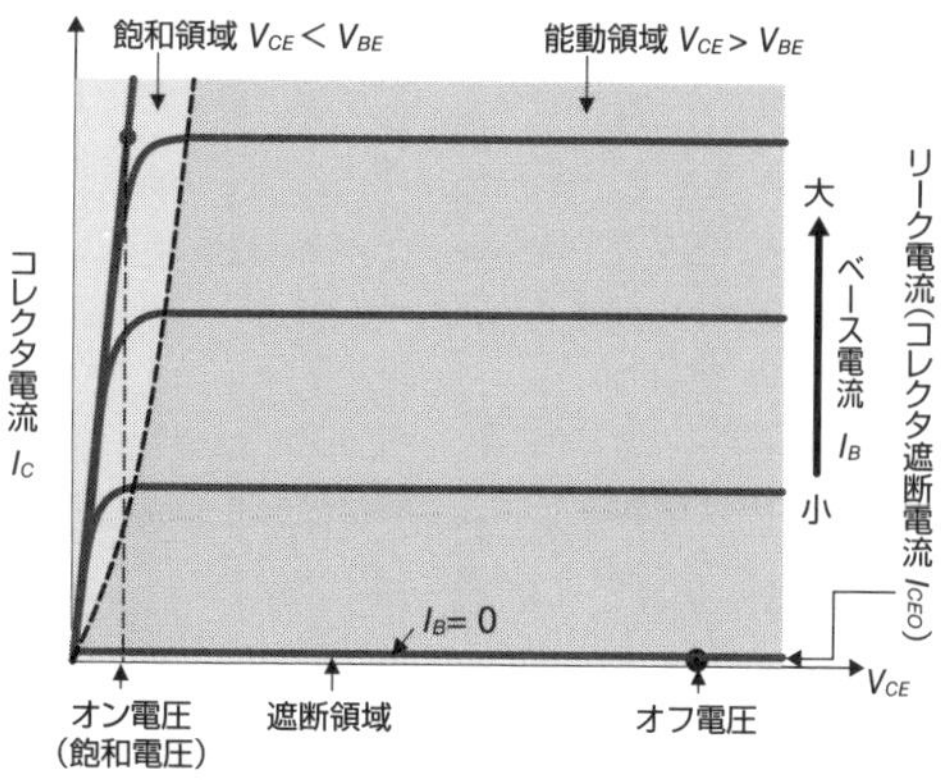

$V_{CE} < V_{BE}$ の場合のコレクタ電流

コレクタ電流は、基本的にエミッタからベースへの電子注入による電流からコレクタからベースへの電子注入による電流を引いたものになります。この状態で、V_{CE}を上げていくと、コレクタからベースへの電子注入が減少するので、コレクタ電流が増大します。

$V_{CE} > V_{BE}$ の場合のコレクタ電流

コレクタ/ベース接合は逆方向にバイアスされるので、コレクタからベースへの電子注入がゼロになり、エミッタからベースへの電子注入による電子電流がコレクタ電流になります。

(注1)バイポーラトランジスタをスイッチングデバイスとして使う場合、オン状態が飽和領域にあり、オフ状態が遮断領域にあります。
(注2)バイポーラトランジスタを増幅器として使う場合、動作は能動領域で行われます。

NPNバイポーラランジスタの動作電流

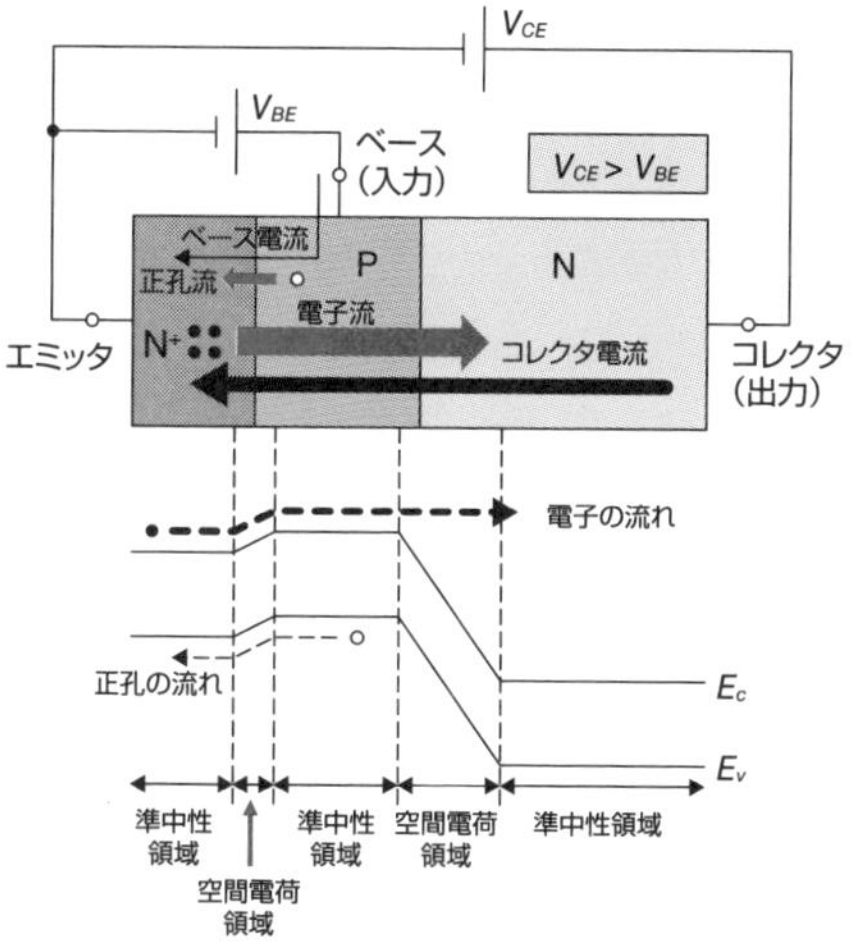

V_{CE}：コレクタ～エミッタ間電圧
V_{BE}：ベース～エミッタ間電圧

(注)能動領域での動作です。

48 PNPバイポーラトランジスタをどのように変えるとIGBTになる？

IGBTの基本構造

IGBTはバイポーラトランジスタとMOSFETを組み合わせた構造になっています。IGBTには、NチャネルMOSFETとPNPバイポーラトランジスタの組み合わせ（NチャネルIGBT）とPチャネルMOSFETとNPNバイポーラトランジスタの組み合わせ（PチャネルIGBT）がありますが、前者が主に使われるので、これについて考えてみましょう（**上図左**）。

MOSFETのゲートがIGBTの入力になるので、バイポーラトランジスタのような入力への電流の流れ込みがなく、消費電力は低くなります。

IGBTのコレクタはPNPのエミッタに、IGBTのエミッタはPNPのコレクタになり、逆になります。N^-ドリフト（N^-ベースまたはPNPのベース）で高耐圧化を図っているため、その領域を低不純物ドーピング濃度にして、長くしてあります。

この構造を簡単に言うと、パワーMOSFETのN^+ドレイン層をP^+層に変えたものになります。

ゲート～エミッタ間電圧V_{GE}を印加してオン状態にし、コレクタ～エミッタ間電圧V_{CE}を上げていくとN^-ドリフトへのベース電流により、コレクタ電流I_Cが流れます。低いV_{GE}でMOSFETが飽和領域で動作すれば飽和電流特性が得られ、高いV_{GE}でMOSFETが線形領域で動作すれば、ほぼPiNダイオードの特性が得られます。高いV_{GE}では、低V_{CE}（低オン電圧）で非常に大きなI_Cが得られます。

基本構造IGBTのオフ状態（ブロッキング時）の耐圧は、V_{CE}が正（順方向）でも負（逆方向）でも高くなります（50項参照）。IGBT内部構造には、PNPだけではなく、寄生NPNがあります（**上図右**）。PNPとNPNで寄生サイリスタを構成し、動作時に寄生NPNがオンすると、寄生サイリスタに大電流が流れて破壊に至ります。寄生NPNがオンしないようにすることが必要です（56項参照）。

要点BOX

- ●パワーMOSFETのN^+ドレイン層をP^+層に変えるとIGBTになる
- ●寄生サイリスタをオンさせないことが必要

IGBTの基本構造（PNP＋MOSFET）

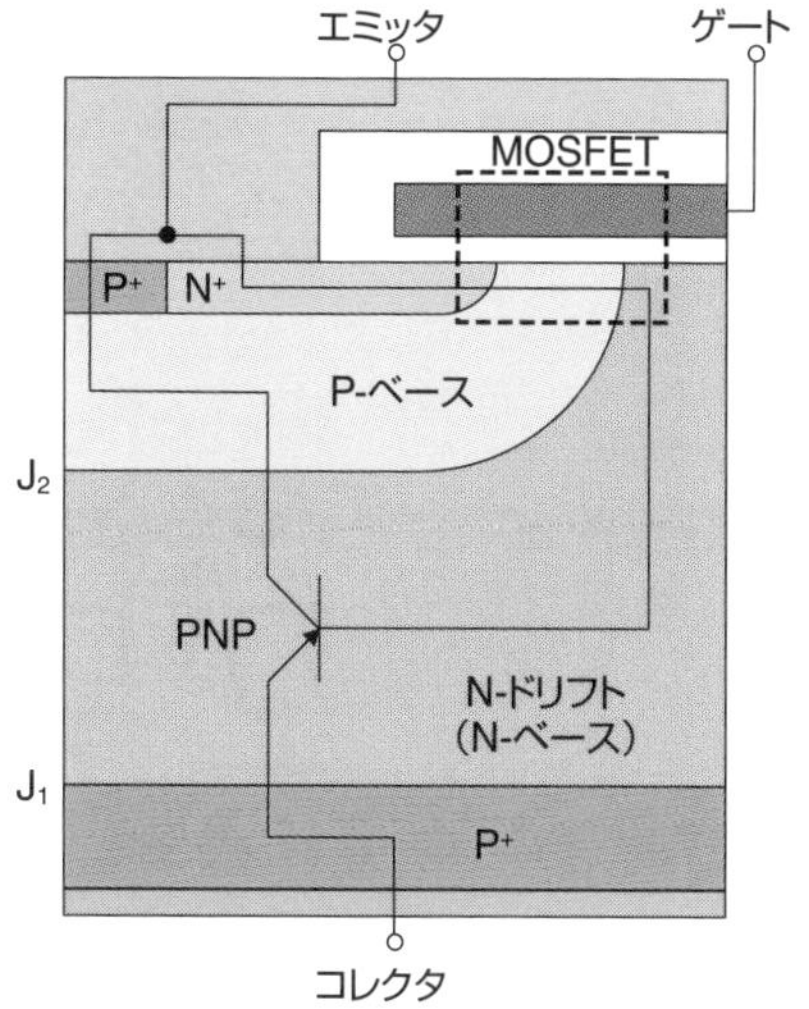

寄生デバイスを含めたIGBTの構造

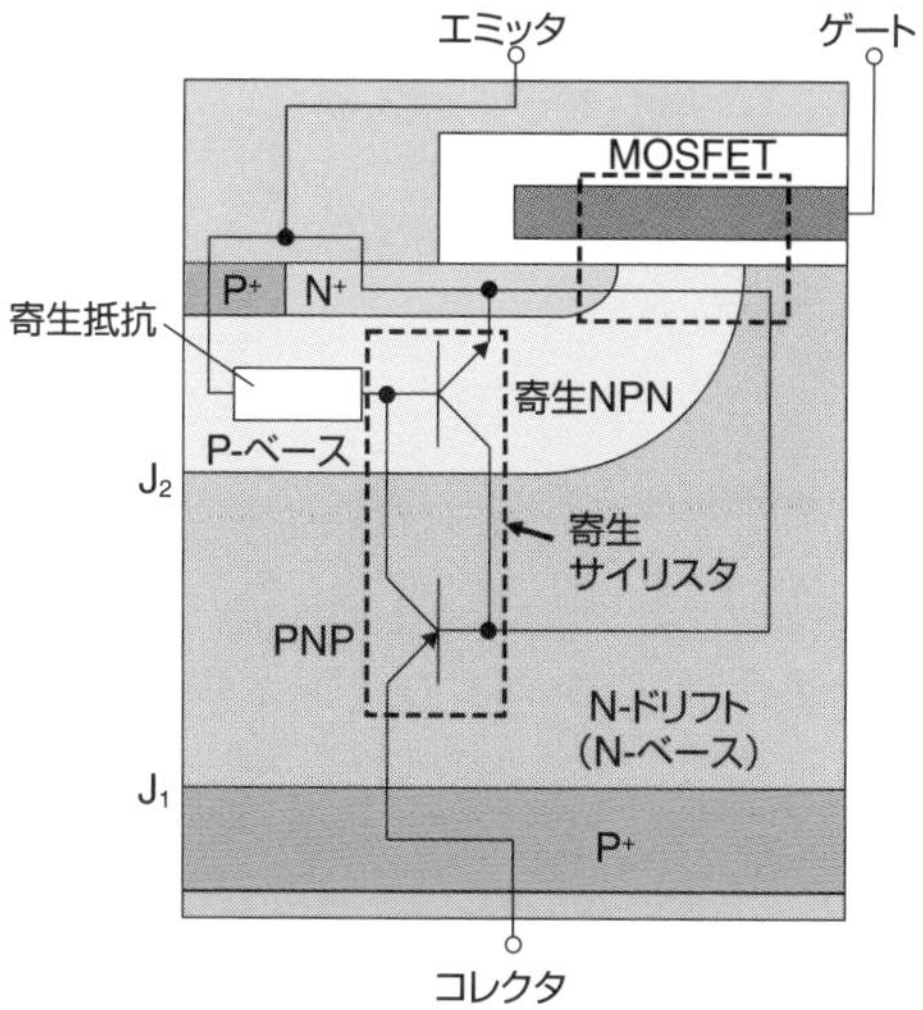

寄生サイリスタをオンさせないことが必要です。

J_1: P^+/N-ドリフト接合
J_2: P^-ベース/N-ドリフト接合

NチャネルIGBTの記号

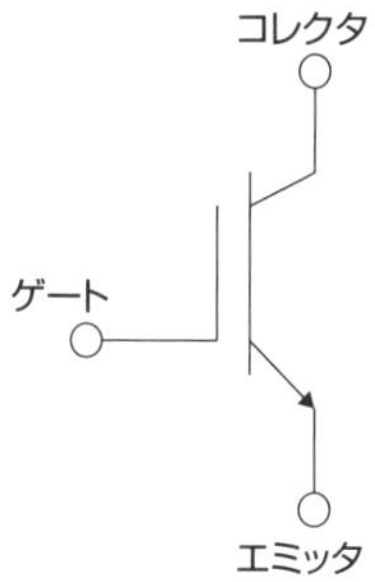

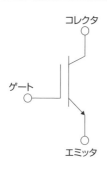

基本IGBTの出力特性

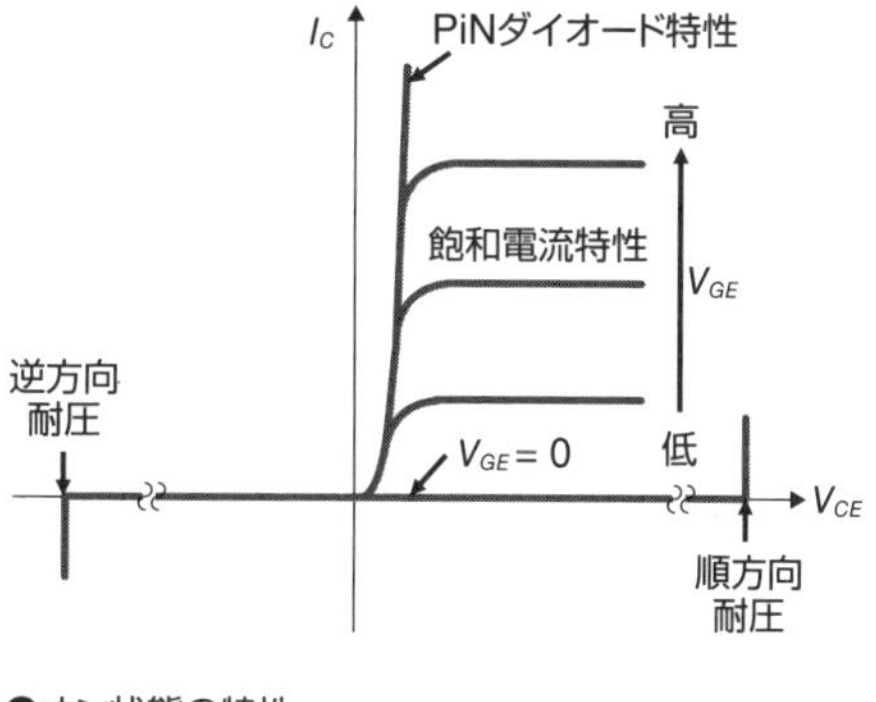

●オン状態の特性
（1）低い V_{GE}（MOSFET飽和領域）
IGBTの特性⇒飽和電流特性
（2）高いV_{GE}（MOSFET線型領域）
IGBTの特性⇒ほぼPiNダイオード特性
（P^+コレクタ/N-ドリフト接合の特性）
●オフ状態の特性（ブロッキング特性）
（1）順方向ブロッキング:J_2逆バイアス、J_1順バイアス
（2）逆方向ブロッキング:J_1逆バイアス、J_2順バイアス
（順方向耐圧と逆方向耐圧は同じ）

49 IGBTにはどんな種類がある？

パンチスルー、ノンパンチスルー、フィールドストップ

　IGBTを大きく分類すると、N^-ドリフト領域がエミッタ側とコレクタ側で対称になっている対称型と非対称になっている非対称型に分けられます。対称型は48項で説明した基本構造になり、ノンパンチスルー型とも言われます。この型では、順方向または逆方向ブロッキング時の空乏領域がN^-ドリフト全域に広がらない状態(パンチスルーしない状態)で、ブレークダウンが発生します。また、この型では、ターンオフに掛かる時間が比較的長くなります。

　非対称型には、N^-ドリフト領域のコレクタ側にN^-バッファ層があります。N^-バッファ層の不純物ドーピング濃度はN^-ドリフト領域のものより高くなっています。この構造では、順方向ブロッキング時に空乏領域がN^-バッファ層に到達(パンチスルー)して、ブレークダウンが発生します。逆方向ブロッキング時には、空乏領域がN^-バッファ層内に広がるだけでブレークダウンが発生します。したがって、順方向耐圧は高いですが、逆方向耐圧は低くなります。順方向耐圧を対称型と非対称型で同じにした場合、後者のN^-ドリフト領域の長さは、前者のものに比べると短くなります。このため、非対称型では対称型に対し、基本的に、オン電圧を低くでき、ターンオフに掛かる時間を短縮できます。

　非対称型には、2種類あり、P^+コレクタの不純物ドーピング濃度が高く、厚いP^+基板上にデバイスが作製されているものをパンチスルー型と言い、P^+コレクタの不純物ドーピング濃度が低く、その厚さが薄くなっているものをフィールドストップ型と言います。パンチスルー型では、P^+コレクタからN^-ドリフトへの正孔注入量が多くなりますが、フィールドストップ型では、その量を少なくできます。そのため、フィールドストップ型では、少しオン電圧は上昇しますが、ターンオフ時間を短くできます。

要点BOX

- ●IGBTには対称型と非対称型がある
- ●非対称型は対称型に対し、オン電圧を低くでき、ターンオフ時間を短縮できる

IGBTの分類

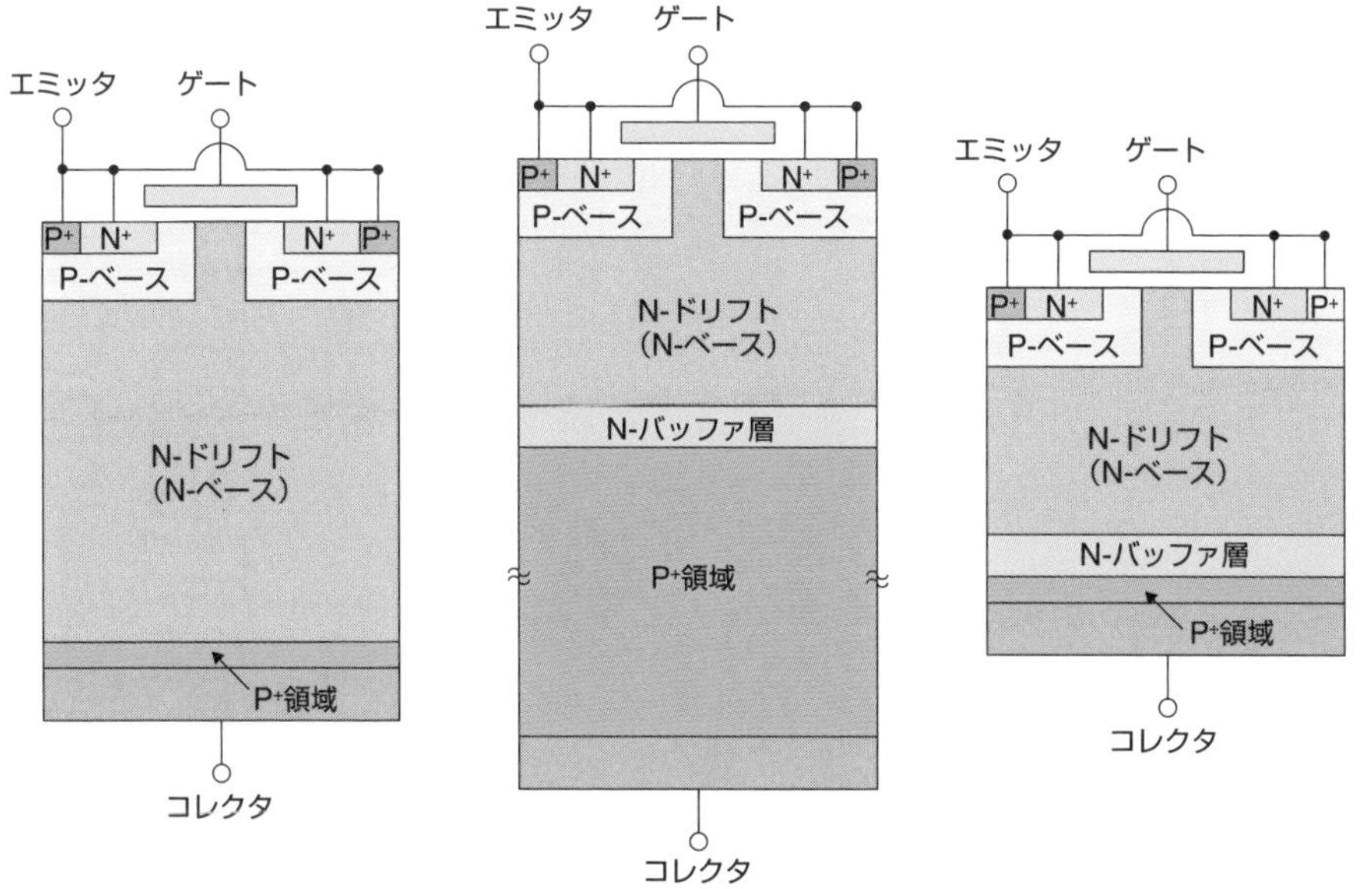

(a)ノンパンチスルー型IGBT
(対称型)

(b) パンチスルー型IGBT
(非対称型)

(c) フィールドストップ型IGBT
(非対称型)

歴史的には、初期にパンチスルー型IGBTが開発されました。これは、高ドープの厚いP^+基板上(CZウエハ)にN-ドリフト領域をエピタキシャル成長させるため高コストでした。また、コレクタからの正孔注入量が多く、ライフタイム制御が必要でした。コレクタからの正孔注入量を低減してライフタイム制御を不要とし、バルクウエハ(FZウエハ)を用いて低コスト化したノンパンチスルー型IGBTが次に開発されました。その後、このノンパンチスルー型にN-バッファ層を設けてパンチスルー型にしたフィールドストップ型IGBTが開発されました。(ウエハに関しては、コラム「パワーデバイスに使われるシリコンウエハの種類」を参照して下さい。)

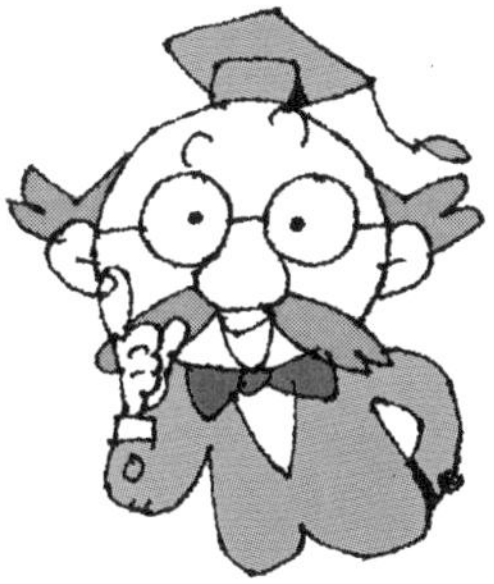

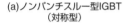

50 IGBTの耐圧はPN接合耐圧ではないの？

順方向ブロッキング時にはN^-ドリフトがフローティングになるので、IGBTの耐圧は単純なPN接合の耐圧になりません。ではどうなるでしょうか。

順方向ブロッキング時の対称型IGBT（上図左）では、コレクタ電流I_Cは、コレクタからエミッタへ到達する正孔電流$\alpha_{PNP}I_C$とN^-ドリフト内で発生するリーク電流I_Lの和になります。ここで、α_{PNP}はPNPトランジスタのベース接地電流利得で、コレクタからN^-ドリフトへの正孔の注入効率γ_E、N^-ドリフトの中性領域を通過する正孔の到達率（ベース輸送ファクター）α_T、及び空乏領域の高電界により発生するキャリア増倍の係数Mの積からなります。I_Cの式から、α_{PNP}が1でI_Cが無限大（ブレークダウン発生）になるので、この時印加するV_{CE}が耐圧になります（**上図右**）。

N^-ドリフト長を一定にして、耐圧とN^-ドリフト領域不純物ドーピング濃度N_Dの関係を見てみましょう。N_Dの増大に伴い、N_Dの低い領域では耐圧は上昇しますが、N_Dの高い領域では耐圧は低下します。耐圧の上昇は、N_Dの上昇に伴って空乏領域が狭まり（中性領域が長くなり）、α_Tが低下することによります。耐圧の低下は、N_Dの増大に伴って空乏領域内の電界が高まり、Mが増大することによります。

順方向ブロッキング時の非対称型IGBTの耐圧も、対称型IGBTの場合と同様のブレークダウン条件になりますが、γ_EはコレクタからN^-バッファ層への正孔の注入効率、α_TはN^-バッファ層の中性領域を通過する正孔の到達率、Mは同じになります。これは、順方向ブロッキング時にN^-ドリフト領域がパンチスルーしていることによります。

非対称型IGBTの耐圧は、N^-バッファ層の不純物ドーピング濃度N_{NB}の影響を受けます。N_{NB}の上昇に伴ってγ_Eとα_Tが低下するので、この耐圧は上昇します（**下図右**）。

要点BOX

- **ブレークダウン発生条件は、$\alpha_{PNP}=1$**
- **順方向耐圧は対称型ではN_Dに依存し、非対称型ではN_{NB}に依存する**

対称型IGBTのブレークダウン時の電流と電界

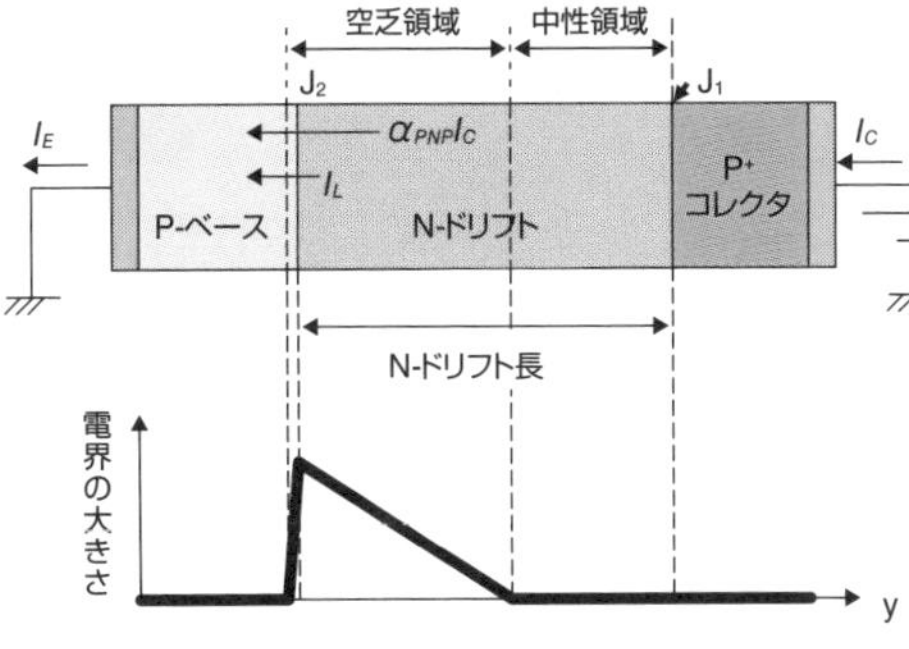

I_C: コレクタ電流
I_E: エミッタ電流
I_L: リーク電流

J_1: P^+/N-ドリフト接合
J_2: P-ベース/N-ドリフト接合

対称型IGBTのブレークダウン条件

$$\alpha_{PNP}=\gamma_E \alpha_T M=1$$

$$\because \quad I_C=\alpha_{PNP} I_C+I_L$$

$$\Rightarrow I_C = \frac{I_L}{1-\alpha_{PNP}}$$

α_{PNP}: ベース接地電流利得
γ_E(≒1): J_1での正孔の注入効率
α_T: ベース輸送ファクター[1)]
M: キャリア増倍係数

1)到達率またはベース輸送効率とも言われます。

対称型IGBTの耐圧とN-ドリフト領域不純物ドーピング濃度の関係

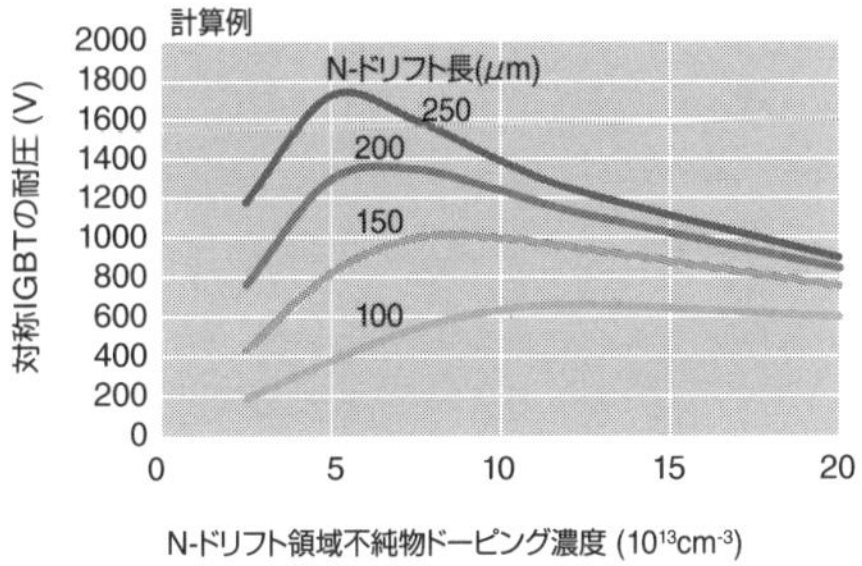

非対称型IGBTのブレークダウン時の電流と電界

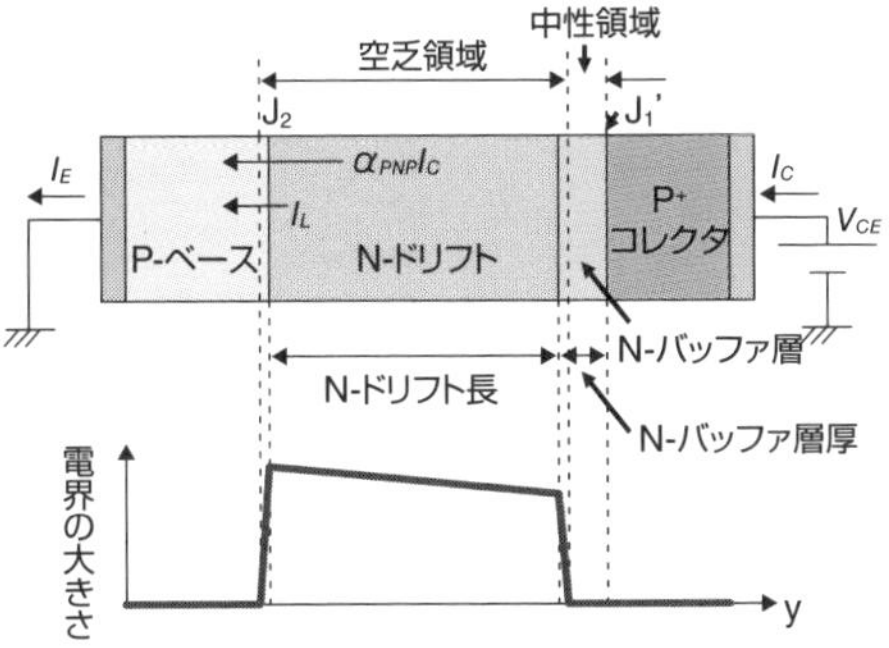

J_1': P^+/N-バッファ接合

非対称型IGBTの耐圧のN-バッファ層不純物ドーピング濃度依存性

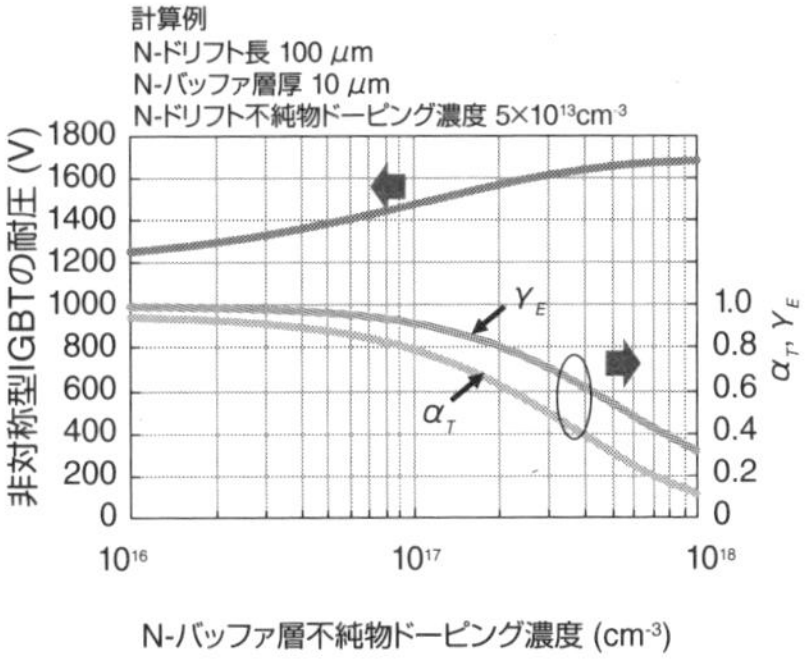

(注)計算例では参考文献(2)で提示されている計算条件を参考に計算しました。

51 対称型ドリフトを持つIGBTの順方向特性はどうなるの？

対称型のキャリア分布とオン電圧

対称型IGBTの順方向オン時の電流経路には、コレクタ→N^-ドリフト→P^-ベース→エミッタ（電流経路①）とコレクタ→N^-ドリフト→JFET→MOSFET→エミッタ（電流経路②）がありますが、どちらの経路でも全電圧降下は同じになります。電流経路②の等価回路は、PiNダイオードとMOSFETの直列接続になります（**上図左**）。

電流経路②で電圧降下成分を見てみます。電流経路②には、P^+N接合電位 V_{P+N}、N^-ドリフト（N^-ベース）領域電圧降下V_{NB}、JFET領域電圧降下V_{JFET}、蓄積領域電圧降下V_{ACC}、チャネル領域電圧降下V_{CH}があります。V_{JFET}、V_{ACC}、V_{CH}を合わせて、便宜的にMOSFETの電圧降下V_{MOS}とします。オン電圧V_{ON}は、V_{P+N}、V_{NB}、V_{MOS}の合計になります（**上図右**）。

耐圧1200V用の対称型IGBTでコレクタ電流密度J_Cを100A/cm^{2}として、高レベルライフタイムτ_{HL}を変えた場合のN^-ドリフト領域の正孔密度分布を見てみましょう（**下図左**）。τ_{HL}が長いと（2または20μsの場合）、正孔密度はN^-ドリフト全域でその領域の不純物ドーピング濃度N_Dより高くなるので、伝導度変調がその全域で起こり、V_{NB}が低下します。τ_{HL}が短くなると（0・2μsの場合）、正孔注入のあるP^+コレクタ／N^-ドリフト接合（J_1）側では、正孔密度はN_Dより高くなりますが、P^-ベース／N^-ドリフト接合（J_2）側へいくに連れて、正孔密度は減少し、N_Dより低下します。この場合、伝導度変調領域がN^-ドリフトの一部になるので、V_{NB}は上昇します。

V_{ON}のτ_{HL}依存性によると、τ_{HL}の低下に伴うV_{NB}の上昇によって、V_{ON}増大の様子が明確になります。V_{ON}とτ_{HL}はトレードオフの関係にあり、短いτ_{HL}で高速スイッチングするとV_{ON}が上昇します（**下図右**）。

要点BOX

- N-ドリフト領域のτ_{HL}の低下に伴い、V_{ON}は上昇する
- V_{ON}とτ_{HL}はトレードオフの関係にある

オン時の電流経路

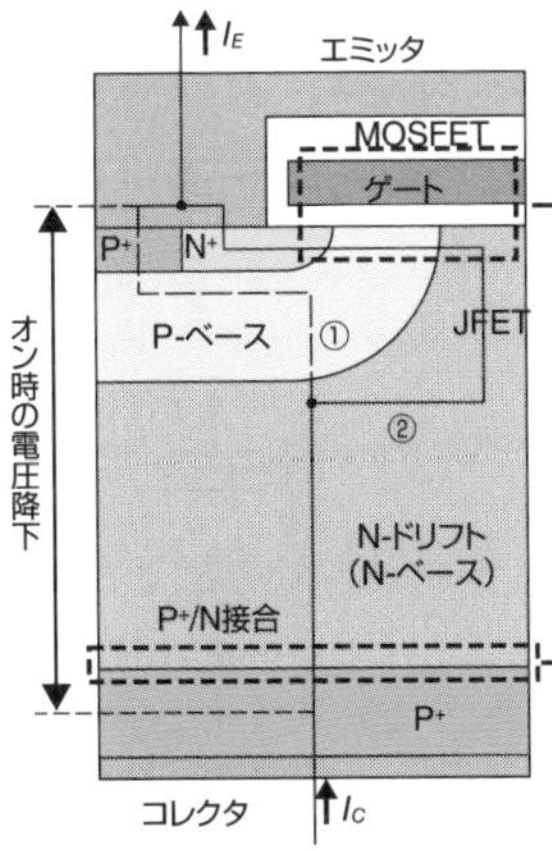

(注1)①と②の電流経路でオン時の電圧降下は同じです。
(注2)JFET領域の不純物ドーピング濃度は、N-ドリフト領域のものより高くなっています。

電流経路②の等価回路

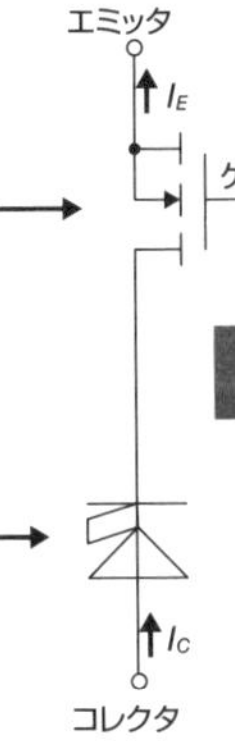

オン時の電圧降下成分(電流経路②)

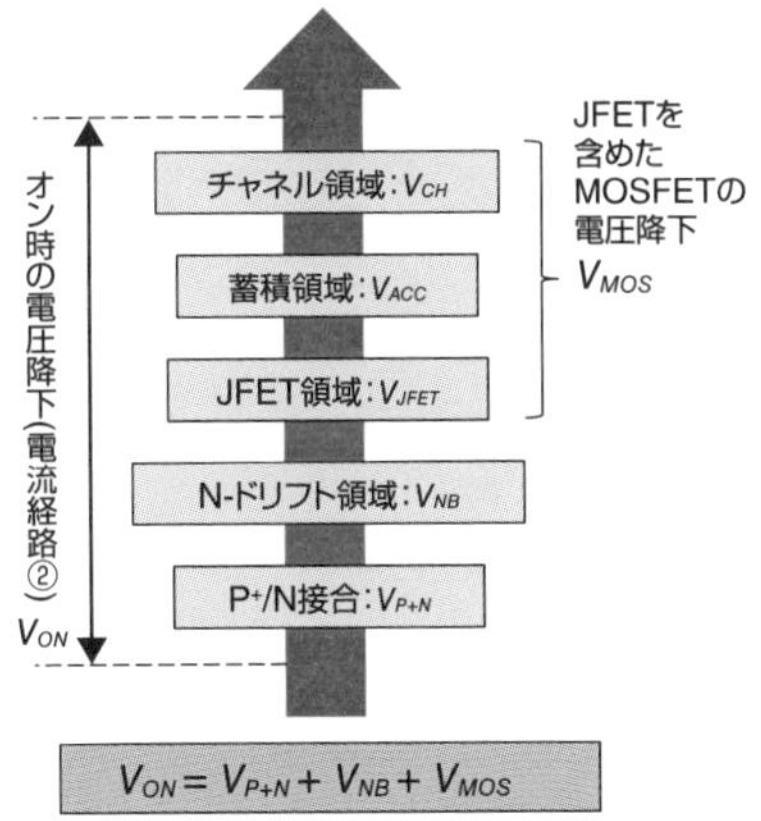

$$V_{ON} = V_{P+N} + V_{NB} + V_{MOS}$$

$$V_{MOS} = V_{CH} + V_{ACC} + V_{JFET}$$

対称型IGBTのN-ドリフト内の正孔密度分布(PNP領域)

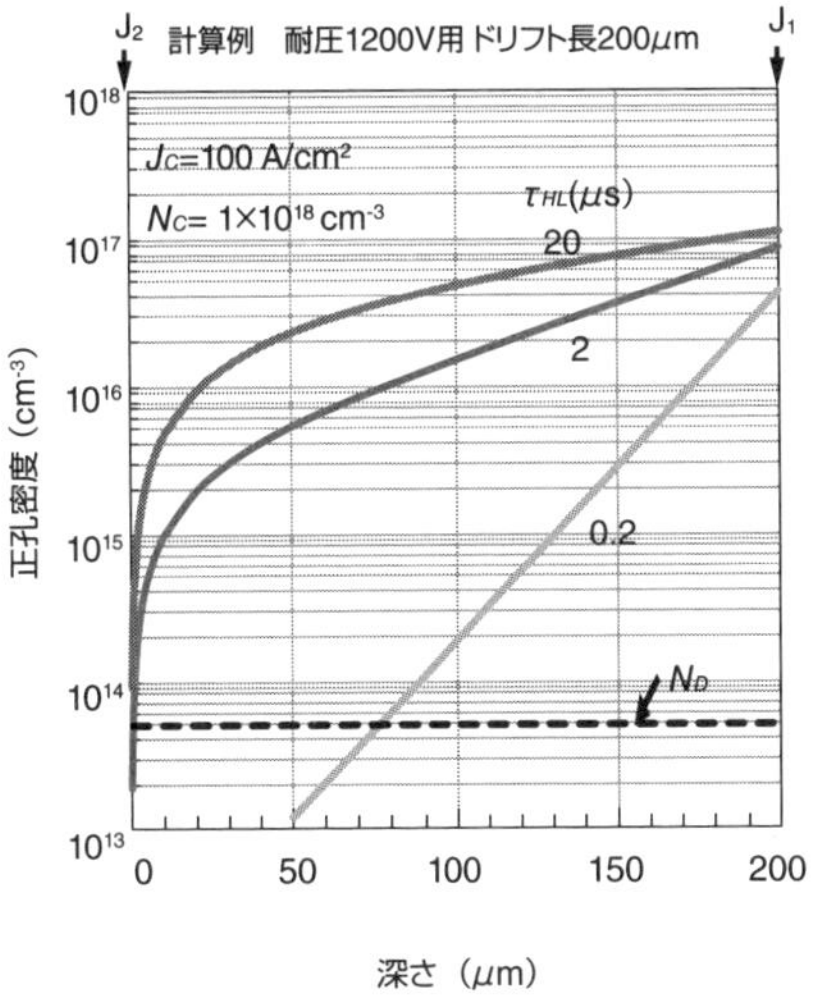

対称型IGBTのオン電圧の高レベルライフタイム依存性

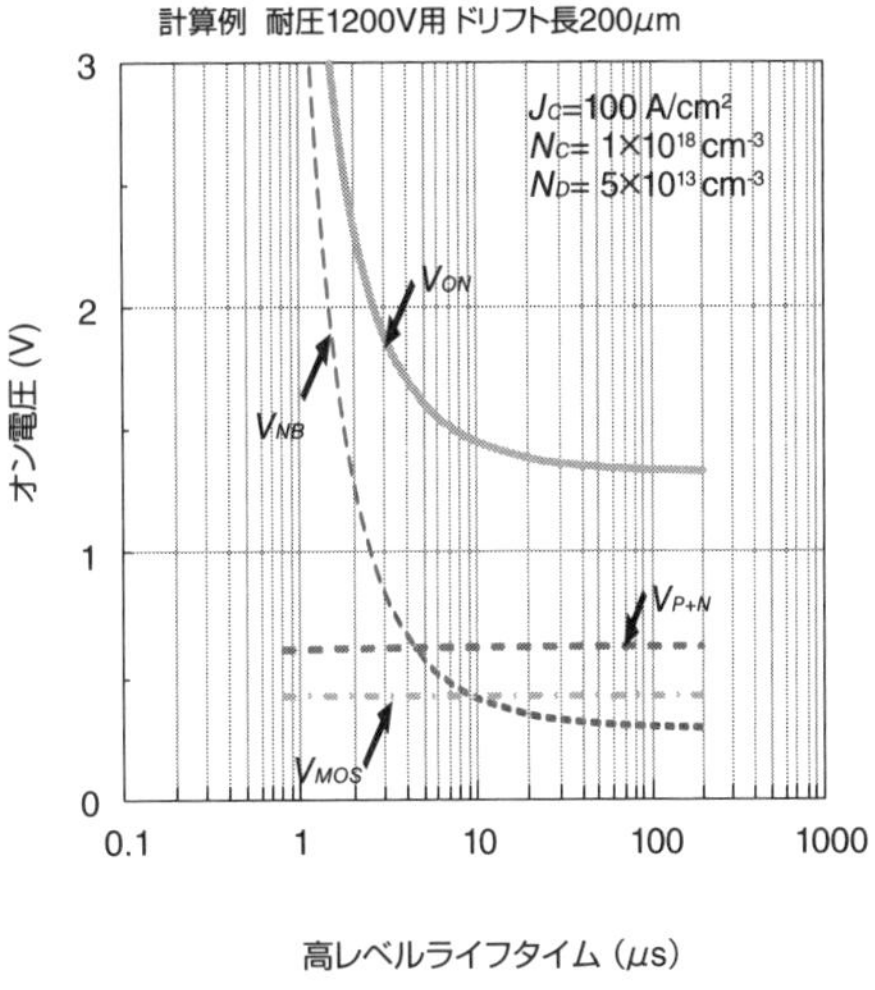

(注)計算例では参考文献(2)で提示されている計算条件を参考に計算しました。

52 非対称型ドリフトを持つIGBTの順方向特性はどうなるの？

非対称型のキャリア分布とオン電圧

非対称型IGBTの順方向オン時の電流経路は、51項の対称型IGBTのものと同じになります。51項と同じように電流経路②で順方向特性を考えます。

耐圧1200V用の非対称型IGBTでJ_Cを100A/cm^{2}として、N^-バッファ層の不純物ドーピング濃度N_{NB}を変えた場合、N^-ドリフト領域及びN^-バッファ層の正孔密度分布がどうなるか見てみましょう。N_{NB}が低い場合、正孔はN^-ドリフト領域とN^-バッファ層で高レベル注入になるので、正孔密度分布は51項の対称型IGBTのτ_{HL}の長い場合と同様になります。ここでは、コレクタの不純物ドーピング濃度N_Cを51項の場合より1桁上げてあるので、同じτ_{HL}に対して、正孔密度は上昇しています(**上図左**)。

N_{NB}が高くなると、正孔はN^-バッファ層では低レベル注入、N^-ドリフト領域では高レベル注入になり、正孔密度分布はN_{NB}よって影響を受けます。N_{NB}が高くなるにつれて、P^+コレクタからN^-バッファ層への正孔注入効率が低下し、その影響を受けてN^-ドリフト領域では正孔密度分布形状が低下します。これは、τ_{HL}を低下させた場合と同様の効果があります(**上図右**)。

V_{ON}のτ_{HL}依存性は、対称型IGBTの場合と同様の特性になりますが、非対称型IGBTでは、より低いτ_{HL}まで低V_{ON}を維持できます。例えば、対称型IGBTでは、τ_{HL}が10μsでV_{ON}は約1・5Vですが、非対称型IGBTでは、τ_{HL}が1μsで同じV_{ON}になります。これにより、非対称型IGBTでのスイッチングは対称型IGBTのものに比べて、同じオン電圧でも、より高速になります。

V_{ON}のN_{NB}依存性によると、N_{NB}が1×10^{17}cm^{-3}を超えると、N_{NB}の上昇に伴ってV_{ON}が急増し始めるので、低V_{ON}にするには、N_{NB}をその濃度より少なくする必要があります(**下図右**)。

要点BOX

- **N_{NB}変更はτ_{HL}変更と同様の効果がある**
- **非対称型IGBTは、対称型IGBTに比べて、より低いτ_{HL}まで低V_{ON}を維持できる**

非対称型IGBTのN-ドリフト内の正孔密度分布(PNP領域)(N-バッファ層の不純物ドーピング濃度が低い場合)

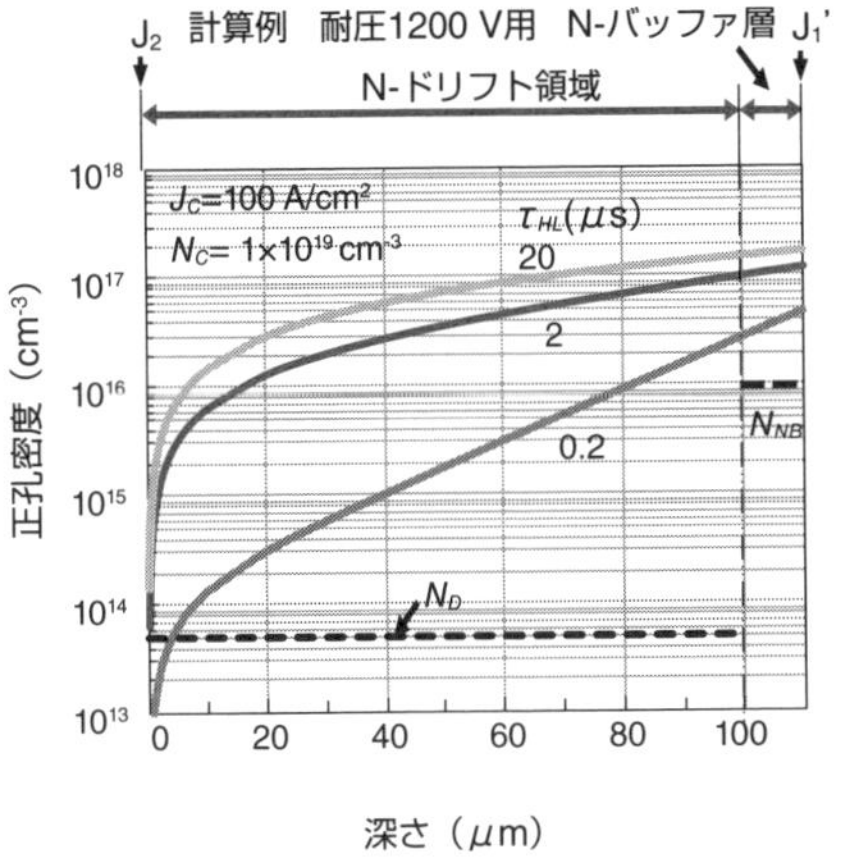

非対称型IGBTのN-ドリフト内の正孔密度分布(PNP領域)(N-バッファ層の不純物ドーピング濃度が高い場合)

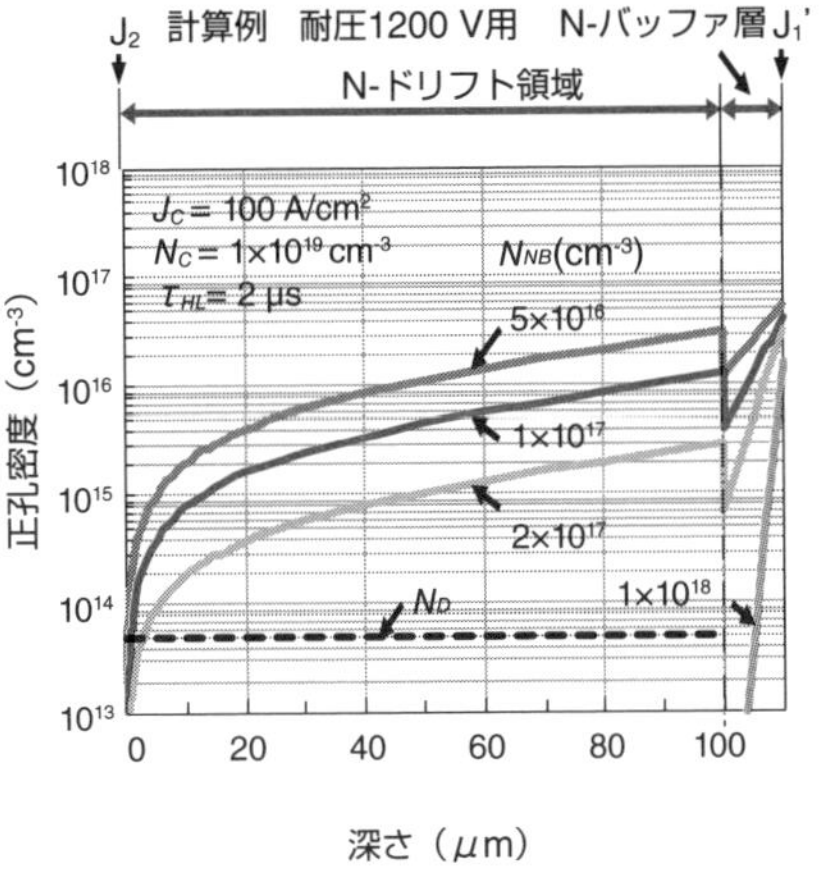

非対称型IGBTのオン電圧の高レベルライフタイム依存性

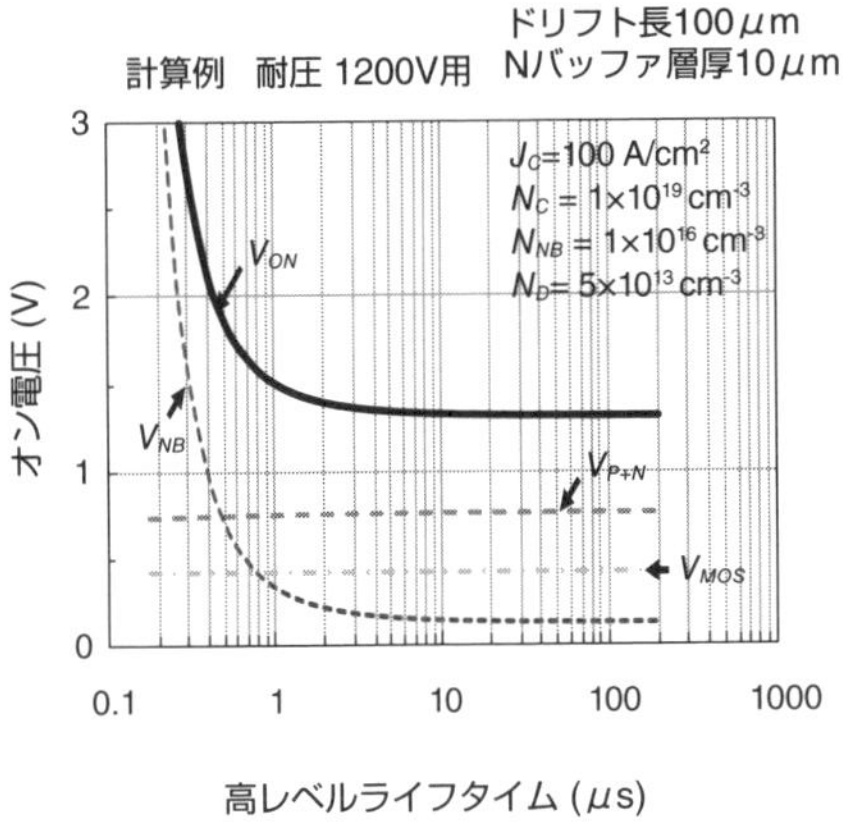

(注)N-ドリフト領域とN-バッファ層は高レベル注入

非対称型IGBTのオン電圧のN-バッファ層不純物ドーピグ濃度依存性

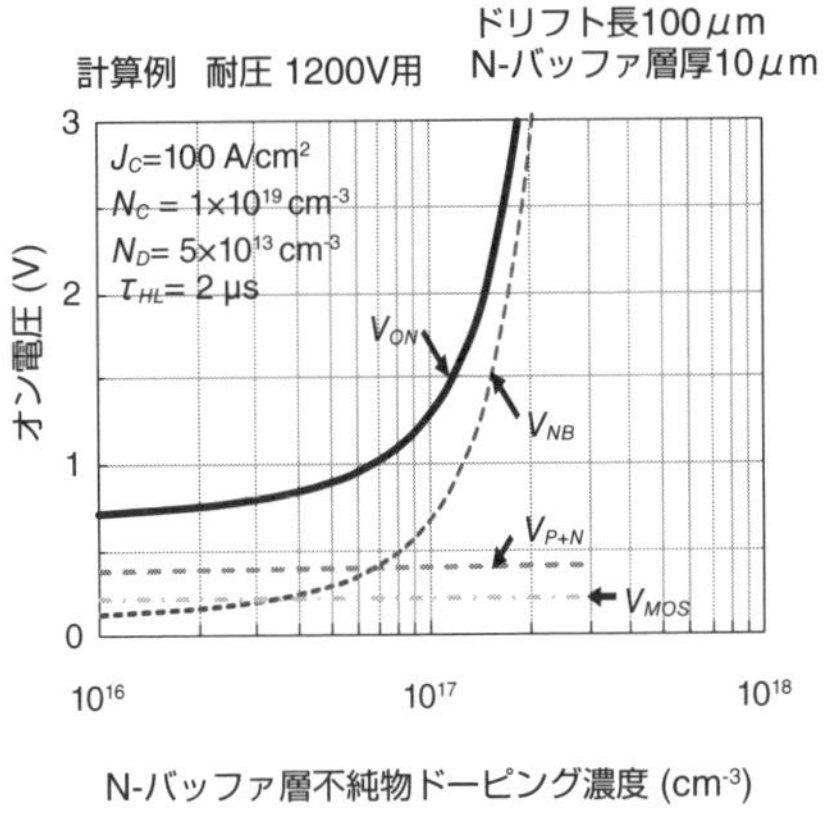

(注)計算例では参考文献(2)で提示されている計算条件を参考に計算しました。

53 薄いコレクタを持つIGBTの順方向特性はどうなるの？

薄いコレクタ型のキャリア分布とオン電圧

　薄いコレクタを持つ対称型IGBTの順方向オン時の電流経路は、51項の対称型IGBTのものと同じになります。51項と同じように、電流経路②で順方向特性を考えます。

　耐圧1200V用の薄いコレクタの対称型IGBTでJ_Cを100A/cm^{2}として、P^+コレクタの表面不純物ドーピング濃度N_{CS}を変えた場合、N^-ドリフト領域の正孔密度分布がどうなるか見てみましょう（上図）。P^+不純物を表面から熱拡散で導入するので、P^+Nドリフト接合近傍のP^+濃度はN_{CS}より低下します。この構造でN_{CS}を下げると、P^+コレクタからN^-ドリフトへ注入される正孔密度が低下するので、それに依存してN^-ドリフト内の正孔密度分布形状が下がります。したがって、N_{CS}を変えることは、T_{HL}を変えることと同様の効果があることがわかります（51項参照）。

　V_{ON}のN_{CS}依存性を見てみましょう。N_{CS}の増大により、V_{NB}が低下するので、それに伴ってV_{ON}が低下します。P^+コレクタ／N^-ドリフト接合電位V_{P+N}は、P^+コレクタを薄くしない対称型IGBTに比べて低くなります。これは、薄いコレクタの対称型IGBTではP^+コレクタの実効的な不純物ドーピング濃度が低下することに起因します（下図）。

　この薄いコレクタの対称型IGBTにN^-バッファ層を設けたものがフィールドストップ型IGBTになります。フィールドストップ型IGBTでは、N_{CS}だけではなくN_{NB}でもN^-ドリフト内の正孔密度分布を変えることができます。ここでは、N^-ドリフト内の正孔密度分布をN_{CS}で調整します。また、N_{NB}をN^-ドリフト内の正孔密度分布に影響しない程度に低く設定して、N^-バッファ層をパンチスルー用に使います。これにより、ドリフト長を短くして、N^-ドリフト内の正孔密度分布を調整でき、スイッチングスピードとオン電圧の最適化を図れます。

要点BOX

- **N_{CS}変更はT_{HL}変更と同様の効果がある**
- **フィールドストップ型では、N-バッファ層でパンチスルーし、正孔密度をN_{CS}で調整**

薄いコレクタを持つ対称型IGBTのN-ドリフト内の正孔密度分布（PNP領域）

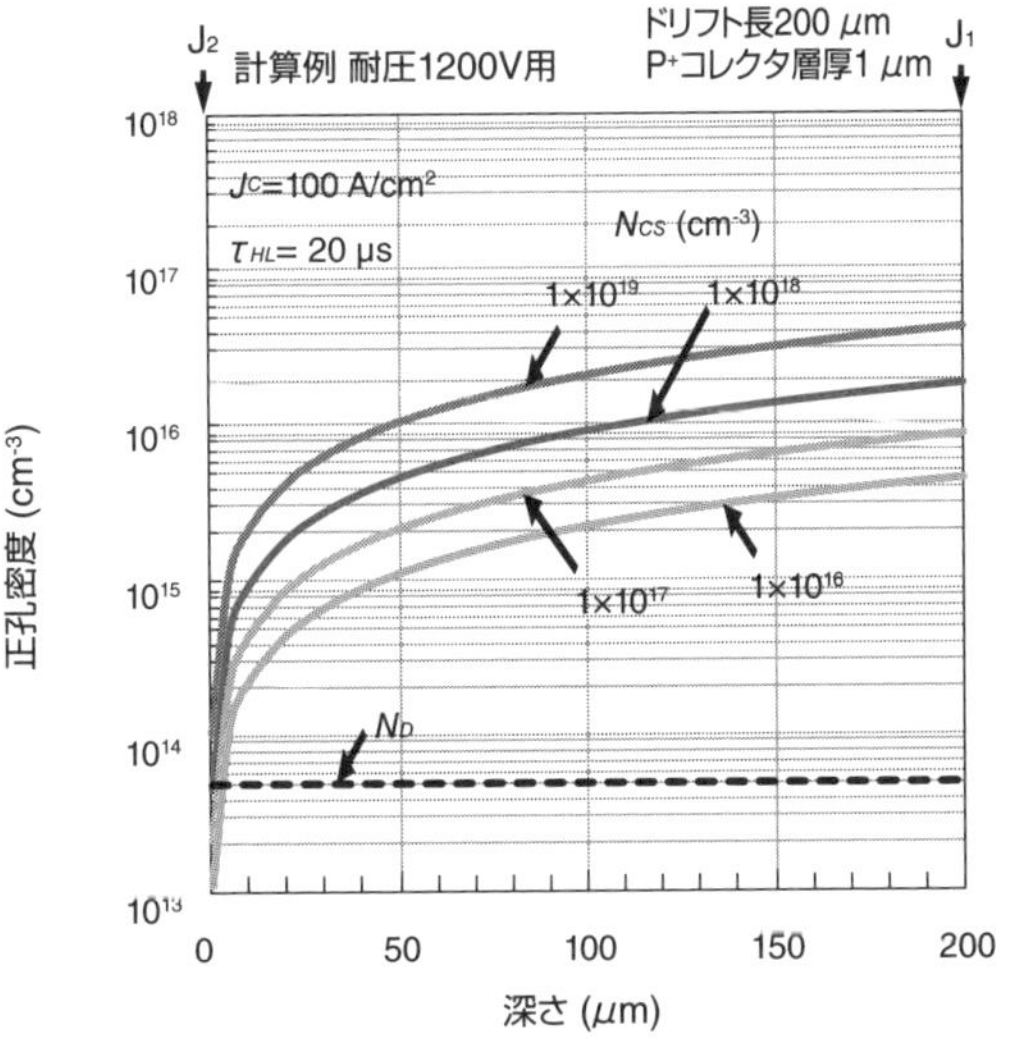

薄いコレクタを持つ対称型IGBTのオン電圧のP$^+$コレクタ表面不純物ドーピング濃度依存性

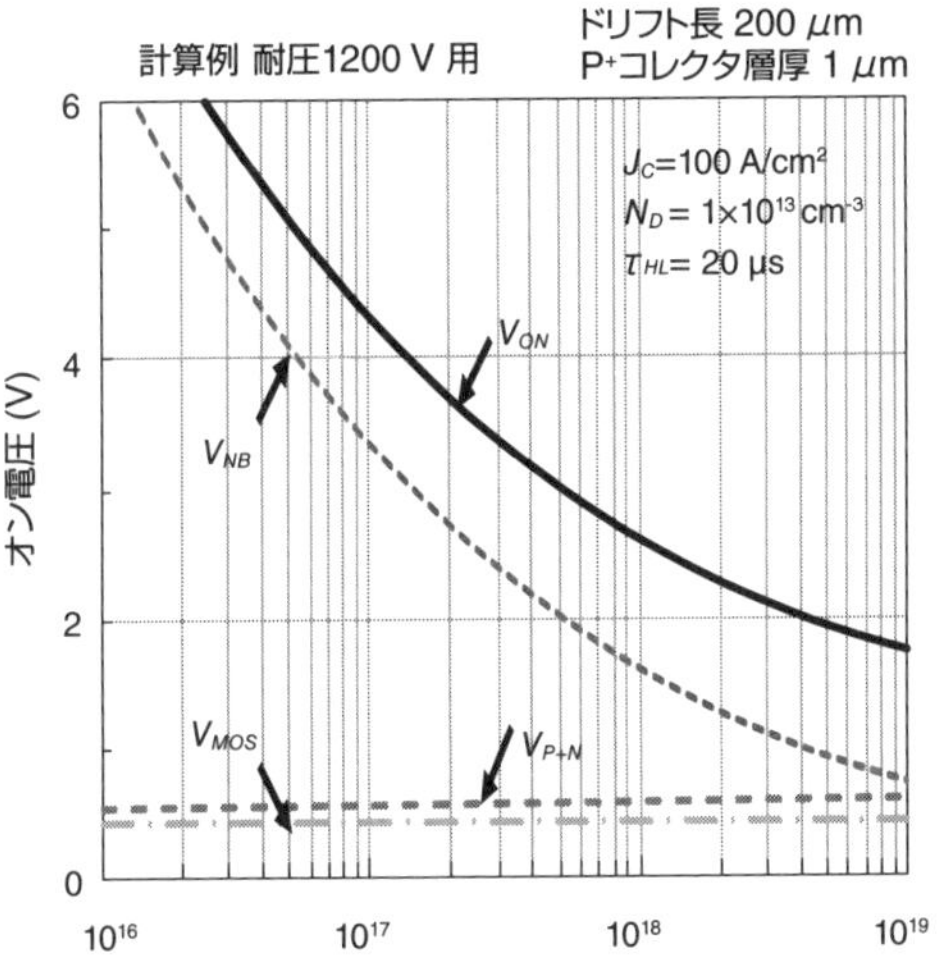

(注)計算例では参考文献(2)で提示されている計算条件を参考に計算しました。

54 IGBTをターンオフするには時間がかかるの？

誘導（コイル）負荷がある場合のIGBTのスイッチングを簡単化して、ゲートが瞬時にオフする場合のターンオフ過程を考えましょう（**図1**）。このターンオフ過程は2つに分かれます。

最初の過程（過程1）では、誘導負荷により一定電流がIGBTに流れます。コイルに流れる電流はターンオフ過程では一定と見なせます（**図2**）。この一定電流により、IGBT内では、正孔がN^-ドリフトからエミッタ側（接合J_2側）に除去され、N^-ドリフト内に空間電荷領域が広がると共に、コレクタ電圧がほぼ線形で上昇し、供給電圧V_{CS}まで到達します。実際には、ダイオードに順方向電流が流れているため、コレクタ電圧は、V_{CS}にダイオードの順方向電圧を足したものになります。過程1の期間はt_1になります。

次の過程（過程2）では、中性領域に残留するキャリアの再結合により、コレクタ電流は次第に低下していきます。ターンオフ開始から、オン時のコレクタ電流が10%まで低下したところの期間をターンオフ時間t_{OFF}と言います。過程2の期間はt_2（t_1後からt_{OFF}までの期間）になります。t_2には各IGBTの型で特徴があります。対称型IGBTでは、再結合はN^-ドリフト領域のτ_{HL}に依存します。τ_{HL}は通常長いので、このt_2は比較的長くなります。非対称型IGBTでは、再結合はN^-バッファ層の少数キャリア（正孔）ライフタイムτ_{p0}に依存します。通常、τ_{p0}はτ_{HL}より短いので、このt_2は対称型IGBTのものより短くなります。薄いコレクタの対称型IGBTでは、N^-ドリフト領域から拡散により接合J_1へ流れ込んだ電子がP^+領域で再結合します。これは、実質接合J_1での表面再結合になり、その実効ライフタイムτ_{TE}に依存します。通常、τ_{TE}もτ_{HL}より短く、このt_2は非対称型IGBTのものと同等あるいはそれより短くなります。

要点BOX

- 誘導負荷のターンオフ過程は2つに分かれる
- コレクタ電流下降過程はN-ドリフト中性領域に残留するキャリアの再結合に依存

図1　IGBTの誘導(コイル)負荷ターンオフ特性

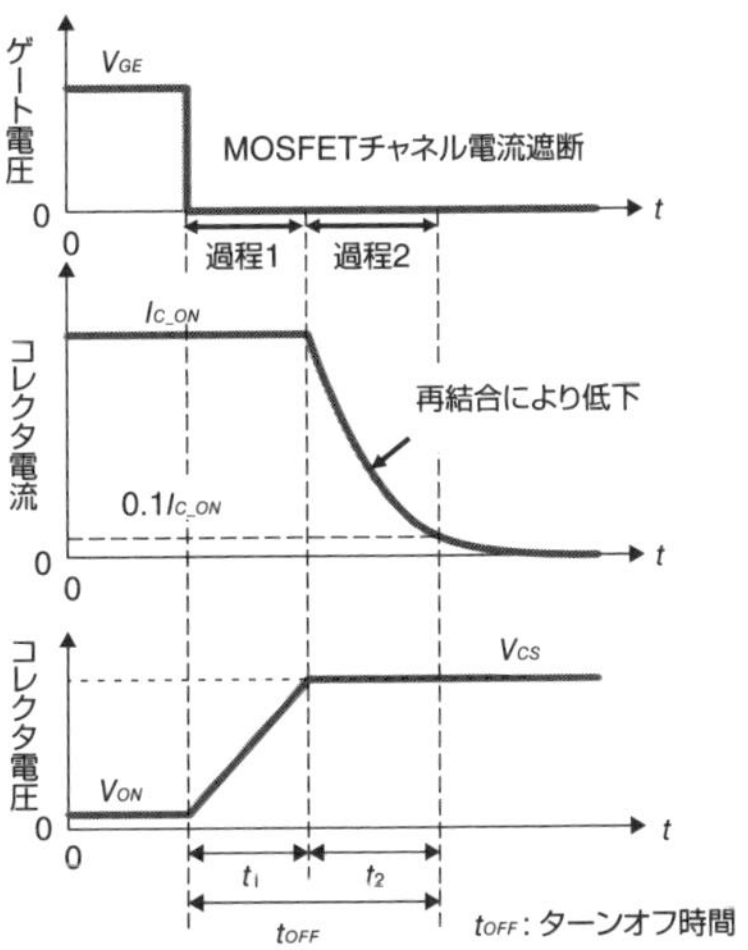

図2　IGBTの誘導(コイル)負荷

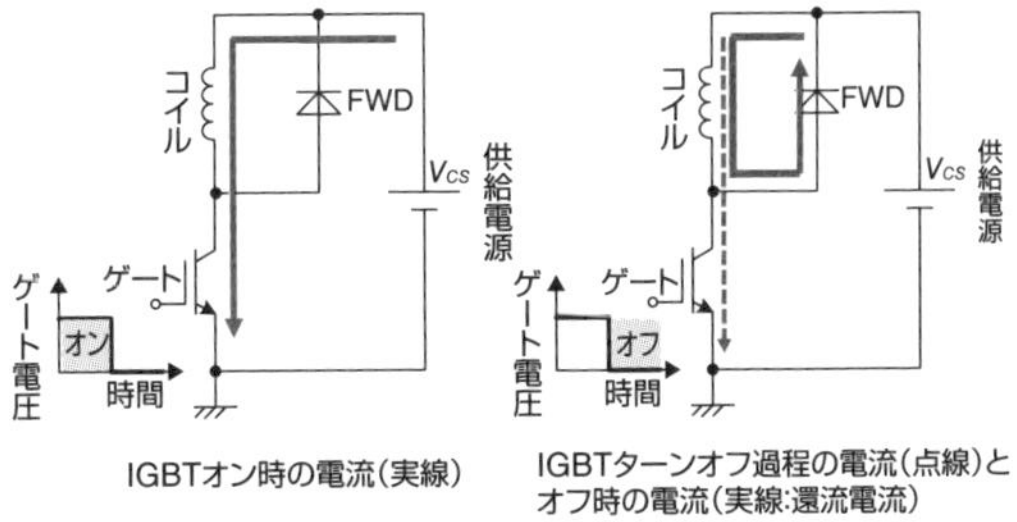

IGBTオン時の電流(実線)
IGBTターンオフ過程の電流(点線)とオフ時の電流(実線:還流電流)

FWD : Free Wheeling Diode
(注)FWDはPiNダイオードまたはショットキーバリアダイオードからできています。

図3　対称型IGBTのターンオフ過程

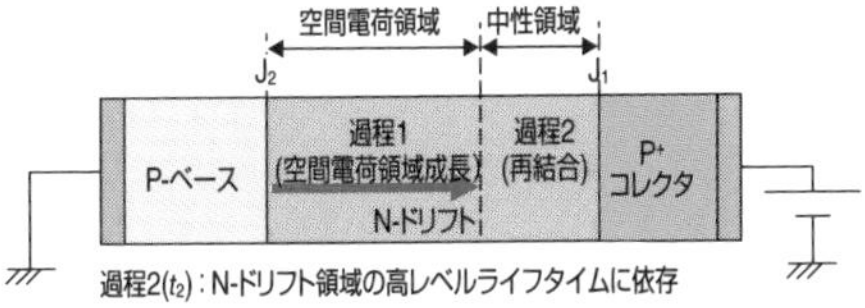

過程2(t2)：N-ドリフト領域の高レベルライフタイムに依存

図4　非対称型IGBTのターンオフ過程(注)

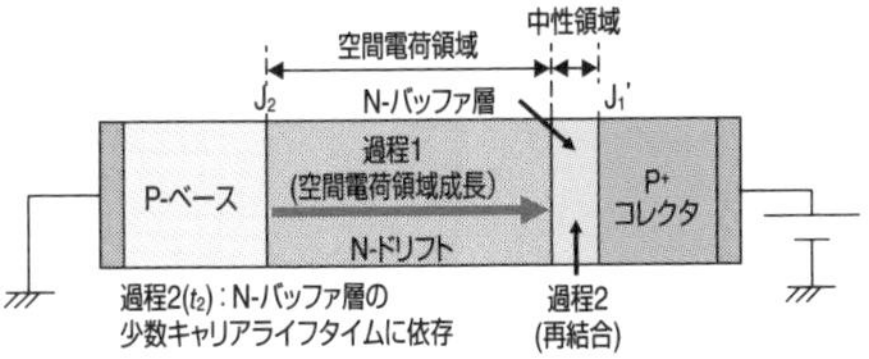

過程2(t2)：N-バッファ層の
少数キャリアライフタイムに依存

図5　薄いコレクタの対称型IGBTのターンオフ過程

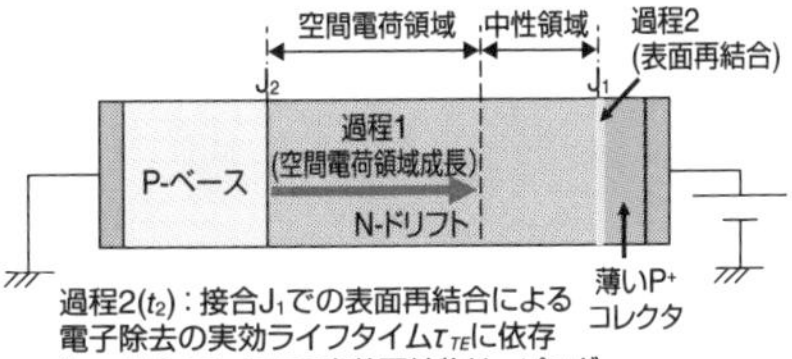

過程2(t_2)：接合J_1での表面再結合による電子除去の実効ライフタイムτ_{TE}に依存
(τ_{TE}はP^+コレクタの実効不純物ドーピング濃度N_{CE}に依存し、例えば、N_{CE}の低下に伴いτ_{TE}は短くなります。)

(注)通常、動作時の供給電圧は低く、ターンオフ時に高密度の正孔電流が空間電荷領域を通過するので(空間電荷領域の正味の正電荷が増加)、供給電圧に達してもパンチスルーしません。供給電圧に到達後、N-ドリフト領域の残留キャリアが除去され、パンチスルーが発生します。その後、N-バッファ層の残留キャリアが再結合により除去されます。

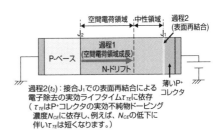

55 ゲートを縦型にするとオン電圧は低下するの？

トレンチゲートIGBT

トレンチゲートのIGBTでは以下の利点があります。①チャネルが縦方向になるため、チャネルが半導体表面にあるプレーナ構造に対し、チャネル密度を上げることができます。②JFETがないため、オン電圧が低下します。耐圧1200V用のトレンチゲート非対称型IGBT（上図左）でJ_Cを100A/cm^{2}とした場合のV_{ON}のT_{HL}依存性をプレーナ型のものと比べると（52項参照）、前者のV_{ON}は後者のものより約0・4V低下します。

トレンチゲート非対称型IGBTの耐圧はプレーナ型のものと基本的に同じですが、トレンチ底の角部に電界が集中し、耐圧低下を引き起こす可能性があります。したがって、その角部をトレンチ形成時に丸めて電界集中を緩和させる必要があります。

伝導度変調をいっそう強くした構造に、IEGTやCSTBT等があります。IEGTでは、ゲート幅を広くし、P^-ベース幅を狭くします。これによって、オン時に正孔がエミッタへ抜ける通路が狭まり、その抵抗が上がるため、N^-ドリフトにたくさんの正孔が溜まります。伝導度変調下の電荷中性により、チャネルを通して電子がN^-ドリフト内により多く注入され、全体としてN^-ドリフト内に多くのキャリアが蓄積し、伝導度変調がより強くなります。これにより、オン電圧がいっそう低下します（下図左）。実際のIEGTでは、広いトレンチゲートの両端を残して、その中間部分にフローティングのP^-ベース層を置きます（58項参照）。

CSTBTでは、P^-ベース下部にN^-ドリフトの不純物ドーピング濃度より高い濃度のN型の電荷蓄積層を設けます。これにより、正孔がこの蓄積層を越え難くなるので、正孔がその層の下部に溜まります（下図右）。伝導度変調下の電荷中性により、電子密度が正孔密度と共に増え、伝導度変調がより強くなります。これにより、オン電圧が低下します。

要点BOX

- ●トレンチゲートIGBTのオン電圧はプレーナゲートIGBTのものより低下
- ●オン電圧はIEGTやCSTBTでいっそう低下

トレンチゲート非対称型IGBTの断面

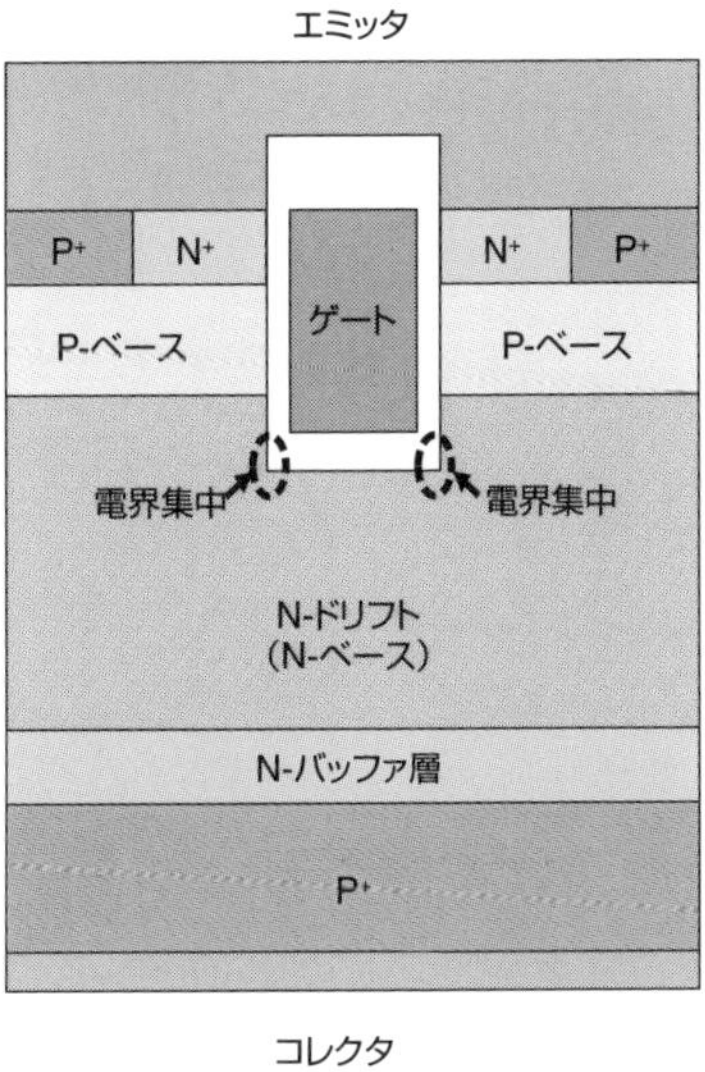

トレンチゲート非対称型IGBTのオン電圧の高レベルライフタイム依存性

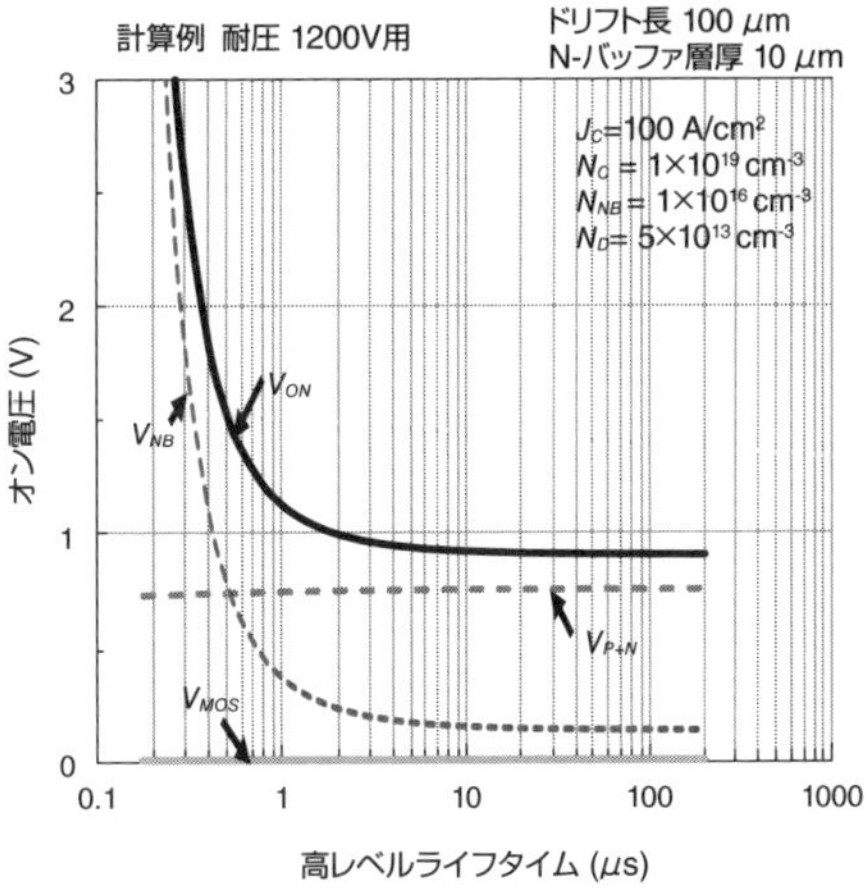

(注1)N-ドリフト領域とN-バッファ層は高レベル注入
(注2)トレンチゲート非対称型 IGBTのV_{ON}はプレーナ型のものと比べると(52項参照)、τ_{HL} ≧1 μsでは約 0.4 V低下します。τ_{HL} < 1 μsではその低下の値は下がります。これは、τ_{HL}が短くなるにつれてV_{NB}の割合が大きくなるからです。

(注)計算例では参考文献(2)で提示されている計算条件を参考に計算しました。

IEGTの断面

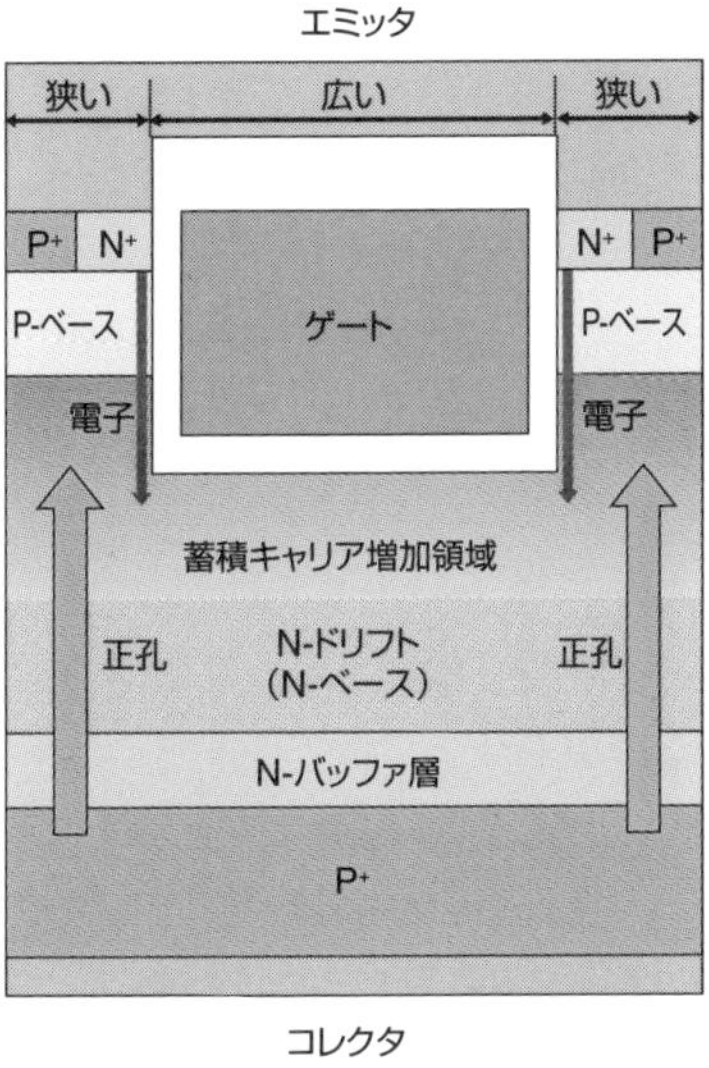

CSTBTの断面

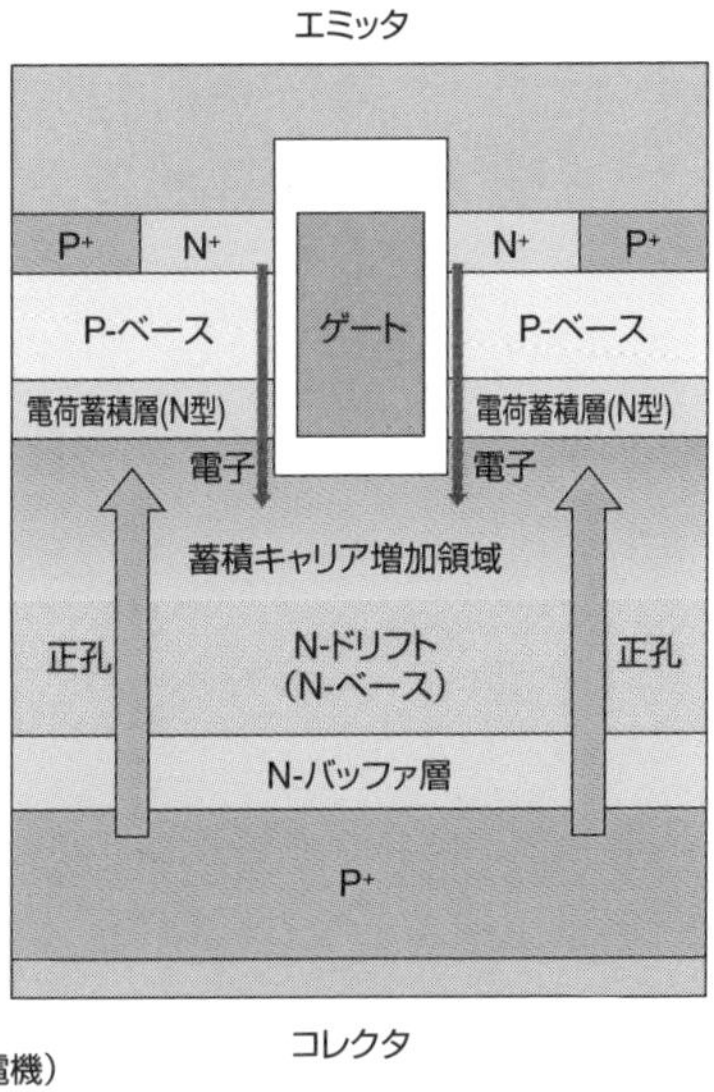

IEGT: Injection Enhanced Gate Transistor (東芝)
CSTBT: Carrier Stored Trench Gate Bipolar Transistor (三菱電機)

56 IGBTで起こしてはならない寄生動作は何？

ラッチアップ

IGBT内の主PNPトランジスタと寄生NPNトランジスタからなる寄生サイリスタが動作すると、ラッチアップが起こり破壊に至るので、これを発生させてはいけません。まず、ラッチアップ発生のメカニズムを考えます。P-ベースに過剰正孔電流($\alpha_{PNP}I_C$)が流れる場合を考えます。この正孔電流はP-ベースの抵抗により、P-ベース/N^{+}エミッタ接合に電位差を発生させます。この電位差はN^{+}エミッタ端(A点)近傍で高く、これがP-ベース/N^{+}エミッタ接合のビルトイン電位V_{bi}を超すと、寄生NPNにベース電流が流れ、寄生NPNのコレクタ電流が流れます。このコレクタ電流はPNPのベース電流になり、PNPのコレクタ電流が流れます。このコレクタ電流はP-ベースへ流れ、P-ベースとN^{+}エミッタ間の電位差をさらに上昇させ、寄生NPNのベース電流をいっそう増大させます。一連の流れで正帰還(ラッチアップ)が掛かり、寄生サイリスタに大電流が流れて破壊に至ります(上図左)。

また、高温になると、ラッチアップを引き起こす過剰正孔電流密度が低下するので、ラッチアップが発生しやすくなります。これは、高温ではV_{bi}が低下し、P-ベースの抵抗が上がることに起因します。

ラッチアップの対策は、過剰正孔電流が流れても、A点近傍でのP-ベース/N^{+}エミッタ接合電位差がV_{bi}を超さないようにP-ベースの抵抗を下げることです。このためには、N^{+}エミッタ下にP-ベースの不純物ドーピング濃度を上げて低抵抗化したP^{+}-ベースを設けることです(上図右)。P-ベース全体の不純物ドーピング濃度を上げる方法もありますが、この場合、MOSFETのしきい値電圧が上昇し、MOSFETの駆動能力が低下します。しきい値電圧を低減するには、MOSFETのゲート酸化膜厚を薄くすると可能ですが、ゲート酸化膜の信頼性を損なうまで薄くはできません。

要点BOX

- ●P-ベースを流れる過剰な正孔電流がラッチアップを発生
- ●P-ベースの低抵抗化がラッチアップ対策になる

寄生デバイスを含めたIGBTの構造

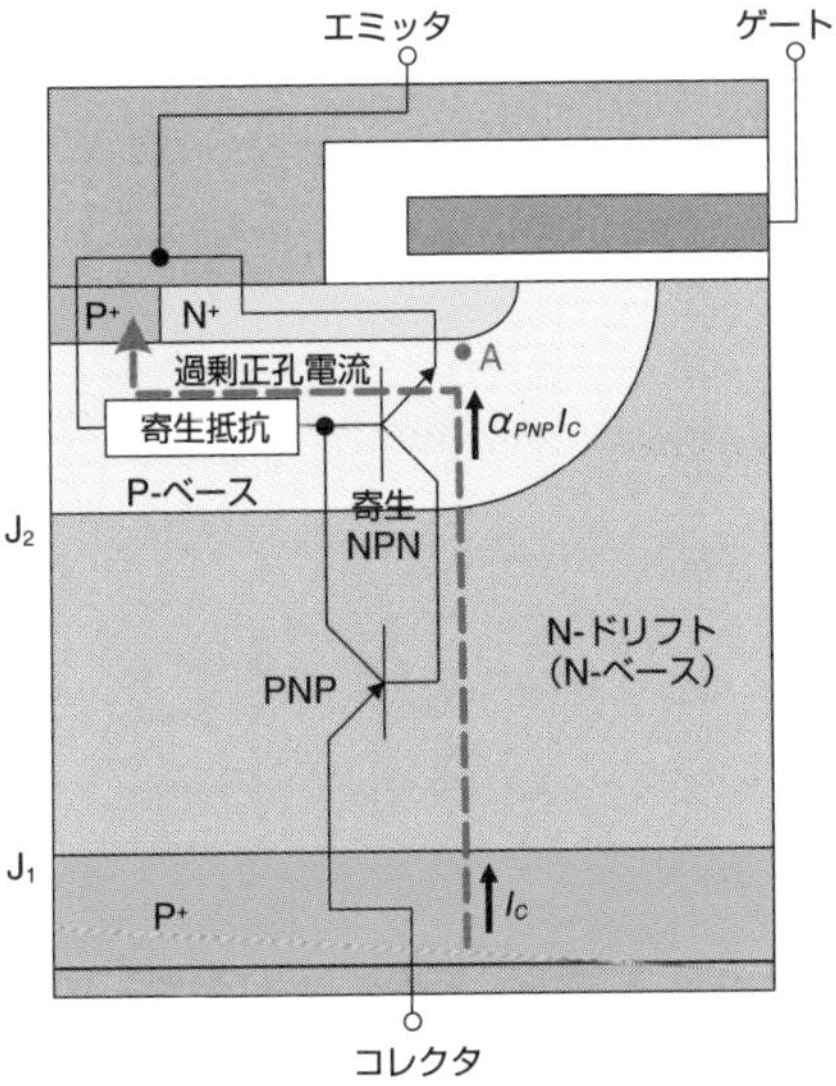

ラッチアップ対策したIGBTの構造

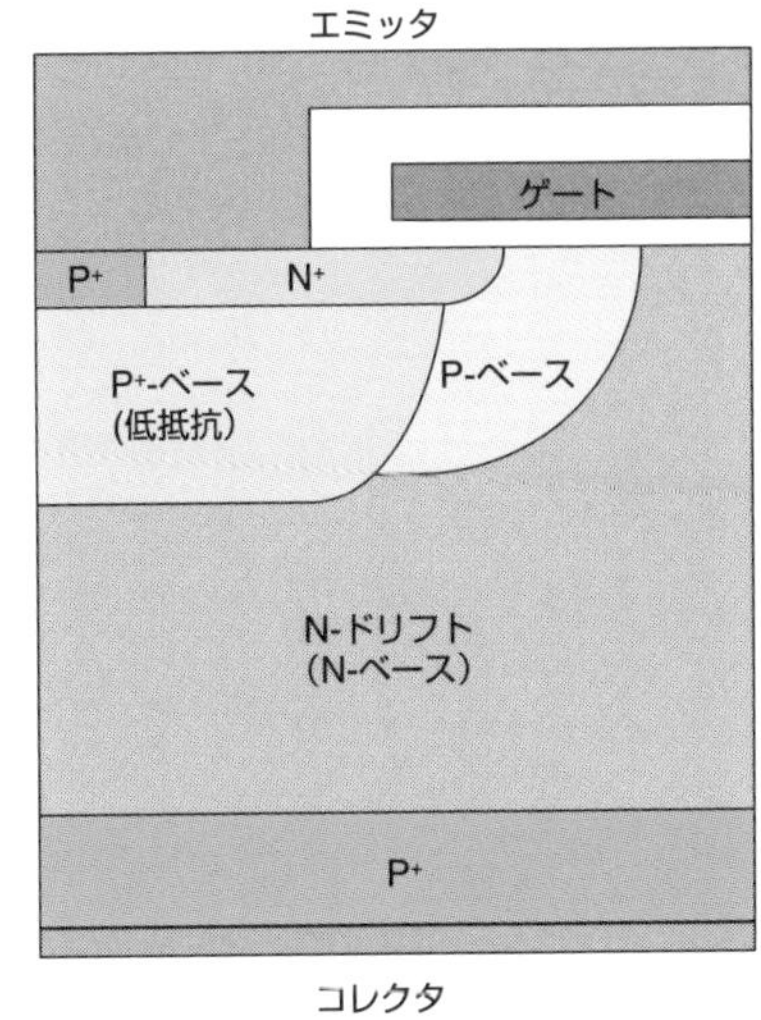

ラッチアップを引き起こすコレクタ電流密度の温度依存性

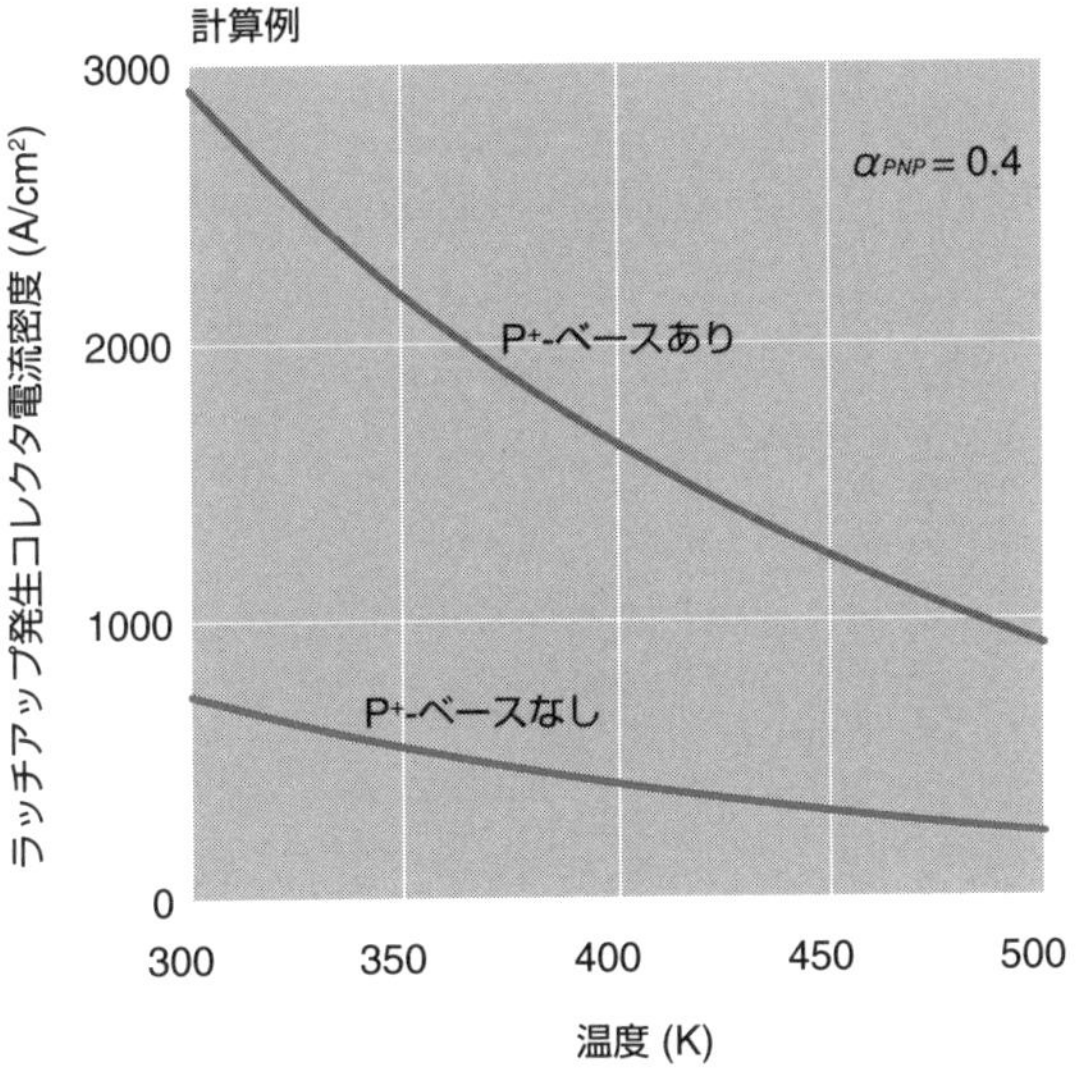

57 IGBTを安全に使うにはどうする？

短絡耐量とアバランシェ耐量

安全に使うため、IGBTは過酷な試験に耐えなければなりません。その試験には、短絡回路試験とUIS(Unclamped Inductive Switching)試験があります。

短絡回路試験では、負荷が短絡した状態を想定し、供給電源がIGBTに直結した場合でも、IGBTがある一定時間(例えば、10μs)耐えられるかを調べます。ゲート～エミッタ間電圧V_{GE}を印加して負荷電流が流れている状態で、スイッチをオンにすると、短絡電流が供給電源からIGBTに流れます(**上図左**)。この電流は、V_{GE}依存の飽和電流(一定)になります。そうすると、IGBTで消費電力による発熱が起こり、その温度は、初期温度(ヒートシンクの温度)から、熱暴走(破壊)の起こる臨界温度(シリコンでは約700℃)まで上昇します。この温度上昇に掛かる時間t_{SCSOA}が短絡耐量になります(**上図右**)。短絡耐量を超えてIGBTを使うことはできません。

UIS試験では、IGBTターンオフ時にIGBTと直列接続の寄生インダクタンスで発生する過渡的なサージ電圧(またはエネルギー)に、IGBTがどの程度耐えられるかを調べます。ゲート～エミッタ間にパルス電圧を印加します。IGBTがオンすると、インダクタンスLを流れる電流i_Lは直線的に上昇します。時間Δt後にIGBTがオフすると、i_Lに依存したエネルギーがインダクタンスに溜まります。このエネルギーは、ターンオフ時にIGBTにアバランシェ破壊を起こして放出されます。Δtを徐々に増やしていくと、エネルギー増によりIGBTが破壊に至ります。この時点のエネルギーがアバランシェ耐量になります。アバランシェ耐量を超えてIGBTを使うことはできません。

なお、ここでの短絡回路試験やUIS試験は、IGBTだけではなくパワーMOSFETにも同様にあります。

要点BOX

- 短絡耐量は熱暴走に至るまでの短絡時間
- アバランシェ耐量はアバランシェ破壊に耐えられる限界エネルギー

IGBTの短絡試験回路

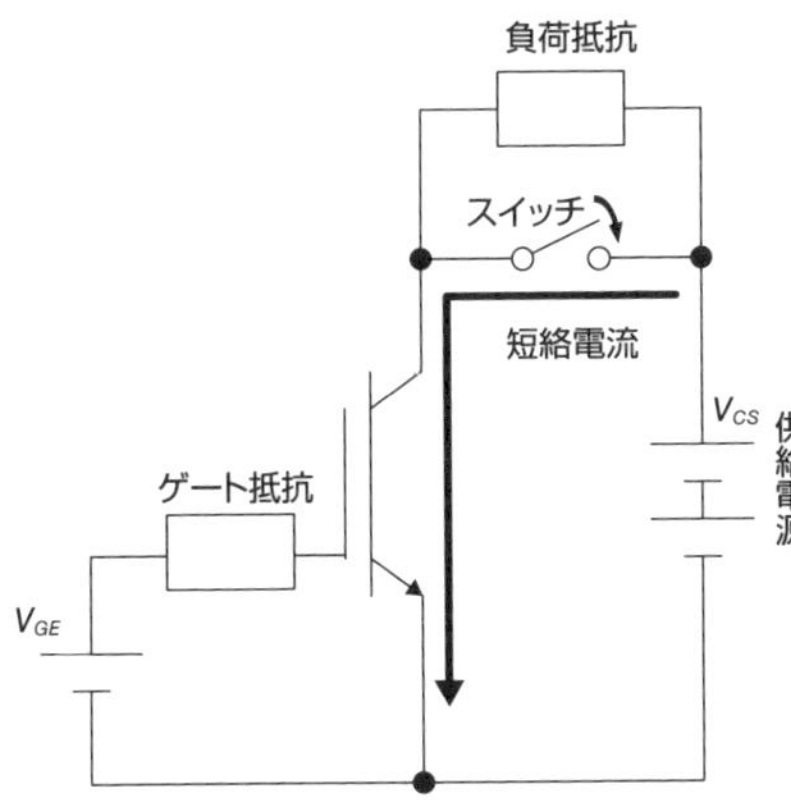

短絡時のコレクタ電流とチップ温度上昇の波形

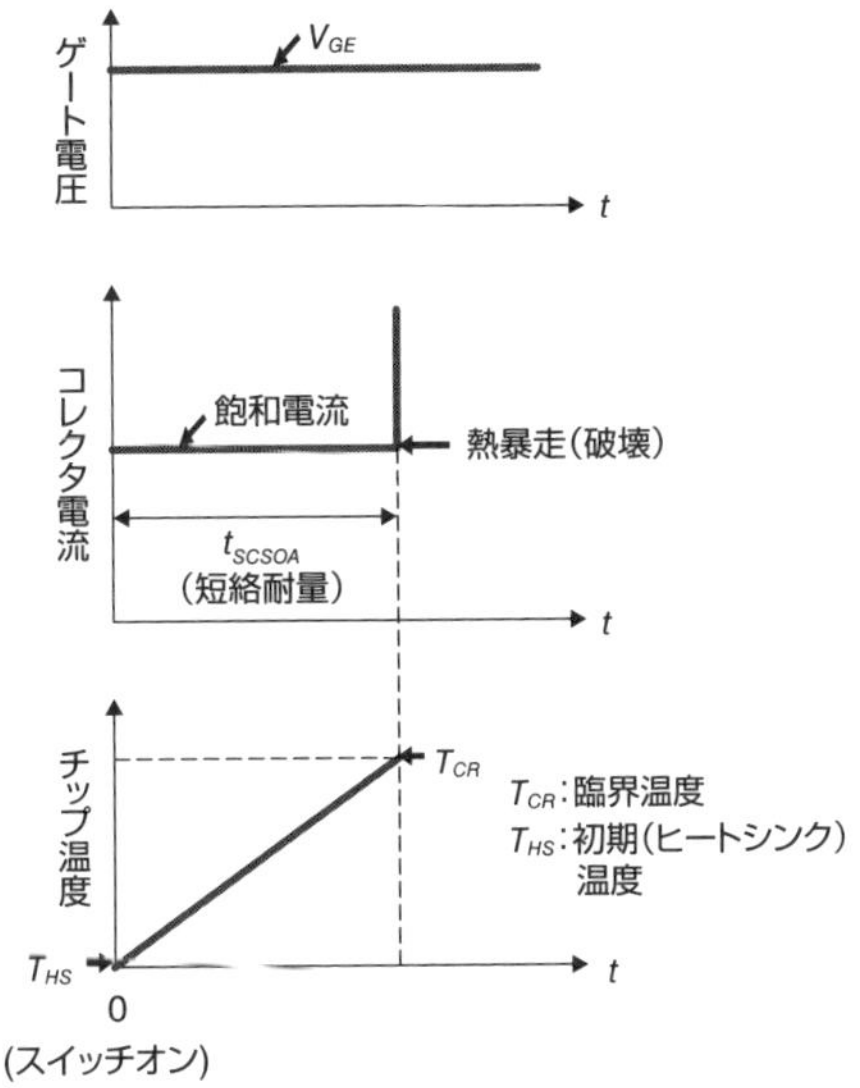

(注)T_{CR}に至るまでにラッチアップの発生はないものとします。

UIS試験基本回路

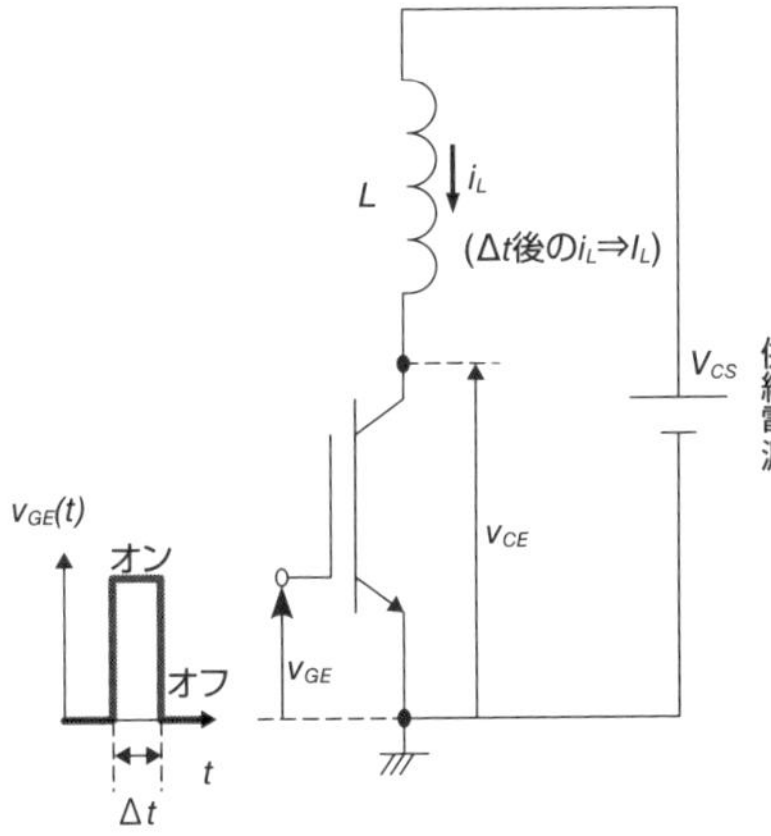

(注)Δt 後にインダクタンスLを流れる電流I_L 以下になります。

$I_L=(V_{CS}/L)\Delta t$

この時、L に溜まるエネルギー E は以下になります。

$E=(1/2)LI_L^2$

UIS試験による破壊前と破壊後の波形

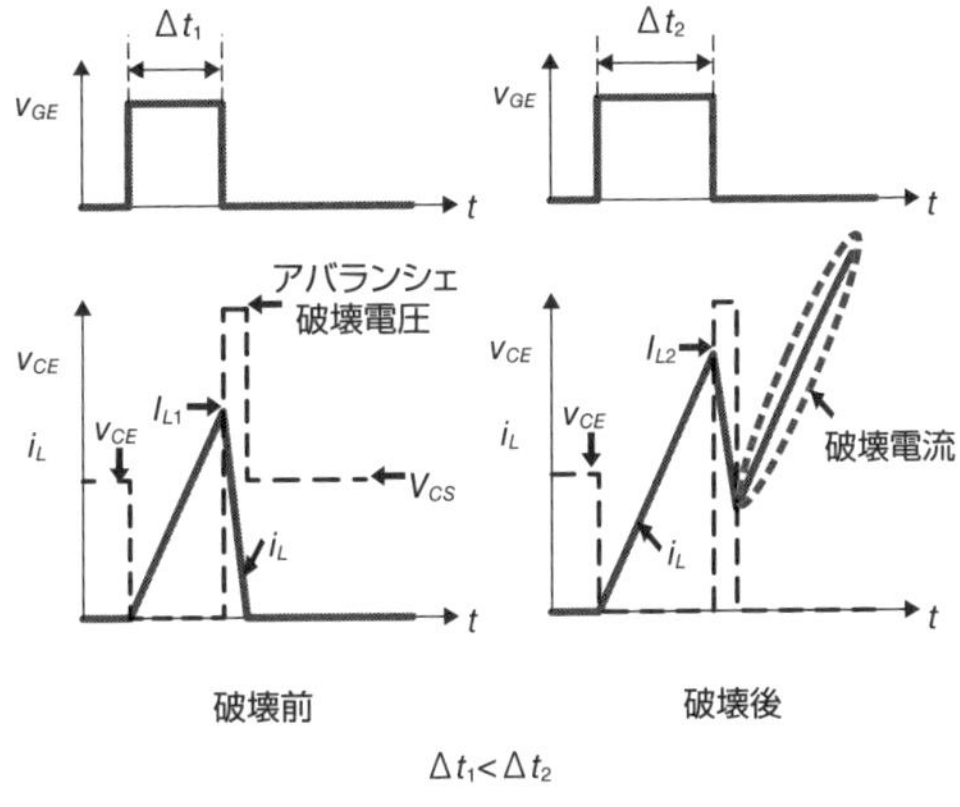

(注)アバランシェ耐量は、デバイス破壊に至ったΔt後にLに蓄積されたエネルギーと、アバランシェ破壊電圧の掛かった期間に電源から供給されたエネルギーの和になります。

58 IGBTをどのようにモジュール化する?

IGBTのモジュール

IGBTの順方向耐圧のみを高くして使う場合、IGBTとFWD(Free Wheeling Diode: PiNダイオードまたはショットキーバリアダイオード)を並列接続してモジュール化します(**上図左**)。この場合、IGBTのコレクタとFWDのカソードは絶縁基板上の銅配線上に接続され、IGBTのエミッタとFWDのアノードはAlワイヤで接続されます。

この1つの組合せがモジュール化されたものを1in1と言います(**上図右**)。

この組合せにはいろいろあり、組合せ6個を1つのモジュールに収めたものを6in1と言い、これは三相電源のインバータ(DC入力をAC出力に変換)に使われます。組合せ4個を1つのモジュールに収めたものを4in1と言い(**下図左**)、フルブリッジのコンバータ(DC入力をDC出力に変換)に使われ、組合せ2個を1つのモジュールに収めたものを2in1と言い、ハーフブリッジのコンバータに使われます。

IGBTは前記のモジュールだけではなく、IC(集積回路)チップと一緒にモジュール化もされます。このモジュールをIPM(Intelligent Power Module)と言います。ICチップには、制御回路、駆動回路、保護回路(過熱保護と短絡電流保護)などが含まれます。IPMには、大電力を扱うケース型IPMと小電力を扱うトランスファーモールド型IPMがあります(**下図右**)。ケース型IPMでは、IGBTとFWDはゲルの中に閉じ込められます。ICチップはパッケージに収められて、ケースの中に閉じ込められます。トランスファーモールド型IPMでは、IGBT、FWD及びICチップがモールド樹脂で閉じ込められます。このIPMでは、DIP(Dual Inline Package)IPMが主になります。DIPには、長方形パッケージの両長辺側に入出力及び制御用のピンがあります。

要点BOX

- 通常IGBTとFWDを一緒にモジュール化
- IPMでは、IGBT、FWD、ICチップを一緒にモジュール化

IGBTとFWDの組合せ

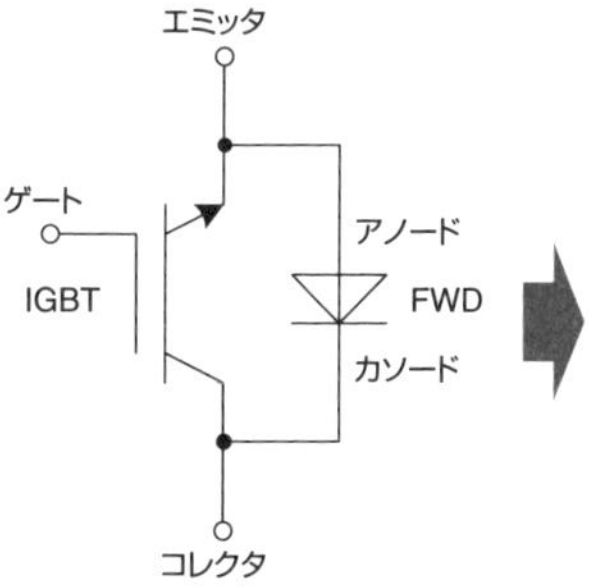

FWD: Free Wheeling Diode
（還流ダイオード）

IGBTとFWDの組合せモジュール(1in1)断面

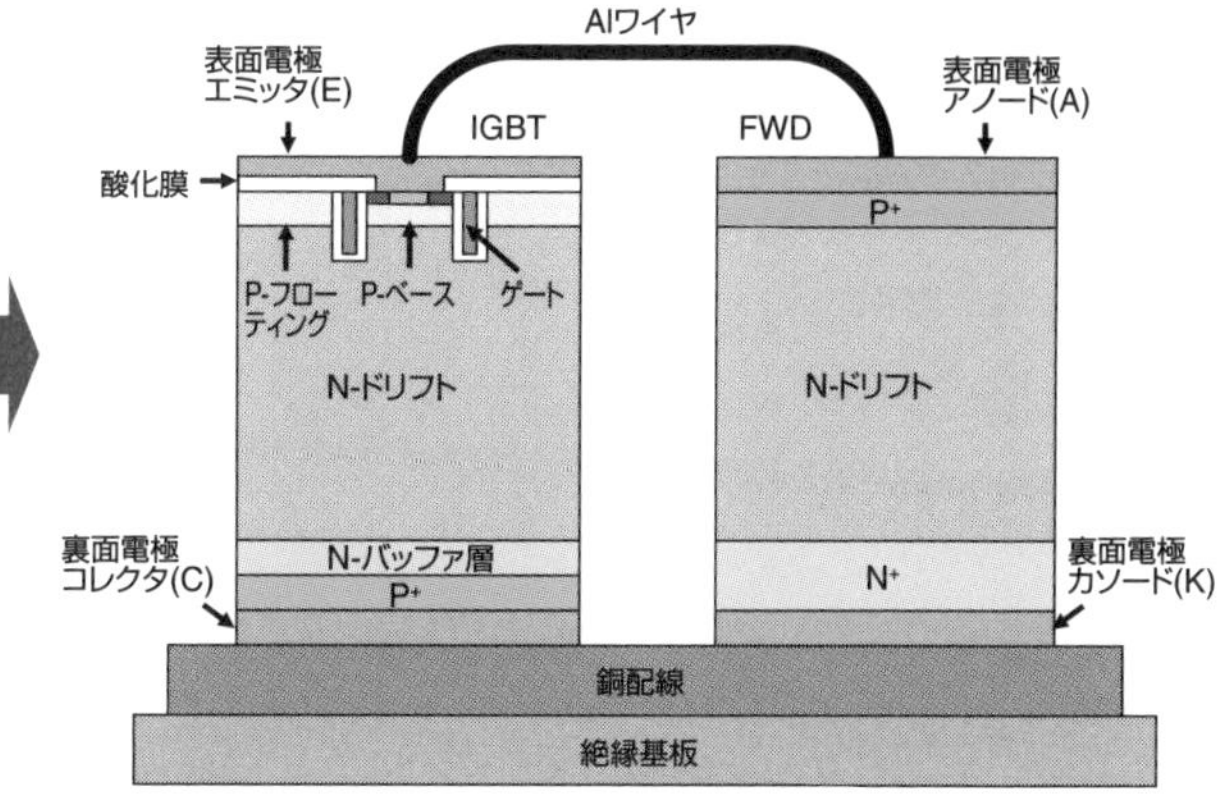

（注）IGBTはトレンチゲートフィールドストップ型IGBTをIEGT型にしたものです。

4in1 モジュール回路構成（フルブリッジ）

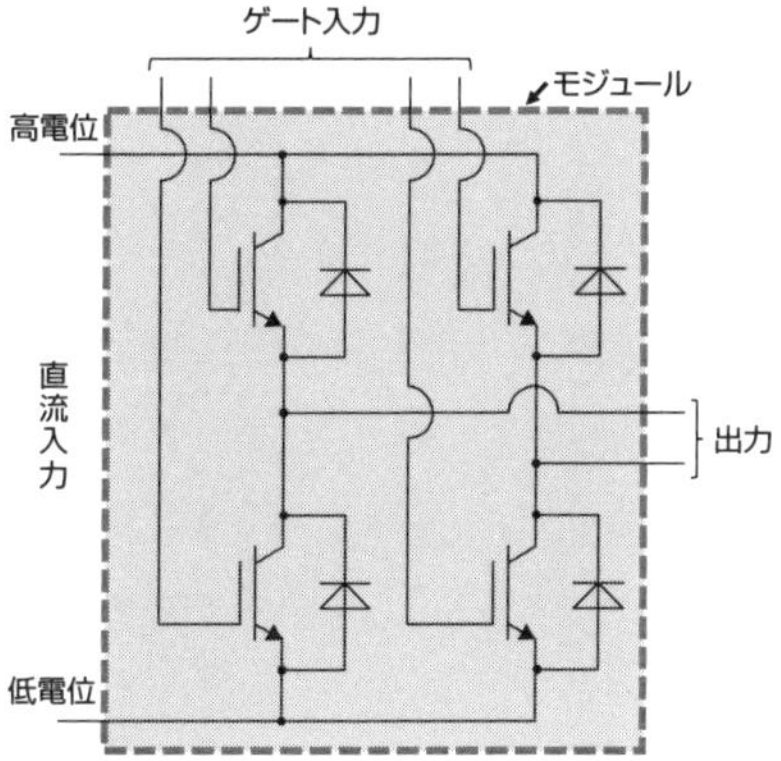

（注）IGBTをパワーMOSFETに変えるとMOSFETモジュールになります。

大電力のパワーモジュール[1]（ケース型IPMの断面構造）

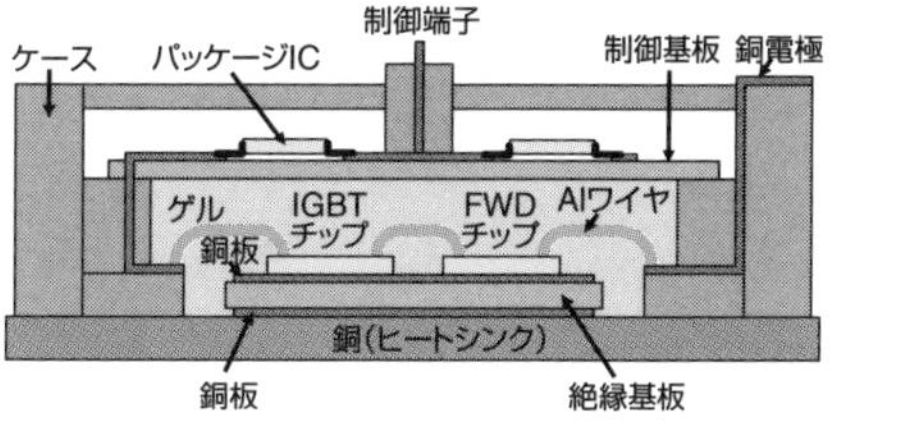

小電力のパワーモジュール[1]（トランスファモールド型IPMの断面構造）

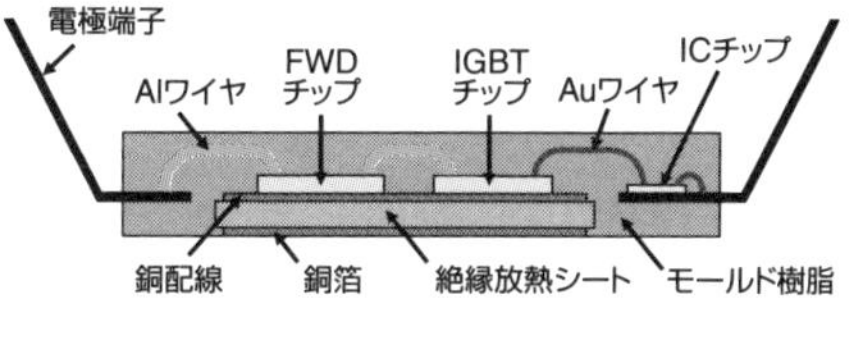

1) 山本秀和、「パワーデバイス」（コロナ社、2012）を参考に作成

59 熱サイクルでIGBTパワーモジュールのどこが壊れるの？

パワーサイクル試験

IGBTは大電力のスイッチングに使われるため、動作時に熱が発生します。また、IGBTは動作と停止を繰り返しており、それに応じてパワーモジュールの温度は変化します（熱サイクルまたは温度サイクル）。動作時間の長さと停止時間の長さがそれぞれ異なるとパワーモジュール内の熱伝導に違いが発生し、材料の違いにより応力の掛かり方が異なって破壊箇所が変わります。これを調べてみましょう。

IGBTに拘わらず、パワーデバイス全般のモジュールを対象に、熱サイクルに対する耐性を調べるのにパワーサイクル試験があります（上図）。これには、ショートタイムサイクル試験とロングタイムサイクル試験があります。ショートタイムサイクル試験では、短時間のオン時に接合温度T_j（ワイヤボンドとチップの接合部の温度）が上昇して高温に到達しますが、ケース温度T_c（ケースの銅ベース板底部の温度）はあまり上昇しません。オフ時にT_jとT_cは元の低温まで低下して、これを繰り返します。この場合、チップ温度が上昇し、応力がチップ上面のワイヤボンドに主に掛かりますが、チップ下面のはんだにも掛かり、それらの箇所で剥がれや亀裂等が発生します（下図）。なお、この試験を、T_j変化に注目してΔT_jパワーサイクル試験とも言います。

ロングタイムサイクル試験では、ショートタイムサイクル試験より長時間のオン時にT_jとT_cが共に高温に到達し、オフ時にそれらが共に元の低温まで低下して、これを繰り返します。したがって、チップだけではなく、ケース全体が高温と低温を繰り返します。この場合、応力がセラミック絶縁基板下の銅箔と銅ベース板の間にあるはんだに主に掛かりますが、チップ下面のはんだにも掛かり、それらの箇所で亀裂等が発生します（下図）。なお、この試験を、T_c変化に注目してΔT_cパワーサイクル試験とも言います。

要点BOX

●ショートタイムとロングタイムのサイクル試験で応力の違いにより破壊箇所が異なる

ショートタイムサイクル試験

（ΔT_jパワーサイクル試験）

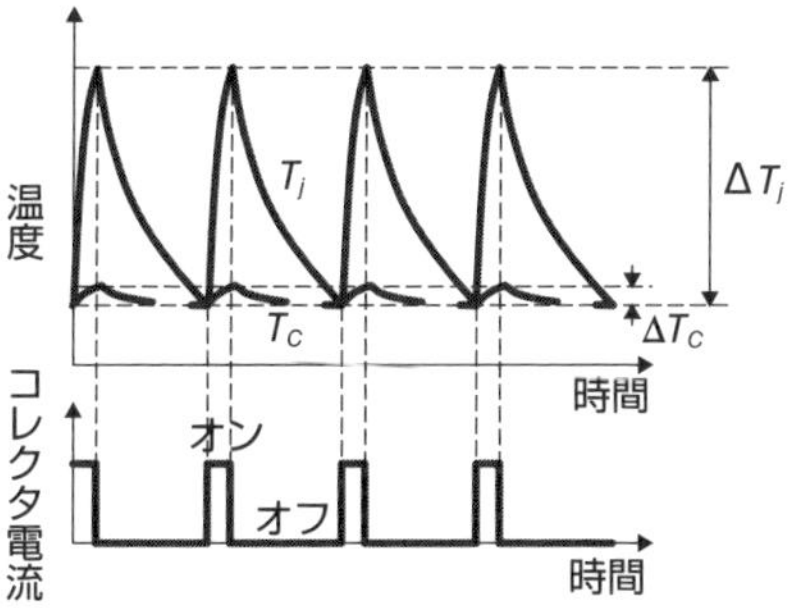

チップの温度変化大
ケースの温度変化小

ロングタイムサイクル試験

（ΔT_Cパワーサイクル試験）

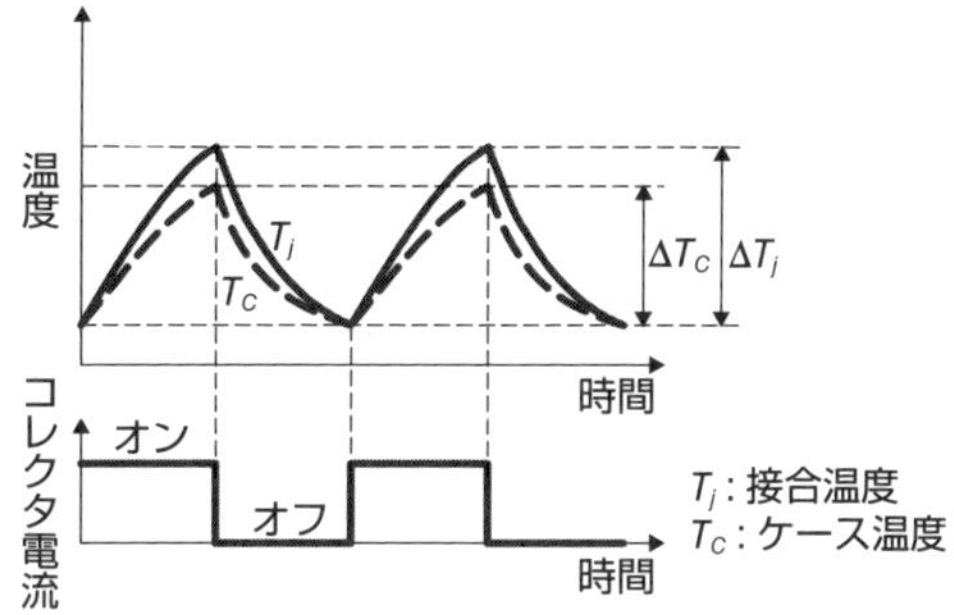

チップの温度変化大
ケースの温度変化大

熱サイクルによるIGBTパワーモジュールの破壊箇所[1]

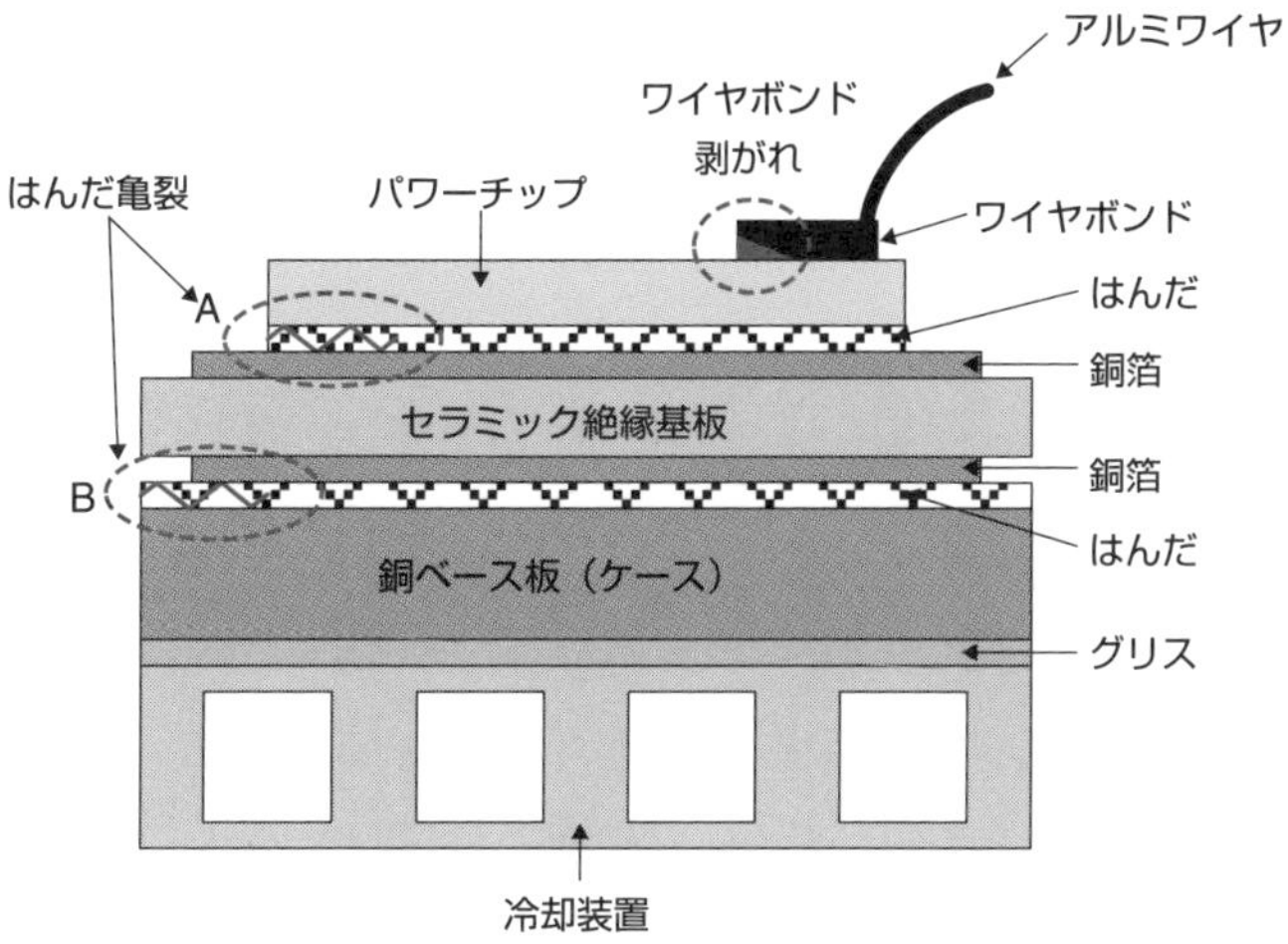

●ショートタイムサイクル試験の故障個所
主：ワイヤーボンド剥がれ
副：はんだ亀裂A

●ロングタイムサイクル試験の故障個所
主：はんだ亀裂B
副：はんだ亀裂A

1) 山本秀和、「ワイドギャップ半導体パワーデバイス」（コロナ社、2015）を参考に作成

60 ワイドギャップ半導体を使うとIGBTはどのようになる?

4H-SiC IGBT

4H-SiC IGBTの例として、耐圧18kVの非対称型Nチャネル4H-SiC IGBTを取り上げます。この中のMOSFETのしきい値電圧は高いので、これを下げるために、ここではP^-ベース下部にP^+シールド領域を設けた構造（上図左）を考えます（44項参照）。これで約3Vのしきい値電圧が得られます。N^-ドリフト長を200μm、N^-バッファ層厚を5μm、P^+コレクタ、N^-ドリフト、N^-バッファ層の各不純物ドーピング濃度を上図右中の値とすると耐圧は約18kVになります。

順方向電流密度J_Cを25A/cm^{2}として、オン電圧の高レベルタイムτ_{HL}依存性を考えます。τ_{HL}が10μsより低下すると、N^-ドリフト領域の電圧降下V_{NB}が急増するので、それに伴って、オン電圧も急上昇します。P^+コレクタ／N^-バッファ接合を横切る電圧V_{P+NB}は高く、約3・1Vあります。結果として、オン電圧は、10μsのτ_{HL}で約3・6Vになります。

ターンオフ過程を見てみましょう。4H-SiCでは、Siの場合とは変わったターンオフ特性になります（54項参照）。過程1では、ターンオフ時にN^-ドリフトの空間電荷領域を通過する正孔密度は、その領域の不純物ドーピング濃度より低いので、コレクタ電圧が供給電圧V_{CS}に到達する前にパンチスルーが発生します。その後、ほぼ台形形状の電界をN^-ドリフト領域に形成してコレクタ電圧はV_{CS}まで急峻に上昇します。コレクタ電圧のV_{CS}に到達時点で、N^-ドリフト領域の電荷は全て除去されています。過程2では、N^-バッファ層の残留電荷が再結合により除去されます（下図）。

コレクタ電圧の急峻な立ち上がりをなくすには、コレクタ電圧がV_{CS}到達時点でパンチスルーを起こすように、N^-ドリフト長とその領域の不純物ドーピング濃度の最適化が必要です。

要点BOX

- ●耐圧18 kV用でも低オン電圧
- ●ターンオフ過程では供給電圧に依存したコレクタ電圧の急峻な立ち上がりがある

非対称型Nチャネル4H-SiC IGBTの断面

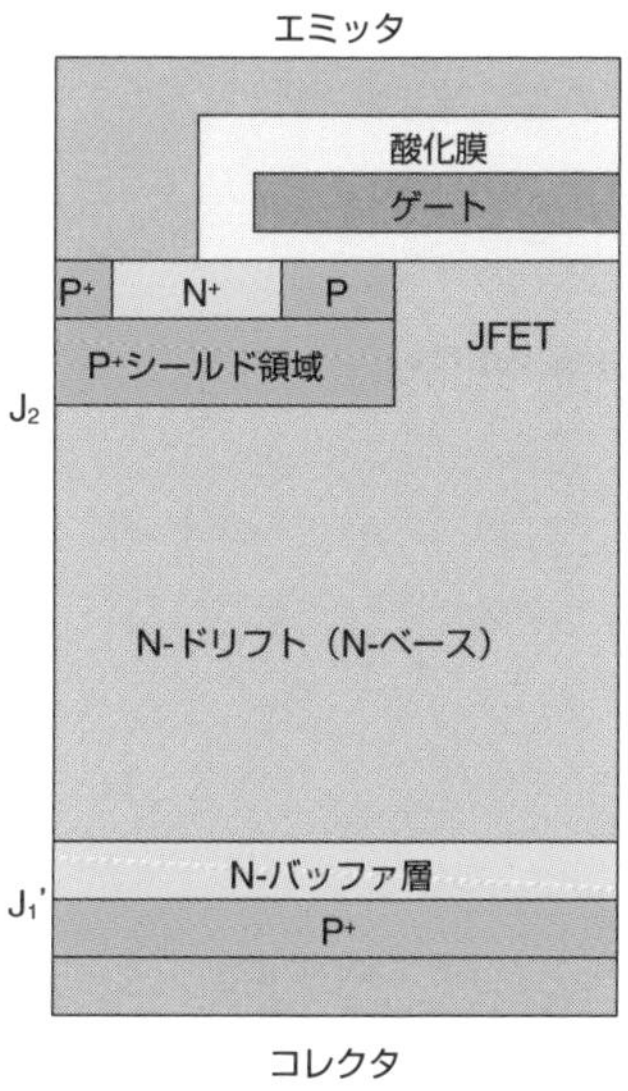

非対称型Nチャネル4H-SiC IGBTのオン電圧の高レベルライフタイム依存性

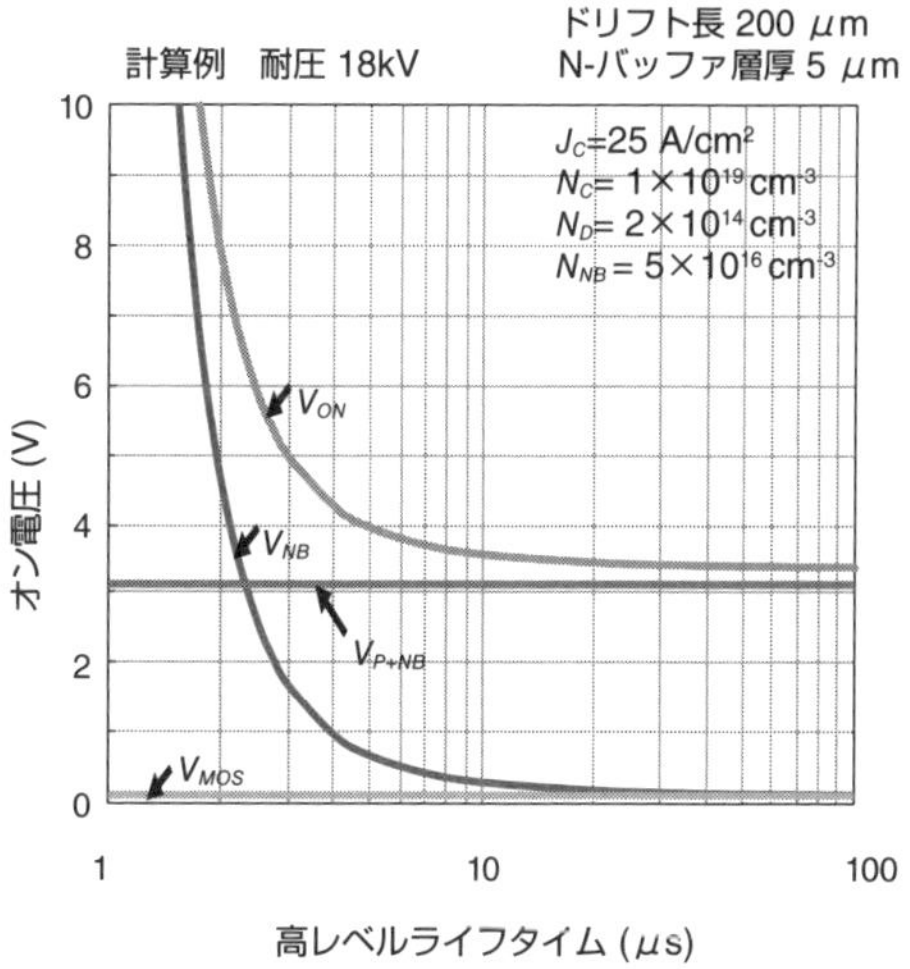

（注）計算例では参考文献（3）で提示されている計算条件を参考に計算しました。

非対称型Nチャネル4H-SiC IGBTのターンオフ特性（誘導負荷の場合）

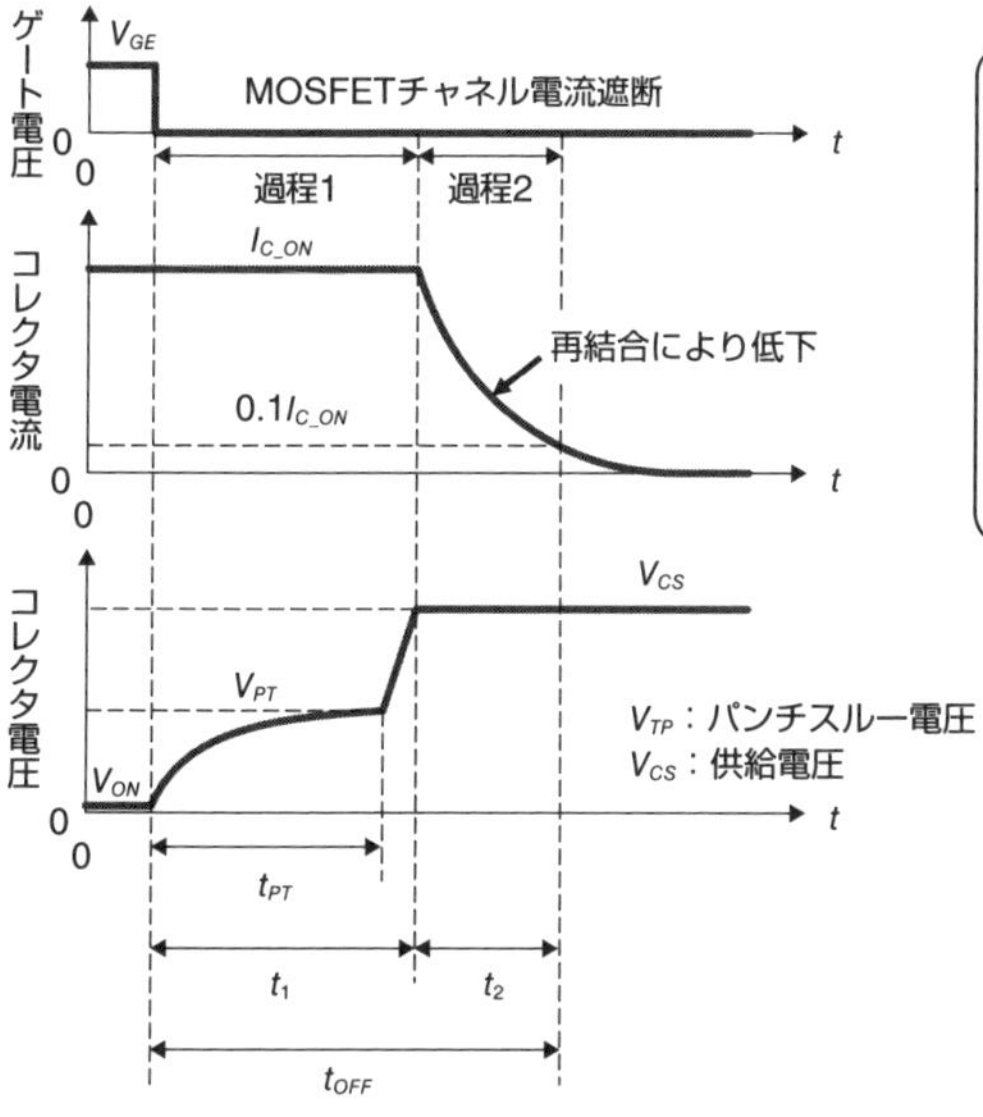

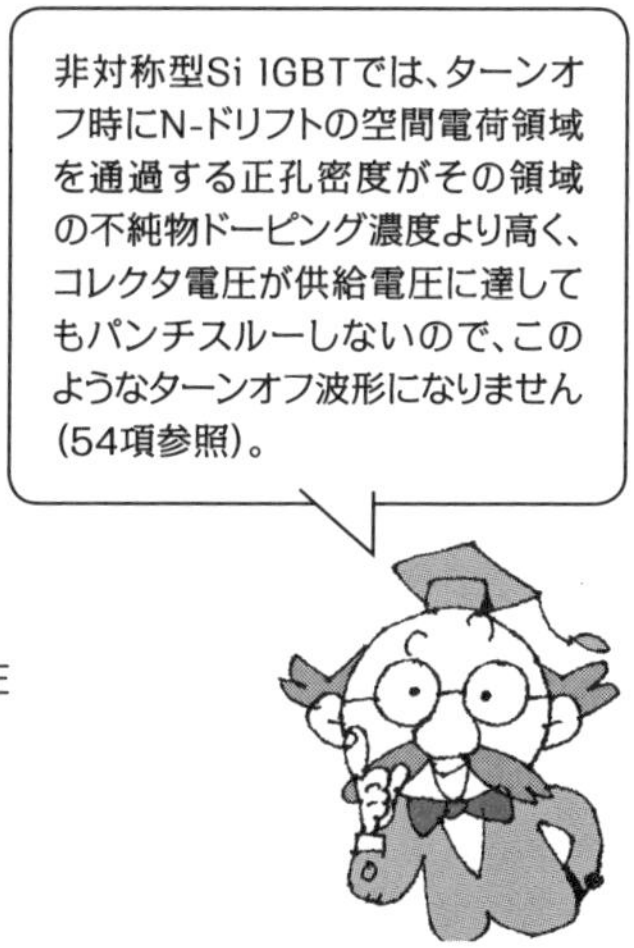

Column

IGBTモジュールのスイッチング波形

2in1のIGBTモジュールで、ハイサイド側をオフにし、ローサイド側がスイッチングする状態を考えます。ローサイドIGBTがオンすると、電流は①の経路で流れます。誘導負荷のインダクタンスL_Lに所定の電流が流れた段階でローサイドIGBTをオフにします。ターンオフ過程に入ると、L_Lを流れていた電流は、コレクタ電流I_Cの低下に伴い、ハイサイドFWDを介して還流します(②の経路)。ターンオフ過程の初期には、I_CはIGBT内の残留キャリアによる伝導電流になりますが、コレクタ～エミッタ間電圧V_{CE}が供給電圧V_Sに達すると、主にIGBTの出力容量(ローサイドFWDの接合容量も含む)を介して流れ(変位電流)、V_{CE}にオーバーシュートが発生します。これにより、寄生インダクタンスL_Pに蓄積されたエネルギーが放出されます。ターンオン過程では、ハイサイドFWDがオフになり、その逆回復電流がローサイドIGBTに流れます(I_Cオーバーシュート)。

IGBTモジュール(2in1)

(ローサイドIGBTオンオフ時の電流)

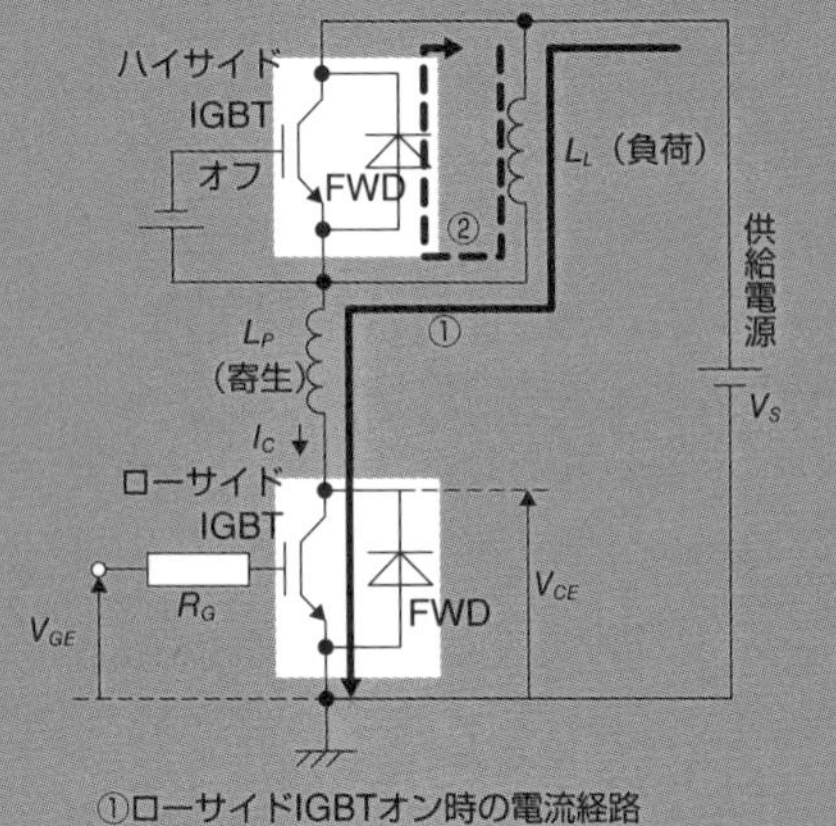

①ローサイドIGBTオン時の電流経路
②ローサイドIGBTオフ時の電流経路(還流電流)

IGBTモジュール(2in1)スイッチング波形

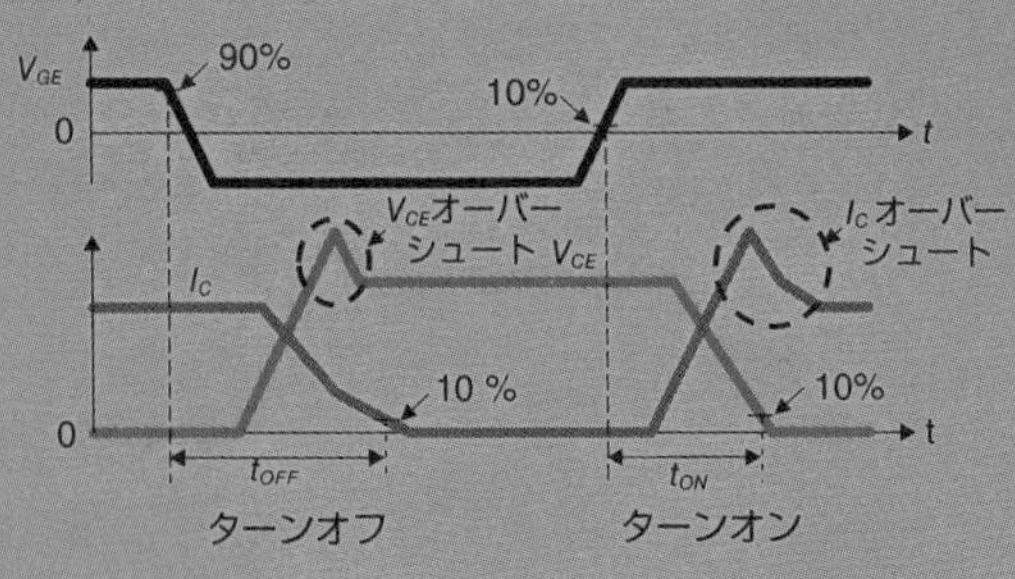

(注)t_{ON}とt_{OFF}の定義は会社によって異なります。

第8章

高速スイッチングに使う GaN HEMT

61 GaN HEMTはなぜ高速なの？

基本HEMT断面構造

GaN材料を用いたパワーデバイスの開発は1990年代中頃から始まり、現在、横型と縦型があります。横型はHEMT（High Electron Mobility Transistor：高電子移動度トランジスタ）として実用化されていますが、縦型は実用化に向けてプロセス開発が進められている段階です。ここでは、GaN HEMTを考えます。

　GaN HEMTでは、通常、低コストのためにSi基板を使い、その上に応力緩和のためのバッファ層（AlNとGaNの多層膜）を形成後、GaN層とAlGaN層を成長させ、AlGaN/GaNのヘテロ接合を形成します（上図）。AlGaN内の分極（引っ張り歪によるピエゾ分極と自発分極）とGaN内の分極（自発分極）により、ヘテロ接合界面に正味の分極電荷が発生します。また、AlGaN表面はイオン化したドナー（正電荷）で覆われ、GaN底面は欠陥にトラップされた負電荷で遮蔽されます。これらの電荷のバランスとヘテロ接合界面における伝導帯の不連続により、その界面に沿った狭い領域に電子が閉じ込められます。この電子を2次元電子ガス（2DEG）と言います。

　ソースとドレインはAlGaNにオーミック接触し、ゲートはショットキー接触します。表面は保護膜（窒化膜）で覆われ、信頼性を確保しています。

　GaNとAlGaNは不純物ドーピングのない層であるため、空乏層が伸びやすく、ゲート〜ソース間、ゲート〜ドレイン間、ドレイン〜ソース間の各寄生容量は小さくなります。このため、スイッチング時にそれらの寄生容量の充放電時間が短くなり、高速スイッチングが可能になります。

　後続の項目で、デプレッションモードGaN HEMT（62と63項）、エンハンスメントモードGaN HEMT（64項）、信頼性（65項）、最後にGaN HEMTの理想特性オン抵抗（66項）について説明します。

要点BOX

- ●AlGaN/GaNのヘテロ接合の狭い領域に2DEGを形成
- ●低寄生容量による高速スイッチングが可能

横型GaN HEMTの基本構造

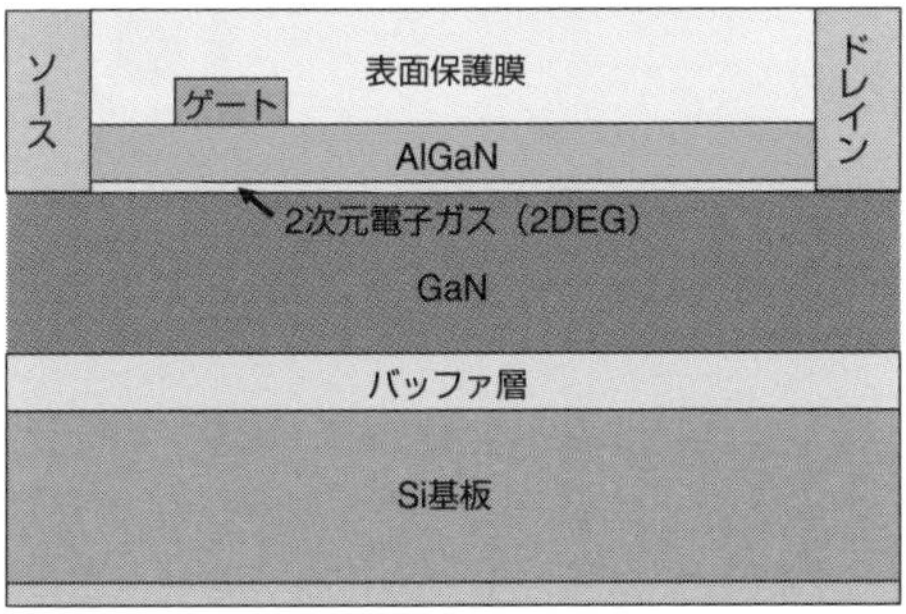

(注1)HEMTはHFET (Hetero Field Effect Transistor)とも言われます。
(注2)AlGaN/GaN接合はヘテロ接合と言われます。ヘテロ接合は異種材料の接合のとこです。
(注3)GaNは青色発光ダイオードに使われるだけではなく、高周波デバイス(横型)として携帯電話基地局で広く使われています。この高周波デバイスを基に、GaNのパワーデバイスが開発されました。

AlGaN/GaNに発生する電荷

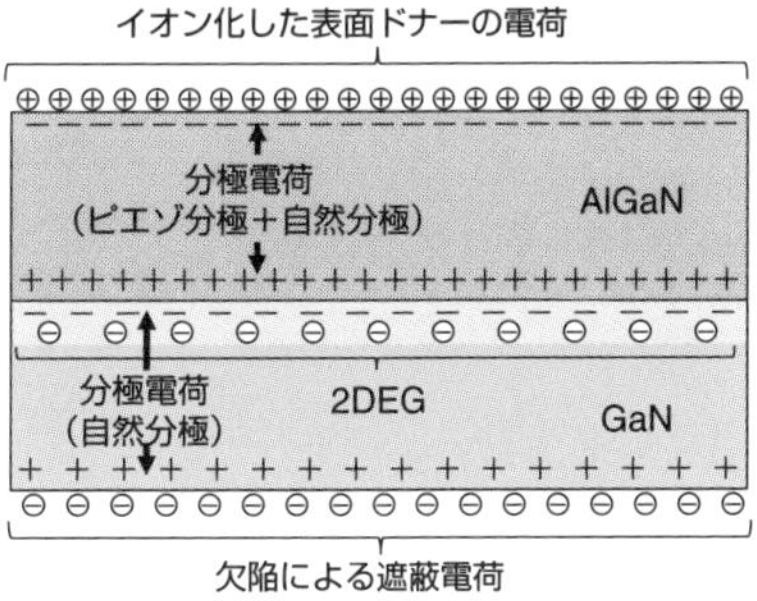

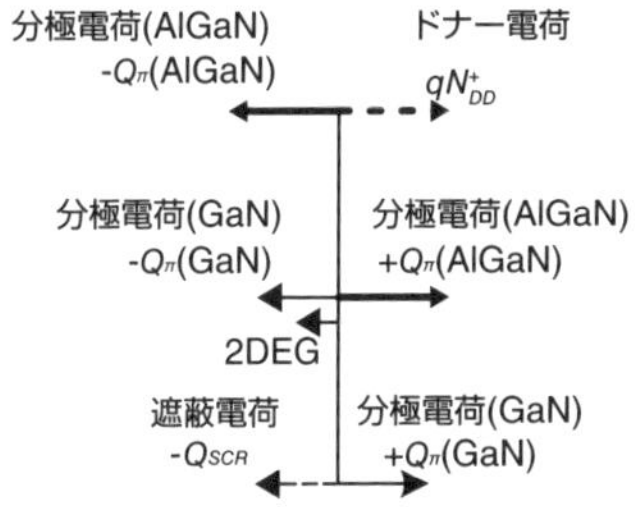

AlGaN/GaN接合に発生する正味の単位面積当たりの分極電荷Q_π(net)

$$Q_\pi\,(net)=Q_\pi\,(\mathrm{AlGaN})-Q_\pi\,(\mathrm{GaN})$$

Q_π(AlGaN): AlGaN内に発生する単位面積当たりの分極電荷
Q_π(GaN): GaN内に発生する単位面積当たりの分極電荷

(注)自然分極とは、自然の状態で原子内の電子(負電荷)と原子核(正電荷)の重心が分かれていることです。ピエゾ分極とは、材料に力が加わることにより、原子内の電子と原子核の重心が分かれることです。材料内部では分極による電荷は打ち消し合いますが、材料端で分極による電荷が表れます。

前章(IGBT)の最後の項(60項)でも紹介したSiC(炭化ケイ素)とともに、化合物半導体として次世代パワーデバイスとして注目されているのが本章で紹介するGaN(窒化ガリウム)です。ガリウムと窒素の化合物による半導体で、SiCと同様にバンドギャップ(禁止帯)が大きく、ワイドバンドギャップ半導体とも呼ばれています。GaNは結晶化や加工が難しく、コストも高いため、図のように、シリコンの表面にGaNを結晶成長させた基板を用いるHEMTという技術が主に採用されています(GaN HEMT)。最大絶縁破壊電界強度が高いという特長があるので、低オン抵抗で高耐圧を実現できます。また、高温動作にも耐えられ、大電流でかつ非常に高速なスイッチング動作も可能です。このような特性を活かした用途での採用が進んでおり、小型のサーバ用電源、USB給電、LED照明用電源などの用途で、さらなる拡大が期待されています(注1)。本章では、なぜGaNの特性が高いのか、どうやって使うのか、などを解説していきます。

(注1)現状では、自動車用途には大電力を扱える縦型のSiCパワーデバイスが用いられます。GaN HEMTは横型なのでSiCほどの大電力を扱えませんが、現在開発途上にある縦型GaNデバイスが実用化されると、自動車用途(EV用)が見込まれます。

GaN HEMT 熱平衡状態のエネルギーバンド(参考図)

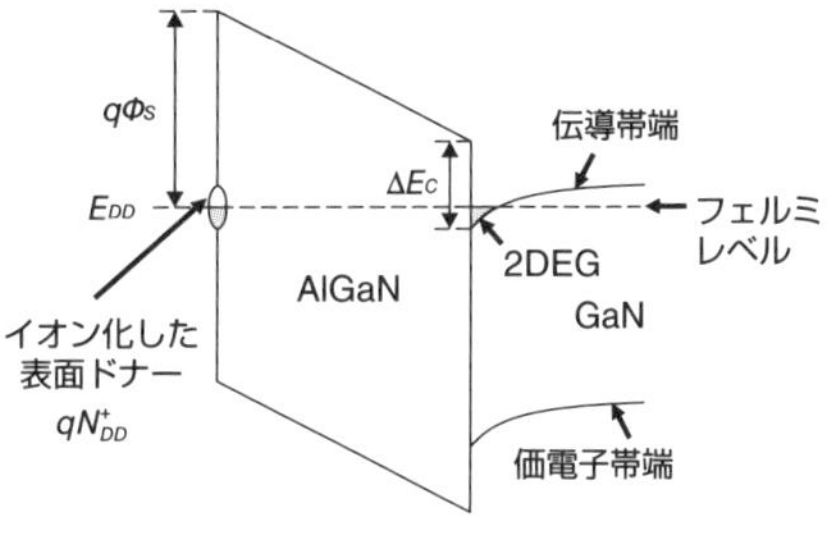

E_{DD}: 表面ドナー準位
ΔE_C: AlGaNとGaNのエネルギーギャップの差による伝導帯の不連続

(注)2DEGの電子密度は通常1×10^{13}cm^{-2}程度で、その電子移動度は1500cm^2/Vs程度(300Kの場合)です。この移動度はSi-MOSFET反転層の電子移動度(300〜400cm^2/Vs)よりかなり高くなっています。

62 通常のGaN HEMTはゲート電圧ゼロでもオンしている

デプレッションモード（d-モード）GaN HEMT

61項にも記したように、2DEGの電荷密度は通常1×10^{13} cm^{-2}程度あり、ゲート電圧（ゲート～ソース間電圧）ゼロでもオン状態にあります。これをノーマリオンモードまたはデプレッションモード（d-モード）と言います。このゲート形成には、ショットキー障壁を作る金属（Ni／Auの積層）ゲートを直接AlGaNに接触する方法と、金属ゲートとAlGaNの間に絶縁膜を入れる方法があります。いずれの方法を用いても、d-モードをオフにするには、ゲート電圧を負にする必要があります。

ゲート電圧が-3VでオフするGaN HEMTにおいて、ゲート電圧を変えた場合の2DEGの電荷密度（単位面積当たりのチャネル電荷密度）を見てみます。この電荷密度は、ゲート電圧の上昇に伴って増加し、ゲート電圧ゼロと3Vで、それぞれ8.53×10^{12} cm^{-2}と1.71×10^{13} cm^{-2}になります。また、これらのシート抵抗は、それぞれ488Ω／□と243Ω／□（移動度を1500 cm^2／Vsとした場合）になります。

このデータを元に耐圧600VのGaN HEMTの特性オン抵抗を見積もってみます。ここでは、ゲート長を1μm、ドレイン～ゲート間の長さを6μm、ソース～ゲート間の長さを1μm、ソースとドレインのコンタクト長をそれぞれ3μmとします。また、ドレイン～ゲート間とソース～ゲート間の2DEGのシート抵抗を300Ω／□に、ソースとドレインの特性コンタクト抵抗を2×10^{-6} Ωcm^2に設定します。ドレインからソースまでの全抵抗の特性オン抵抗は、ゲート電圧3Vでは3.47×10^{-1} $m\Omega cm^2$になります。この値は、耐圧600VのSiのSJ-MOSFET（ドリフト領域の抵抗のみ考慮）の特性オン抵抗8・65 $m\Omega cm^2$の約1／25になります（41項参照）。

要点BOX

●d-モードGaN HEMTは負ゲート電圧でオフし、その特性オン抵抗はSiのSJ-MOSFETのものに比べて1桁以上低い

デプレッションモード(d-モード) GaN HEMT

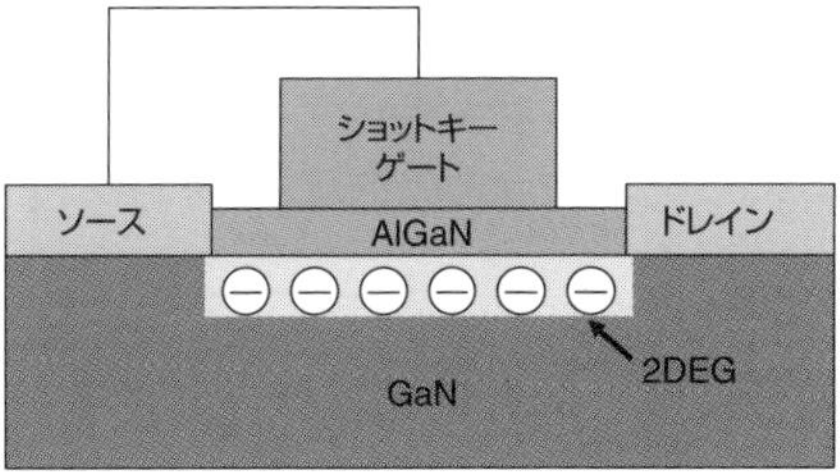

(1)ショットキーゲート

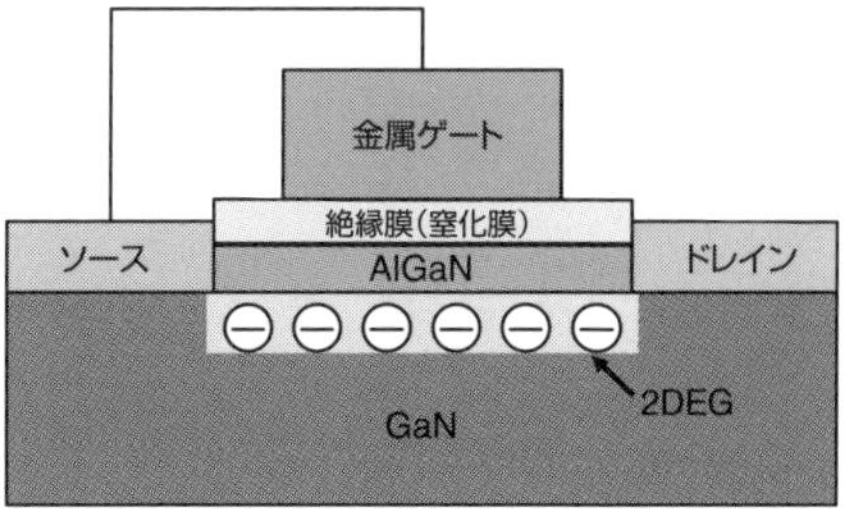

(2)絶縁ゲート
MIS (Metal Insulator Semiconductor) 構造

Siパワ－MOSFETでは、ゲート電圧ゼロでゲート下にキャリアがなくオフしますが、d-モードGaN HEMTでは、ゲート電圧ゼロでもゲート下にキャリア(2DEG)がありオフしません。したがって、スイッチングには工夫が必要になります(63項参照)。

2DEGシート電荷密度のゲート電圧依存性

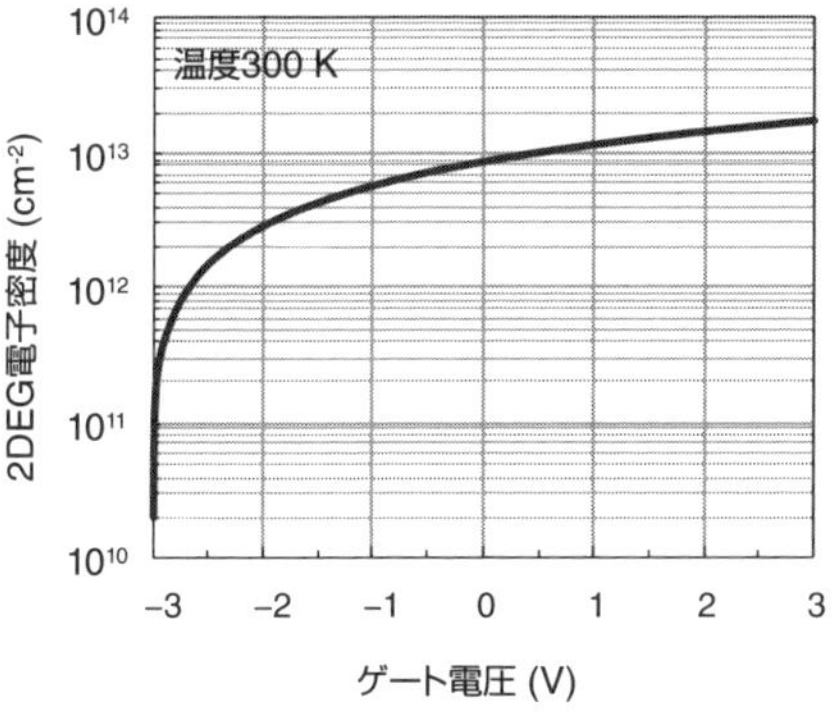

〔出典 : S. Khandelwal, N. Goyal and T. A. Fjeldly, "A Physics Based Analytical Model for 2DEG Charge Density in AlGaN/GaN HEMT Devices", IEEE Transactions on Electron Devices. Vol. 58.

GaN HEMT 特性オン抵抗のゲート電圧依存性(耐圧600 V 横型GaN HEMT)

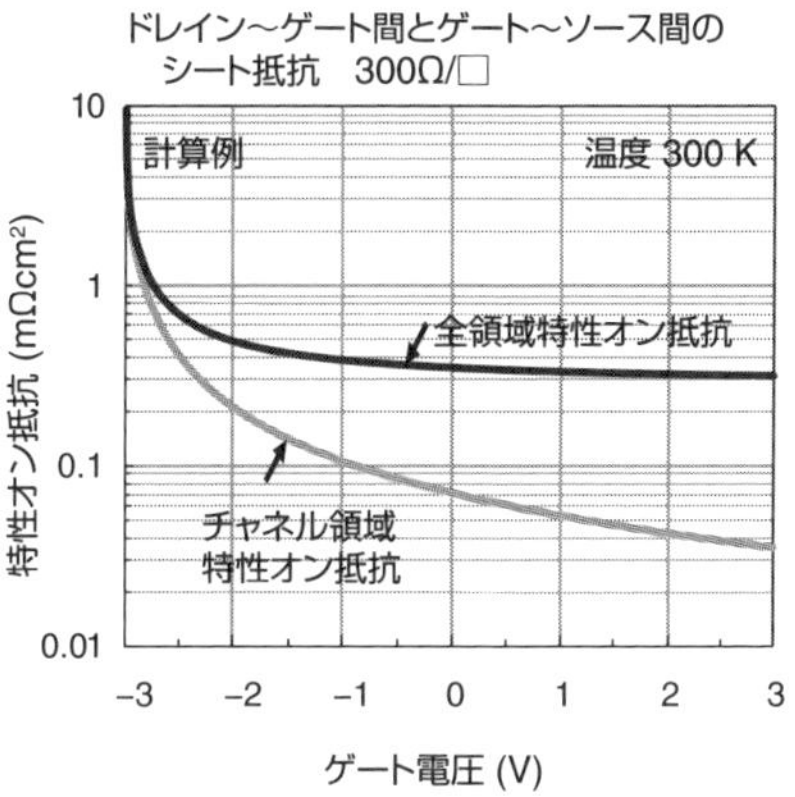

63 d-モードGaN HEMTをどうやって使うの？

MOSFETとd-モードGaN HEMTのカスコード接続

ゲート制御パワーデバイスにおいて、何らかの故障発生時にゲート電圧がゼロになった時、そのデバイスがオン状態にあると、例えば、供給電源からそのパワーデバイスに直接電流が流れ、デバイス破壊に至ることがあり危険です。したがって、ゲート電圧ゼロでは、そのデバイスがオフ状態になることが必須です〔エンハンスメントモード（e-モード）またはノーマリオフモード〕。では、d-モードGaN HEMTをどのようにすると、e-モードを達成できるか考えてみましょう。

d-モードGaN HEMTとe-モードSi MOSFETをカスコード接続（縦積み接続）した構造を考えます。入力をe-モードSi MOSFETのゲート、出力をd-モードGaN HEMTのドレインとして、e-モードSi MOSFETのドレインとd-モードGaN HEMTのソースを接続します。そして、d-モードGaN HEMTのゲートをe-モードSi MOSFETのソースに接続します。この接続をBaliga Pairと言います。今、ゲート電圧を高くしてe-モードSi MOSFETがオンである場合、d-モードGaN HEMTのゲート電圧はゼロ（ソースがゼロ電位）なので、d-モードGaN HEMTもオン状態になります。次にゲート電圧をゼロにしてe-モードSi MOSFETがオフになると、d-モードGaN HEMTのソース電位は上昇します。そうなると、d-モードGaN HEMTのゲート電圧は負になり、d-モードGaN HEMTはオフします。このオフ後、d-モードGaN HEMTのドレイン電圧は供給電圧まで上昇し、ほとんどの供給電圧がd-モードGaN HEMTに掛かります。したがって、e-モードSi MOSFETが単なるスイッチを行い、d-モードGaN HEMTが高電圧をブロックします。

要点BOX

●d-モードGaN HEMTとe-モードSi MOSFETのカスコード接続はe-モードデバイスになる

dモードGaN HEMTのカスコード接続(Baliga Pair)

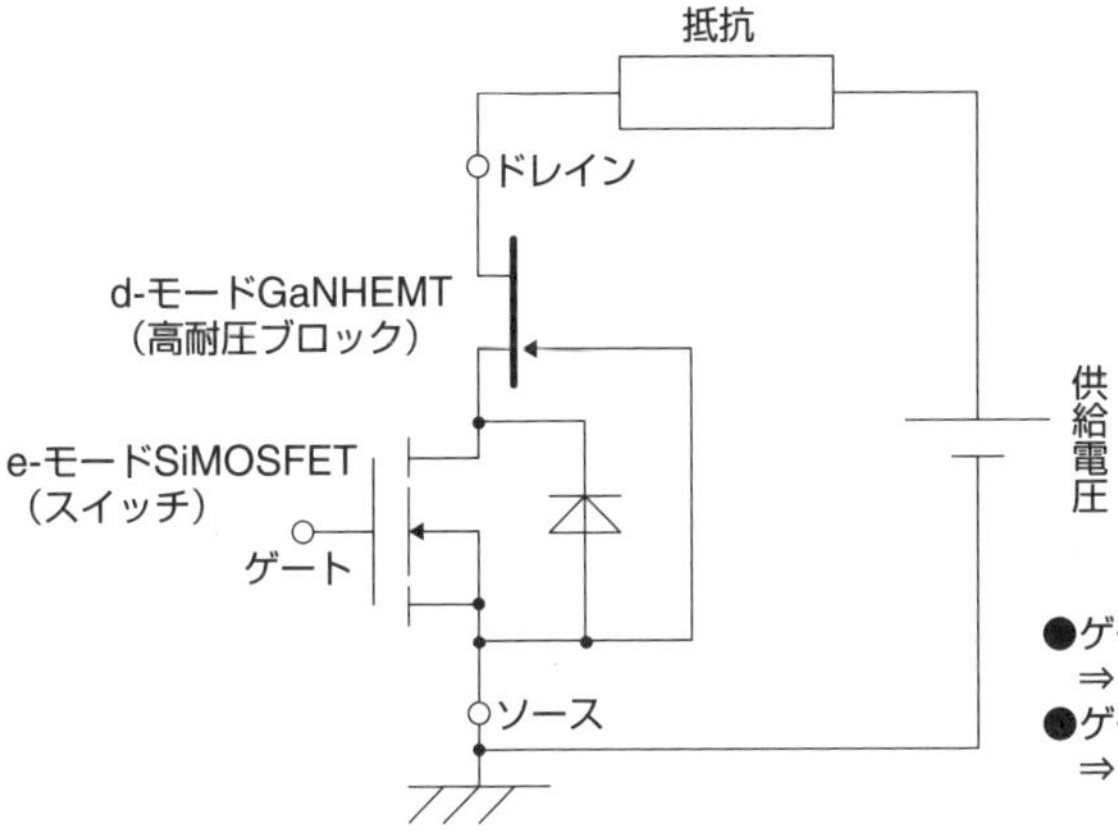

●ゲートに正電圧印加
⇒ Si MOSFET とGaNHEMTがオン
●ゲートにゼロ電圧印加
⇒ Si MOSFET とGaNHEMTがオフ

GaN HEMTの開発当初、e-モードがなく、d-モードしかありませんでした。d-モードGaN HEMTでは、SiパワーMOSFETのようなスイッチングができません。Bailga Pairは、d-モードGaN HEMTでもSiパワーMOSFETのようなスイッチングが可能になるように高耐圧のd-モードGaN HEMTに低耐圧のSi e-モードMOSFETを組み合わせた構成です。

64 ゲート電圧ゼロでもオフにするにはどうするの？

エンハンスメントモード（e-モード）GaN HEMT

ゲート材料やゲート構造を変えて、e-モードGaN HEMTを作ることもできます。以下に代表的な3つを見てみましょう。

1つめは、ゲート下のAlGaNを薄くする方法です。AlGaNを薄くすると、バンド構造の変化により2DEGの密度が減少し、2DEGがゼロになるAlGaNの膜厚があります。この膜厚より薄くなると、しきい値電圧は正になります。例えば、東芝（齋藤ほか）の報告では、AlGaNの膜厚30㎚でしきい値電圧が-4Vであったものが、AlGaNの膜厚を薄くしていくと、AlGaNの膜厚が8㎚でしきい値電圧は正に転じます（上図左）。

2つめは、ゲート下のAlGaNへフッ素（F）の負イオンを導入する方法です。例えば、香港科技大学（Y. Caiほか）の報告では、AlGaNをCF_4（四フッ化メタンガス）のプラズマにさらし、その後、400℃で10分の熱処理（RTA：Rapid Thermal Annealing）を行って、AlGaN内に負電荷のフッ素イオンを残してプラズマダメージの除去を行います（上図右）。このフッ素イオンにより、2DEGの空乏化が起こり、しきい値電圧がフッ素イオンがない場合の-4Vから0・9Vに変化しました。

3つめは、P型のGaN層またはAlGaN層をゲートとする方法です。例えば、パナソニック（上本ほか）は、P型のAlGaNをゲートにして2DEGの空乏化を実現しました。このゲートでは、熱平衡状態において、AlGaN/GaN接合面でのGaN側の伝導帯端がフェルミ準位より上になり、2DEGが形成されません（下図右）。結果として、しきい値電圧1・0Vを得ました。なお、この構造では、ゲート電圧を高くしてゲートから正孔を2DEG領域に注入すると、この正孔が中性状態になるようにソースから電子を引き付け、大電流を起こすこともできます。

要点BOX

●e-モードGaN HEMTには、ゲート下の薄化、ゲート下のFイオン導入、P型のGaNまたはAlGaNゲートがある

リセスゲートe-モード GaN HEMT[1)]

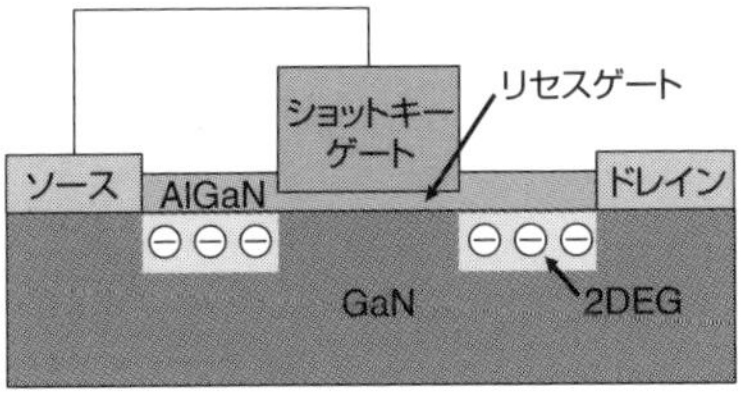

（ゲート下2DEG空乏化）

1) W.Saito et al., "Recessed-Gate Structure approach toward Normally-Off High-Voltage AlGaN/GaN HEMT for Power Electronics Applications", IEEE Transactions on Electron Devices Vol. 53, pp. 356-362, 2006.
（東芝）

フッ化物のプラズマ処理ゲートe-モード GaN HEMT[2)]

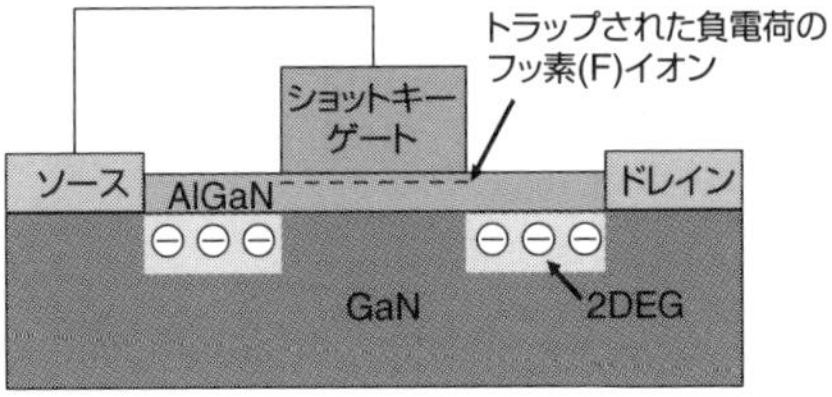

（ゲート下2DEG空乏化）

2) Y. Cai et al., "High-Performance Enhancement-Mode AlGaN/GaN HEMTs using Fluoride-based Plasma Treatment", IEEE Electron Device Letters, Vol. 26, pp. 435-437, 2005.
（香港科技大学）

P型ゲートe-モード GaN HEMT

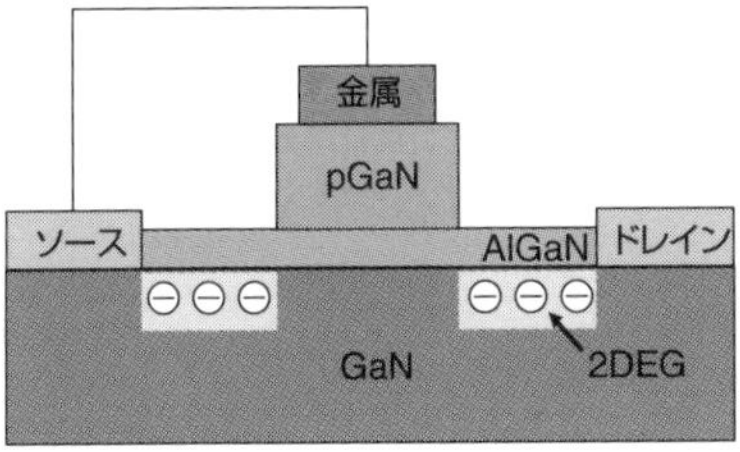

（ゲート下2DEG空乏化）

ゲートに正電圧V_{GS} 印加[3)]

① $V_F > V_{GS} > V_{TH}$（V_F: PN接合ビルトイン電圧）
・従来の横型GaN HEMT動作（FET動作）

② $V_{GS} > V_F$
・ゲート下のi-GaN層へゲートから正孔の注入
・この正孔がソースからの電子を引きつける
（∵電荷中性）
・この電子がドレインへの電流に寄与
（∵2DEGの高移動度）
・正孔はゲート領域に留まる
（∵正孔移動度は電子移動度の約 1/100）

P型ゲートGaN HEMTのエネルギーバンド図[3)]

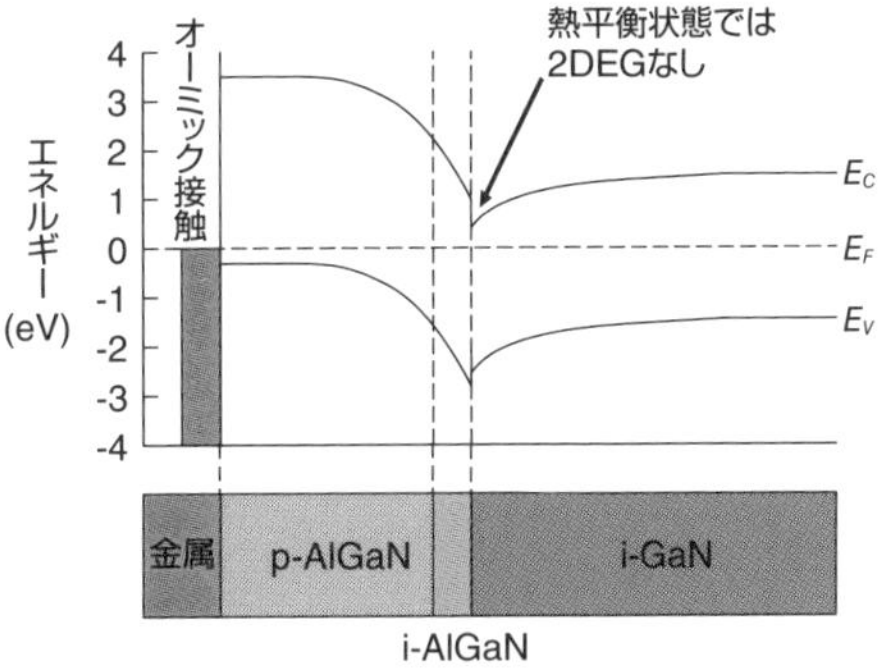

3) Y. Uemoto et al., "Gate Injection Transistor (GIT) - A Normally Off AlGaN/GaN Power Transistor using Conductivity Modulation", IEEE Transactions on Electron Devices, Vol. 54, pp. 3393-3399, 2007.（パナソニック）

65 GaN HEMTの信頼性は大丈夫？

電流コラプス現象

GaN HEMTでは、スイッチング時の高いドレイン電圧でドレイン電流が低下する現象が発生します。この現象は電流コラプスまたはダイナミックオン抵抗と言われ、これらを信頼性上解決しなければなりません。

電流コラプスでは、表面保護膜が適切でない場合、スイッチング時の高いドレイン電圧による電界により、ゲート電極からドレイン側の表面保護膜／AlGaN界面に漏れ電子が流れ出し、その電子がAlGaN表面のイオン化したドナーに捕獲され、ドナーが中性化します。そうすると、空乏層がドレイン側に延びて2DEGを空乏化し、ドレイン電流が低下します(**上図左**)。この対策として、表面保護膜を窒化膜にすると、この現象は低減できます。

ダイナミックオン抵抗では、スイッチング時の高いドレイン電圧により、GaNデバイス内に発生したホットエレクトロン(電界で加速された高エネルギー電子)が、ゲートとドレイン間の保護膜内やAlGaN内等に捕獲されます。そうすると、その捕獲領域が負バイアスされたゲートのように働くので、2DEGが低減し、オン抵抗が増大します(ドレイン電流が低下します)(**上図右**)。この対策は、ゲート電極周りの電界を緩和して、ホットエレクトロンの発生を抑制することです。この電界緩和は、フィールドプレートを用いることで可能になります。フィールドプレートには、ゲート電極に接続したプレートをドレイン側に延ばしたもの(ゲートフィールドプレート)、ソース電極に接続したプレートをゲート電極より高い位置でゲート電極端より長くドレイン側に延ばしたもの(ソースフィールドプレート)、あるいはそれらの組合せがあります(**下図**)。また、ソースに接続した導電性のSi基板も、フィールドプレートとして寄与します。ソースとSi基板との接続は、GaNとバッファ層に貫通孔を形成して行われます。

要点BOX

●表面保護膜を窒化膜にすると、電流コラプスが低減し、フィールドプレートを用いると、ダイナミックオン抵抗が低減する

電流コラプス現象[1)]

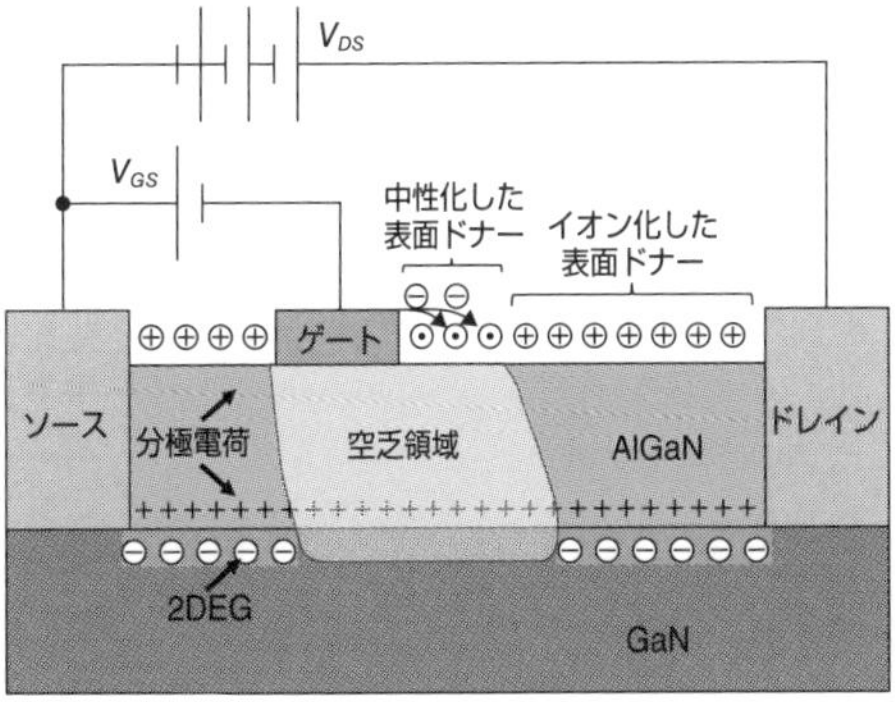

1)N.-Q. Zhang, B. Moran, S.P. DenBaars, U.K. Mishra, X.W. Wang and T.P. Ma, "Effects of surface traps on breakdown voltage and switching speed of GaN power switching HEMTs", IEDM　Technical Digest, pp.589-592, 2001.

ダイナミックオン抵抗[2),(3)]

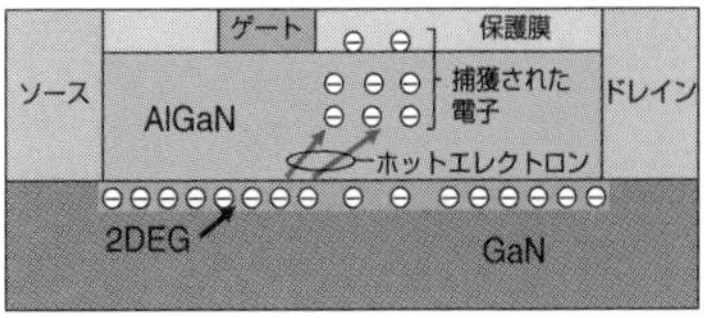

2) B. Lu et al., "Extraction of Dynamic On-Resistance in GaN Transistors", IEEE Compound Semiconductor Integrated Circuits Symposium, pp. 1-4, 2011.
3) D. Jin and J.A. del Alamo, "Mechanisms responsible for Dynamic On-Resistance in GaN High-Voltage HEMTs", IEEE International Symposium on Power Semiconductor Devices and ICs, pp. 333-336, 2012.

ダイナミックオン抵抗対策[4)]

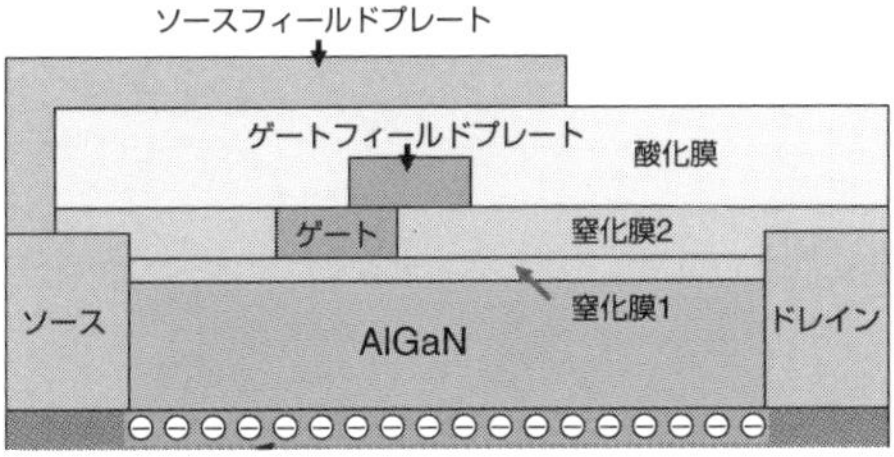

4)W. Saito et al., "Suppression of Dynamic On-Resistance Increase and Gate Charge Measurements in High-Voltage GaN-HEMTs With Optimized Field-Plate Structure", IEEE Transactions on Electron Devices, Vol. 54, pp. 1825-1830, 2007.

ここでのフィールドプレートには、LDMOSに使用したフィールドプレートと同様のRESURF効果があります(42項参照)。RESURFによりゲート～ドリフト間全体の表面電界が低減します。

66 GaN HEMTの特性オン抵抗はどこまで下がるの？

理想特性オン抵抗と耐圧

GaN HEMTの特性オン抵抗と耐圧の関係の理想状態を想定した場合、特性オン抵抗はどこまで下がるか見てみましょう。

特性オン抵抗と耐圧の関係の理想状態として、表面に沿う横方向電界が均一の状態を考えます。完全な均一ではありませんが、この状態に近づけることは、フィールドプレートの最適化により可能です（65項参照）。この理想状態で横方向電界が臨界電界E_Cに達するとブレークダウンが発生し、ドレイン下方の縦方向電界でブレークダウンが発生することはないとします（上図）。この場合、耐圧は、ドレイン～ゲート間の長さをL_{DG}とすると、E_CとL_{DG}の積になります。また、ドレイン～ゲート間のオン抵抗R_{ON}は、2DEGのシート抵抗R_SにL_{DG}を掛けて、ゲート幅W_Gで割ったものになります。このR_{ON}にドレイン～ゲート間の面積（L_{DG}とW_Gの積）を掛けると特性オン抵抗になり、これはR_SとL_{DG}の二乗の積になります。これをGaN HEMTの理想オン抵抗とします。この理想オン抵抗は、例えばR_Sを標準的な300Ω／□とすると、耐圧1kVの場合、3.44×10^{-5}Ωcm^{2}になります。

このGaN HEMTの理想特性オン抵抗を、Si、4H-SiC、GaNを用いた場合の各パワーMOSFETの理想特性オン抵抗と比較してみます。これの理想特性オン抵抗として、ドリフト領域の抵抗のみを考慮し、その領域内の空乏広がりが深さ方向のみ（1次元）の場合を考えます。耐圧1kVでは、Si、4H-SiC、GaNの各パワーMOSFETの理想特性オン抵抗は、それぞれ2.65×10^{-1}Ωcm^2（GaN HEMTのものはこれより約4桁低い）、2.53×10^{-4}Ωcm^2（GaN HEMTのものはこれより約1桁低い）、8.76×10^{-5}Ωcm^2（GaN HEMTのものはこれの約半分）になります（下図）。

要点BOX

●GaN HEMT の理想特性オン抵抗は、Si、4H-SiC、GaNのパワー MOSFETのものより低い

GaN HEMTの理想電界形状

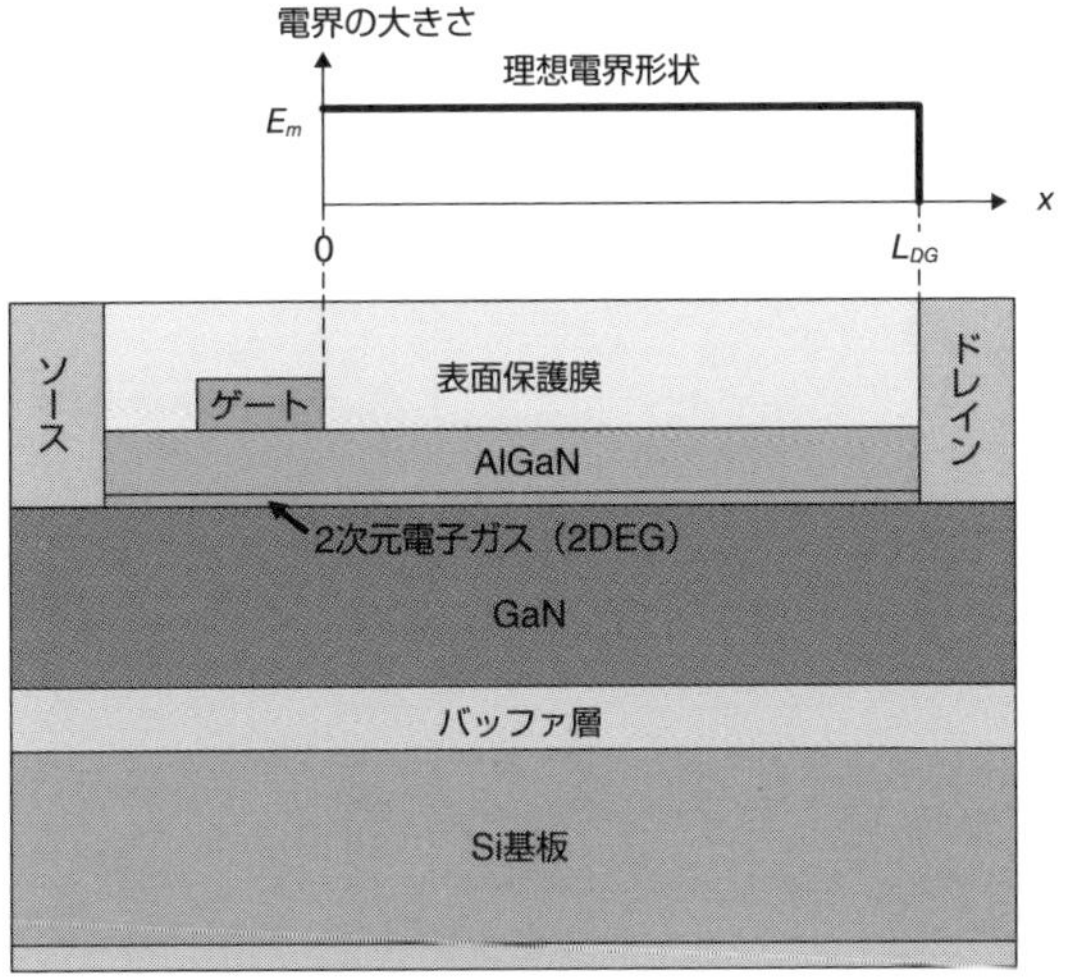

（注）最大電界E_mが臨界電界E_Cに達するとブレークダウンが発生します。

理想特性オン抵抗の比較

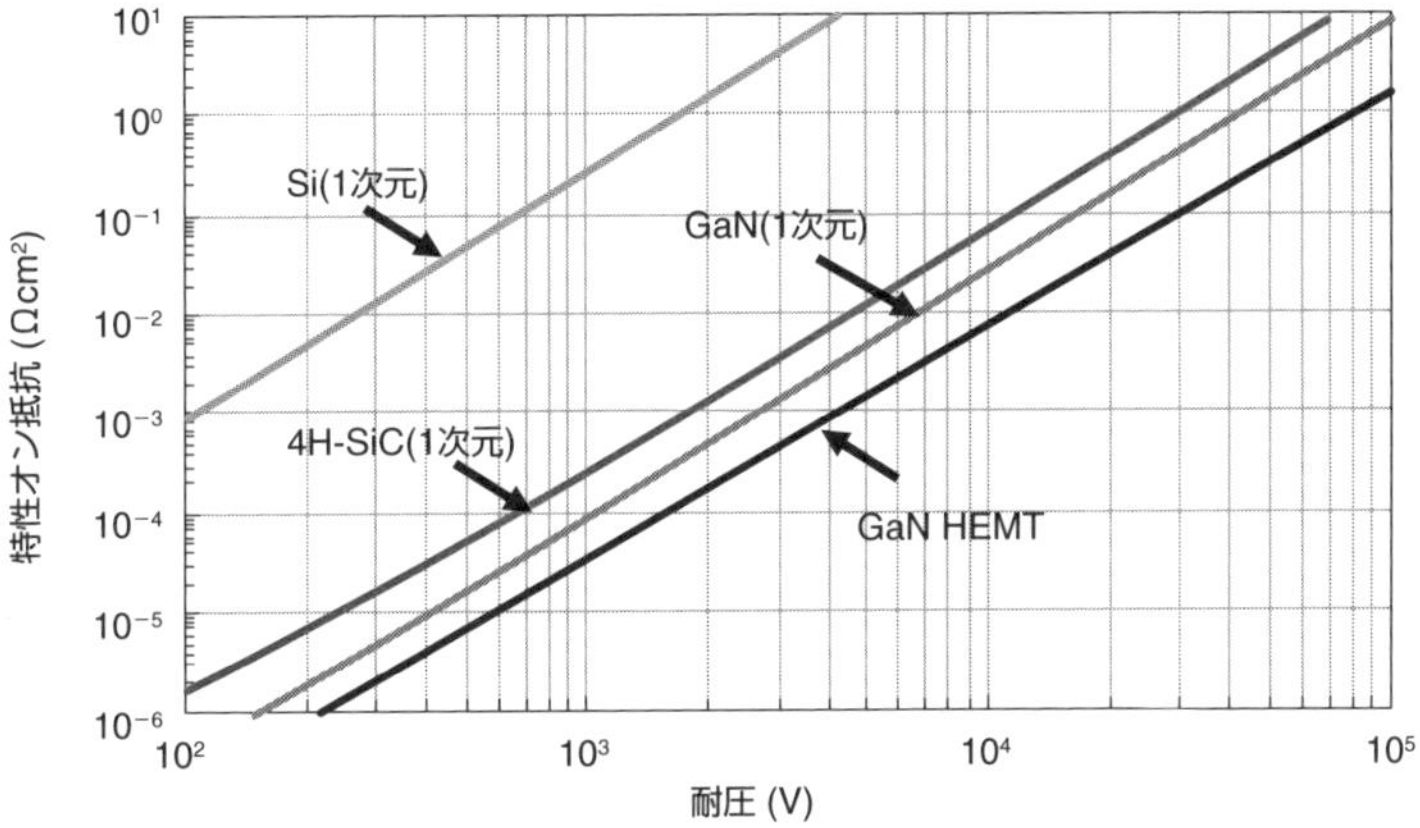

Si(1次元) : 空乏領域が深さ方向に広がるドリフト領域のみの抵抗
4H-SiC(1次元) : 空乏領域が深さ方向に広がるドリフト領域のみの抵抗
GaN(1次元) : 空乏領域が深さ方向に広がるドリフト領域のみの抵抗
GaNHEMT : ドレイン～ゲート間のみの抵抗（2DEGシート抵抗300Ω/□）

Column

次世代パワー半導体材料として有望な酸化ガリウム

パワーデバイスの消費電力を低減するために、Siに代わってワイドギャップ半導体である4H-SiCやGaNを使ったパワーデバイスが実用化されています。しかしながら、これらの半導体材料は高価であるため、もっと安価なものが求められています。現在、安価でより低消費電力を目指した次世代ワイドギャップ半導体として酸化ガリウム（β-Ga_2O_3）が注目されています。

酸化ガリウムのエネルギーバンドギャップは4・5eV程度あり、4H-SiCやGaNのものより高く、Siに対するバリガ性能指数は2000以上になります。このため、酸化ガリウムでは、4H-SiCやGaNより高耐圧で低オン電圧（低特性オン抵抗）のデバイス作製が可能です。

酸化ガリウムの単結晶は、融液成長で作製されます。すなわち、FZ法、CZ法、EFG（Edge-defined Film-fed Growth）法等で単結晶を成長できます。EFG法では、スリットを通して単結晶を板状に成長させます。このため、高品質な大口径ウエハを製造できるため、安価なウエハが得られます。また、ウエハ上に比較的簡単な方法でエピタキシャル成長膜を得ることもでき、ショットキーバリアダイオード、横型及び縦型MOSFET（ノーマリオン）等が開発されています。

酸化ガリウムの課題は、P型の酸化ガリウムができていないこと、結晶の欠陥低減等ありますが、今後の技術開発が期待されています。

Ga_2O_3ショットキーバリアダイオードの例[1)]

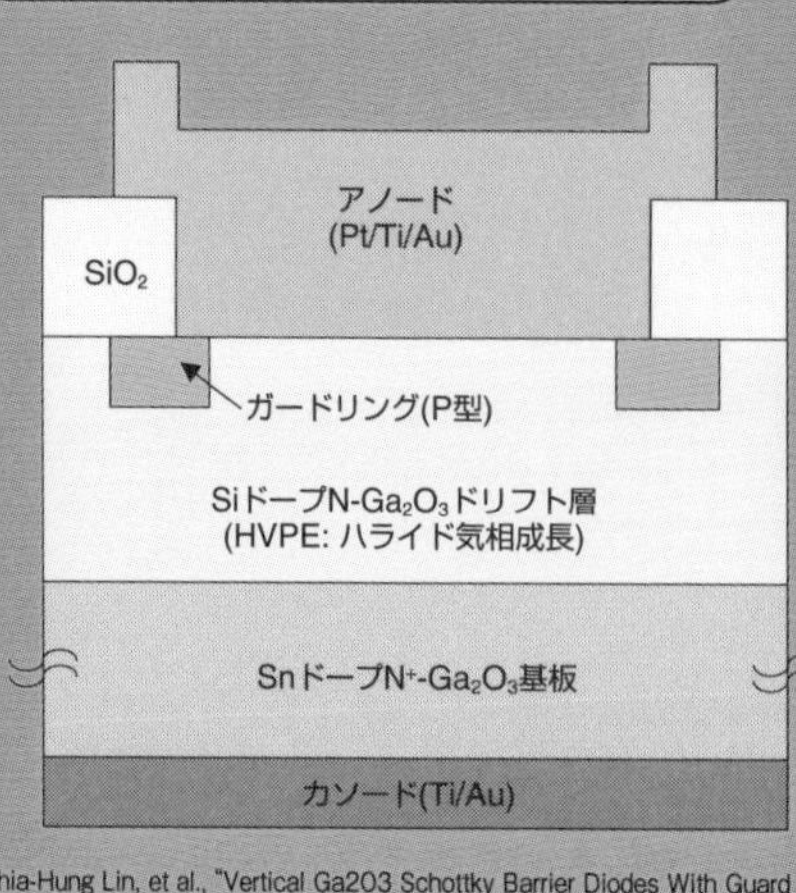

特性オン抵抗：4.7mΩcm^2、
耐圧：1.43 kV 達成

1) Chia-Hung Lin, et al., "Vertical Ga2O3 Schottky Barrier Diodes With Guard Ring Formed by Nitrogen-Ion Implantation," IEEE Electron Device Lett., vol. 40, no. 9, pp. 1487-1490, 2019.

【参考文献】

(1) 浅田邦博監修、「はかる×わかる半導体　パワーエレクトロニクス編」、日経BPコンサルティング、2019.
(2) B. Jayant Baliga, "Fundamentals of Power Semiconductor Devices", Springer, New York, 2008.
(3) B. Jayant Baliga, "Gallium Nitride and Silicon Carbide Power Devices", World Scientific, Massachusets, 2017.
(4) 山本秀和、「パワーデバイス」、コロナ社、2012.
(5) 山本秀和、「ワイドギャップ半導体パワーデバイス」、コロナ社、2015.
(6) 大橋弘通、葛原正明（編著）、「パワーデバイス」、丸善出版、2011.
(7) 田中保宜（監修）、「次世代パワー半導体デバイス・実装技術の基礎」、科学情報出版、2021.
(8) 松田順一、パワーデバイスの守り役「ガードリング」を正しく理解する 日経クロステック（xTECH）(nikkei.com)
(9) 松田順一、「ショットキー・バリアー・ダイオード」はどんな特性? 日経クロステック（xTECH）(nikkei.com)
(10) 松田順一、パワーP·iNダイオードは高耐圧なのにオン電圧はなぜ低い? 日経クロステック（xTECH）(nikkei.com)
(11) 松田順一、「ダイオードの逆回復特性を押さえなさい」と言われたけれど、逆回復特性とは? 日経クロステック（xTECH）(nikkei.com)
(12) 松田順一、「パワーMOSFETのdV/dt耐性」って何のこと? 日経クロステック（xTECH）(nikkei.com)
(13) 松田順一、従来の性能限界を超える「スーパージャンクションMOSFET」とは? 日経クロステック（xTECH）(nikkei.com)
(14) 松田順一、パワーMOSFETの特性を高める「RESURF」って何? 日経クロステック（xTECH）(nikkei.com)
(15) 松田順一、材料で変わるパワーMOSFETの特性、4H-SiCとSiでどう異なる? 日経クロステック（xTECH）(nikkei.com)
(16) 松田順一、「IGBTのブレークダウン電圧」は何で決まる? 日経クロステック（xTECH）(nikkei.com)
(17) 松田順一、「IGBT内のラッチアップ」は何で起こる? 日経クロステック（xTECH）(nikkei.com)
(18) 松田順一、パワートランジスタの信頼性を表す「短絡耐量」、その実態とは? 日経クロステック（xTECH）(nikkei.com)
(19) 松田順一、IGBTモジュールのスイッチング波形を正しく理解して破壊を防ぐ 日経クロステック（xTECH）(nikkei.com)
(20) ぜひ正解したい問題、「パワーサイクル試験」って何? 日経クロステック（xTECH）(nikkei.com)
(21) 松田順一、実用段階を迎えた注目のパワーデバイス「GaN-HEMT」とは? 日経クロステック（xTECH）(nikkei.com)
(22) 落合政司、「シッカリ学べる!　スイッチング電源回路の設計入門」、日刊工業新聞社、2018.

今日からモノ知りシリーズ
トコトンやさしい
パワー半導体デバイスの本

NDC 549.8

2024年 2月 9日 初版1刷発行

©著者　松田 順一
発行者　井水 治博
発行所　日刊工業新聞社
東京都中央区日本橋小網町14-1
(郵便番号103-8548)
電話 書籍編集部 03(5644)7490
販売・管理部 03(5644)7403
FAX 03(5644)7400
振替口座 00190-2-186076
URL https://pub.nikkan.co.jp/
e-mail info_shuppan@nikkan.tech
印刷・製本 新日本印刷(株)

●DESIGN STAFF
AD ―――――― 志岐滋行
表紙イラスト――― 黒崎　玄
本文イラスト――― 小島サエキチ
ブック・デザイン ― 大山陽子
(志岐デザイン事務所)

●
落丁・乱丁本はお取り替えいたします。
2024 Printed in Japan
ISBN　978-4-526-08323-5　C3034
●

●定価はカバーに表示してあります

●著者略歴
松田　順一(まつだ・じゅんいち)

1979年同志社大学大学院工学研究科電気工学専攻博士前期課程修了。同年から2005年まで東京三洋電機(後、三洋電機)株式会社、2005年から2009年まで東光株式会社、2009年から2013年まで旭化成東光パワーデバイス(後、旭化成パワーデバイス)株式会社に勤務。2002年から2023年まで群馬大学で通算12年間客員教授、現在協力研究員。1995年博士(工学)(同志社大学)。メモリなどの微細デバイス、パワーデバイスなどの研究開発及び量産に従事。

著書(共著)浅田邦博(監修)、「はかる×わかる半導体 パワーエレクトロニクス編」(日経BPコンサルティング)2019年、Haruo Kobayashi and Takashi Nabeshima(編集), "Handbook of Power Management Circuits" (Pan Stanford Publishing) 2016年。